La Planète Terre

LES VOLCANS

EDITIONS
TIME
LIFE

VOYAGE À TRAVERS L'UNIVERS
LES ENFANTS DÉCOUVRENT...
CHEFS-D'ŒUVRE DE LA PEINTURE
LES MYSTÈRES DE L'INCONNU
TIME-LIFE HISTOIRE DU MONDE
BONNE FORME, SANTÉ ET DIÉTÉTIQUE
LA BONNE CUISINE SANTÉ
LE MONDE DES ORDINATEURS
PEUPLES ET NATIONS
L'ENCYCLOPÉDIE TIME-LIFE DU BRICOLAGE
LA PLANÈTE TERRE
LA GRANDE AVENTURE DE LA MER
CUISINER MIEUX

Ce volume est le second d'une collection qui décrit les mécanismes de la planète Terre, depuis les prodiges géologiques de ses continents jusqu'aux merveilles de son atmosphère et de ses océans.

Couverture :
D'un cône adventif de l'Etna jaillissent des projectiles incandescents tandis que, du cratère égueulé, se répand un flot de lave. Ce volcan sicilien est l'un des plus actifs du monde. On a dénombré 150 éruptions majeures depuis 1500 av. J.-C.

La Planète Terre

LES VOLCANS

par les rédacteurs des Éditions Time-Life

Éditions Time-Life, Amsterdam

LA PLANÈTE TERRE

Directeur de la collection: George G. Daniels
Équipe éditoriale pour *Les Volcans*
Rédacteur en chef: Thomas A. Lewis
Chef maquettiste: Donald Komai
Chef documentaliste: Pat S. Good
Iconographie: John Conrad Weiser
Secrétaire de rédaction: Gus Hedberg
Rédacteurs: Jan Leslie Cook, Roger E. Herst, John Newton, Peter Pocock, David Thiemann
Documentalistes: Susan S. Blair et Jane Edwin, Judith W. Shanks
Assistante maquettiste: Susan K. White
Coordination du texte: Victoria Lee, Brian Miller
Coordination de l'iconographie: Jane Martin, Donna Quaresima
Assistante de rédaction: Annette T. Wilkerson
Contributions spéciales: Champ Clark, Paul O'Neil, Russell Sackett, Robert Wallace (texte)

Correspondants: Elisabeth Kraemer (Bonn): Margot Hapgood, Dorothy Bacon (Londres); Susan Jonas, Lucy T. Voulgaris (New York); Maria Vincenza Aloisi, Joséphine du Brusle (Paris); Ann Natanson (Rome). Avec le concours de: Wibo van de Linde (Amsterdam), Helga Kohl (Bonn); Robert W. Bone (Honolulu); Millicent Trowbridge (Londres); Felix Rosenthal (Moscou); Angela Lauro, Maria Odone (Naples); Carolyn Chubet, Miriam Hsia (New York); M.-T. Hirschkoff (Paris); Bogi Agustsson (Reykjavik); Mimi Murphy (Rome); Janet Zich (San Francisco); Ed Reingold, Katsuko Yamazaki (Tokyo); Traudl Lessing (Vienne).

ÉDITION FRANÇAISE:
Direction: Monique Poublan, Michèle Le Baube
Secrétariat de rédaction: Anna Skowronsky
Traduit de l'anglais par Bernadette Saurel
Conseiller technique: Jean-Christophe Sabroux.

Titre original: *Volcano*
Authorized French language edition

ISBN 2-7344-02009

LES CONSEILLERS

Le Dr William Melson est conservateur du département de minéralogie et de volcanologie à la Smithsonian Institution, Washington, D.C. Il a étudié les volcans du monde entier, notamment en Amérique centrale, aux Philippines, en Papouasie, en Nouvelle-Guinée et, tout récemment, le mont Saint Helens dans l'État de Washington. Il a écrit de nombreux articles sur le sujet et il est le co-auteur de *The Lunar Rocks,* une étude sur les roches lunaires volcaniques.

Sydney Horenstein est géologue au département des invertèbres de l'American Museum of Natural History à New York et professeur au département de géologie de l'université de New York. Il a créé et animé le Centre d'information écologique de l'American Museum.

Jean-Christophe Sabroux, diplômé de l'École Centrale des Arts et Manufactures, s'est spécialisé dans la chimie de l'atmosphère avant de se consacrer, depuis 1975, à l'étude de l'activité et des éruptions volcaniques. Il est ingénieur au Centre des Faibles Radioactivités du Centre National de la Recherche Scientifique.

TABLE DES MATIÈRES

LES FORMIDABLES CONVULSIONS DE LA TERRE

Le plus grand cataclysme terrestre connu s'est produit il y a 75000 ans à Sumatra. Un volcan est entré en éruption, creusant une dépression de 30 kilomètres sur 100 au centre de l'île et émettant un nuage de cendre incandescente qui a circulé à plus de 160 kilomètres à l'heure avant de se déposer et de former une couche de matériaux volcaniques atteignant par endroits plus de 300 mètres d'épaisseur et s'étendant sur 25000 kilomètres carrés. On pense même que le nuage de cendre, en masquant le soleil, a pu contribuer à plonger notre planète dans la dernière grande période glaciaire.

Pourtant, malgré sa force terrifiante, l'éruption qui donna naissance à l'immense cuvette où se trouve aujourd'hui le lac Toba ne fut pas uniquement destructrice. Elle fut aussi un acte de création, car les volcans sont parmi les plus puissants moyens dont la nature dispose pour fabriquer le sol, la mer et même l'atmosphère.

Leurs éruptions régénèrent continuellement les montagnes et les plaines. Le fond des mers est le produit de lentes, mais incessantes, extrusions volcaniques provenant de fossés d'effondrement sous-marins qui forment un réseau long de 50000 km.

Les cendres et les gaz délétères émis par les volcans sont indispensables à la vie sur terre. Ils contiennent des éléments qui fertilisent le sol. Les volcans, si l'on se fonde sur leur niveau actuel d'activité, sont probablement à l'origine du quart de l'oxygène, de l'hydrogène, du carbone, du chlore et de l'azote contenus dans la biosphère et peut-être de la plus grande partie de l'eau et de l'air que possède notre planète.

La volcanologie est une science jeune et les secrets du volcanisme sont bien gardés. Le magma qui alimente les volcans est enfermé à une grande profondeur et quand il sort au cours d'une éruption, le phénomène est si violent que souvent il interdit toute étude rapprochée. Malgré ces difficultés, on voit se dessiner une théorie d'ensemble du volcanisme et, avec elle, apparaît la possibilité de prévoir et, jusqu'à un certain point, de contrôler l'activité éruptive.

Mais cela n'enlève rien à la sauvage grandeur des volcans et la science ne fait qu'élargir leur mystérieuse splendeur.

En mai 1969, à Hawaii, de la lave en fusion jaillit du Kilauea. Des éruptions répétées aboutiront en cinq ans à la formation de Mauna Ulu, un volcan de 120 mètres de haut et 1600 mètres de diamètre. Les épanchements de lave recouvriront 4000 hectares.

Avril 1977 à la Réunion. Une coulée de lave du piton de la Fournaise trace une balafre dans la campagne. En une heure, la partie noire qui se répand sur Sainte-Rose ne progresse que de quelques mètres alors que la partie incandescente parcourt plus de 1500 mètres.

Éruption du mont Tolbatchik au Kamchatka. Un flot de lave s'écoule à la vitesse de 50 km à l'heure. La date de l'éruption — 6 juillet 1975 — avait été prévue par les autorités compétentes soviétiques et tous les instruments avaient été placés pour enregistrer l'événement.

Rideaux de vapeur et flots de lave sur un «champ de fissures» à Gjástykki, dans le nord-est de l'Islande, en septembre 1977. L'île se trouve peu à peu éventrée par un rift volcanique et simultanément rajeunie par l'injection de lave nouvelle.

Des masses tourbillonnantes de vapeur d'eau, de gaz et de roches pulvérisées jaillissent du mont Saint Helens après l'éruption du 18 mai 1980. 3000 mètres cubes de roches volatilisées laissent un amphithéâtre béant et transforment un paysage de rêve en un décor lunaire.

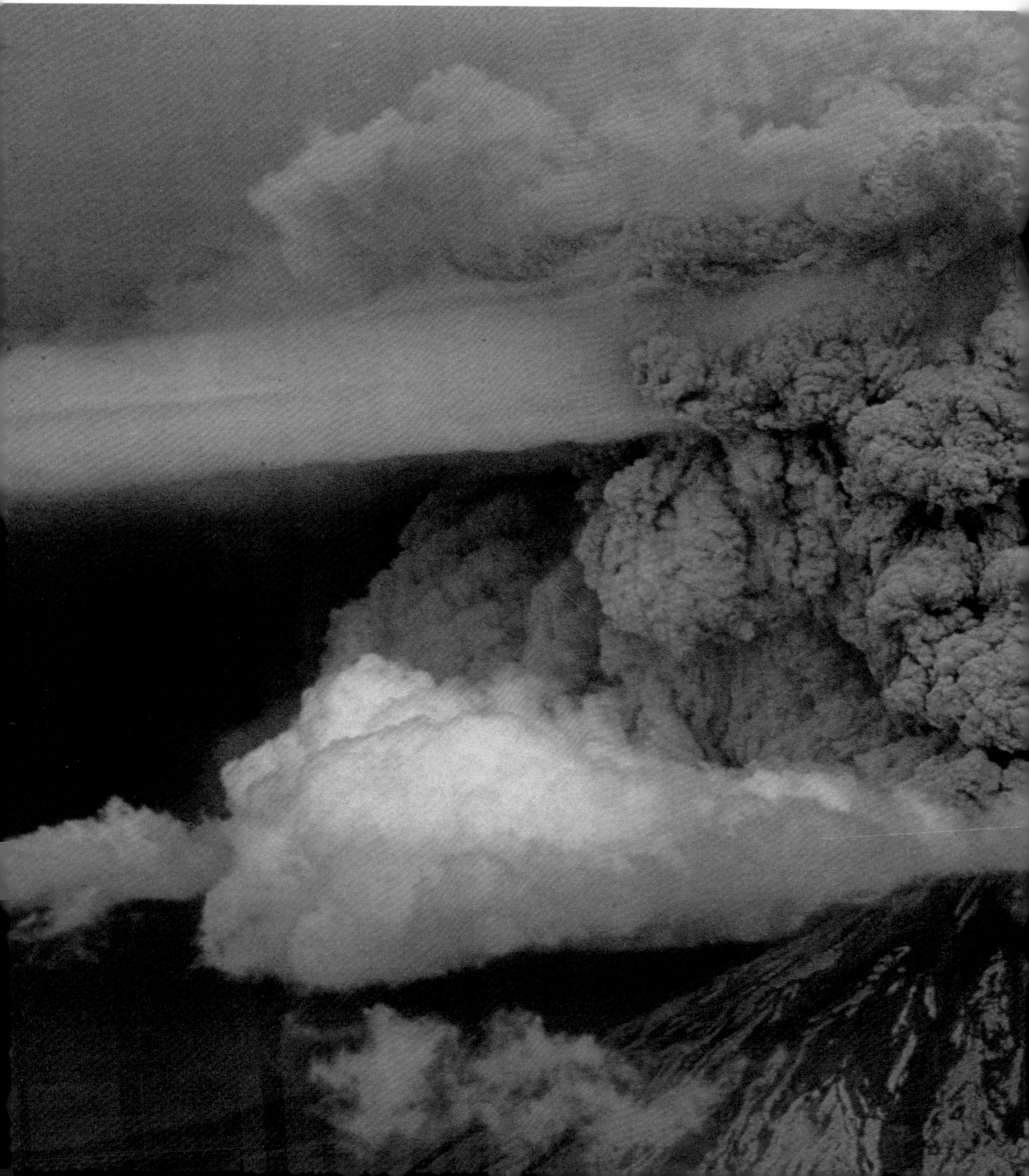

Le Stromboli, surnommé le « phare de la mer Tyrrhénienne », est connu pour la régularité de ses éruptions. Les explosions se succèdent toutes les 20 minutes et, de temps en temps, comme sur cette photo prise en 1967, de la lave s'épanche et se déverse dans la mer.

Chapitre 1

LE RÉVEIL DU DRAGON

Les habitants de Saint-Pierre de la Martinique vivaient à l'ombre de leur volcan depuis plus de deux siècles et ne s'en portaient pas plus mal. Ils en étaient venus à le considérer avec une certaine affection comme s'il s'agissait d'une bonne grosse bête, paisible et sommeillante.

Certes, on l'avait vu en 1792 s'agiter dans son sommeil et cracher un nuage de cendres grises qui avait poudré la végétation à plusieurs lieues à la ronde et, en 1851, il avait récidivé, mais ces incidents étaient restés sans conséquence. Il n'y avait eu ni morts ni blessés ni dégâts sérieux et, au début du XXe siècle, tout cela était presque oublié. Rien dans l'histoire de leur volcan ne laissait supposer aux 30000 Pierrotins (les habitants de Saint-Pierre) qu'il serait capable un jour de les exterminer tous en quelques minutes à deux exceptions près et rien ne laissait prévoir non plus que cette masse de terre, de pierres et de végétation très ordinaire permettrait bientôt à cette science toute neuve qu'était alors la volcanologie d'amorcer un tournant spectaculaire.

Les Pierrotins désignaient parfois leur volcan par son nom – la montagne Pelée – mais plus souvent ils disaient «la montagne» tout court. De forme vaguement conique, culminant à 1397 mètres et couvrant une centaine de kilomètres carrés à sa base, il dominait le nord de la Martinique et constituait comme une toile de fond pour la ville étalée à son pied. Il y avait à son sommet une cuvette emplie d'une eau limpide, le lac des Palmistes, où les Pierrotins aimaient à pique-niquer. Un peu plus bas s'ouvrait un deuxième cratère, l'Étang Sec, jadis rempli d'eau lui aussi mais qui, en 1902, année où se situe notre récit, était vide depuis longtemps. De hautes falaises l'enserraient sur trois côtés mais sur le quatrième il y avait une profonde échancrure en forme de V, une sorte de cran de mire de proportions colossales. A six kilomètres de là, en contrebas, s'étalait la ville.

Cette échancrure sur les hauteurs d'un ancien volcan n'avait rien de surprenant et la montagne Pelée ne différait guère de bien d'autres montagnes des Antilles. Souvent des nuages de pluie, poussés par les alizés, s'amassaient à son sommet. Plus de vingt petits cours d'eau rapides y prenaient leur source, rayonnant dans toutes les directions et striant le vert manteau végétal de la montagne Pelée de gorges profondes séparées par des arêtes effilées. L'un d'eux, la Roxelane, courait entre ses rives escarpées à travers la ville. Un autre, la rivière Blanche, se jetait dans la mer au nord de Saint-Pierre.

La ville se déployait en un mince croissant d'environ trois kilomètres de longueur et 400 mètres de largeur entre la mer et une longue crête boisée reproduisant la courbe du rivage. L'artère principale, qui portait le nom de Victor Hugo, parcourait le croissant dans toute sa longueur, coupée de nombreuses petites rues qui partaient de la mer pour aboutir au pied des hauteurs. Il n'y avait pas de port mais

Un volcan au bout de la rue. Les ruines que l'on voit sont celles de la rue principale de Saint-Pierre de la Martinique et le volcan, avec sa couronne de nuages, c'est la montagne Pelée dont l'éruption, en 1902, détruisit en quelques minutes toute la ville et ses 30000 habitants. La photo a été prise quelques semaines après l'éruption.

une simple rade aux bords si raides que de grands vaisseaux pouvaient jeter l'ancre à cent mètres du rivage.

L'écrivain Lafcadio Hearn, qui vécut à Saint-Pierre, de 1887 à 1889, en donne la description suivante : « C'est à la fois la plus bizarre, la plus étrange et la plus jolie ville des Antilles, entièrement pavée et construite en pierre, avec des rues très étroites, des auvents en bois ou en zinc et des toits de tuiles pointus percés de lucarnes. La plupart des constructions sont d'un jaune clair qui contraste délicieusement avec le bleu incandescent du ruban de ciel tropical visible au-dessus. Partout on entend le murmure de l'eau qui court le long des profonds caniveaux pratiqués entre la chaussée pavée et les absurdes petits trottoirs de 30 à 90 centimètres de largeur. L'architecture est ancienne ; elle date du XVIIe siècle. »

A la lumière de ce qui allait se passer à Saint-Pierre, la précision « construite en pierre » que donne Hearn mérite d'être soulignée. Les maisons de la ville, conçues pour rester fraîches sous un climat tropical, étaient dotées pour la plupart de forts murs en maçonnerie de 30 à 60 centimètres d'épaisseur, renforcés encore de poutrelles métalliques dans les constructions les plus importantes, telles la cathédrale, la salle de spectacle où se produisaient chaque hiver des acteurs venus de France, l'hôpital militaire, le collège et nombre de fabriques, de banques, d'entrepôts et de distilleries de rhum.

Hearn trouvait les habitants de Saint-Pierre aussi fascinants que la ville. « Une population fantastique, étonnante, écrit-il, une population des Mille et Une Nuits. Elle est de toutes les couleurs, avec cependant une dominante jaune — un jaune chaud tirant sur le brun. Une population de métis, la plus belle race de sang-mêlé des Antilles. Droits comme des palmiers, la taille souple et haute, ces hommes et ces femmes de couleur en imposent par la dignité de leur maintien et l'élégance aisée de leurs mouvements. »

Sur les 30 000 Pierrotins, 8 000 environ étaient des créoles, c'est-à-dire des blancs, qui concentraient entre leurs mains toutes les richesses de la région et même d'une grande partie de la Martinique — richesses provenant principalement de l'exporta-

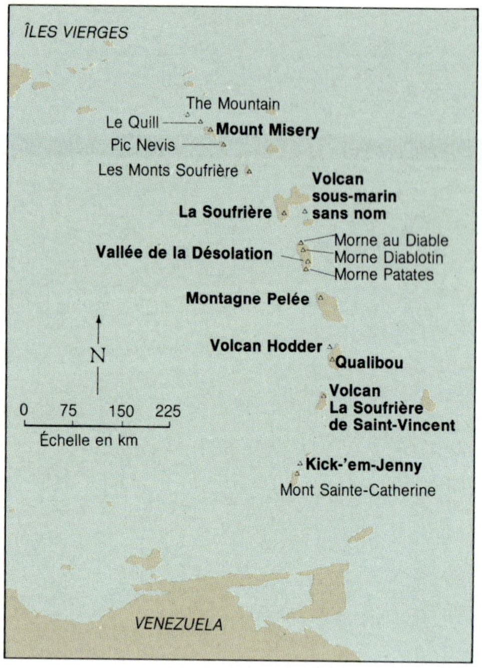

La montagne Pelée n'est que l'un des nombreux volcans des Petites Antilles qui s'étendent en arc de cercle des îles Vierges aux côtes du Venezuela. Presque toutes les îles de cet archipel ont des volcans en activité. Neuf *(en gras sur la carte)* sont entrés en éruption au cours des temps modernes et les autres *(en caractères fins)* avant 1500. Trois — deux actifs et un éteint — portent le nom de Soufrière qui leur vient des vapeurs sulfureuses qu'ils émettent.

La montagne Pelée domine de ses 1397 mètres le nord de la Martinique. Son sommet est à 6 kilomètres à peine de la mer. Plus de 20 cours d'eau ont creusé leur lit sur ses pentes abruptes. Au pied de la montagne couverte de forêts, il y avait, au tournant du siècle, de riches plantations de canne à sucre, de nombreux villages. La ville de Saint-Pierre était la plus peuplée de l'île et le centre de son commerce.

Pendant que les courtiers maritimes se livrent à leurs marchandages à l'ombre des tamarins et des manguiers, les débardeurs chargent les barriques de rhum ou de sucre sur des allèges qui les amèneront jusqu'aux bateaux ancrés en face de la place Bertin, centre du commerce d'exportation de la Martinique. La tour servait de phare et de sémaphore. (Cette gravure a été exécutée en 1887.)

tion du sucre et du rhum. Les créoles formaient une société étroitement unie, raffinée et française jusqu'à la moelle; ils tiraient fierté du fait que leur ville était considérée comme le Paris des Antilles. En politique, ils étaient conservateurs mais, pour le reste, si libéraux que Saint-Pierre était également connu comme l'un des ports des Caraïbes où régnait la plus grande licence.

Tels étaient les gens que la montagne Pelée allait anéantir. De nos jours, le touriste qui passe par les Petites Antilles ne leur accorde guère de pensées, pas plus qu'à l'éruption qui les a exterminés. Il ne se rend peut-être pas compte que dans ces îles, où qu'il aille, il est toujours au-dessus d'un volcan. La possibilité qu'il soit témoin d'une éruption est peut-être lointaine, mais réelle.

Les Petites Antilles qui séparent la mer Caraïbe de l'Atlantique forment un arc de cercle qui s'étire sur 700 kilomètres depuis les îles Vierges jusqu'à la côte de l'Amérique du Sud. En font partie St. Kitts, Nevis, Monserrat, la Guadeloupe, la Dominique, la Martinique, Sainte-Lucie, Saint-Vincent et la Grenade. Toutes ces îles ont surgi des fonds marins sous l'action des volcans et cette action se poursuit. A quelques milles au nord de la Grenade se trouve un volcan sous-marin appelé Kick-'em-Jenny qui est entré en éruption à huit reprises au moins depuis 1939, projetant une colonne de fumée à 300 mètres au-dessus des flots. En 1962, le centre probable de l'éruption se situait à 230 mètres au-dessous de la surface de l'océan. Quatre ans plus tard, le volcan s'était élevé de 40 mètres et, en 1978, les sondages montrèrent qu'il avait encore gagné 32 mètres. À ce rythme, Kick-'em-Jenny devrait émerger vers l'an 2000 sous la forme d'une île volcanique.

Parmi les volcans des Petites Antilles, beaucoup sont éteints depuis longtemps. Leurs sommets sont immergés et profondément ensevelis sous de multiples couches de débris coralliens. Mais 17 sont considérés comme actifs et neuf d'entre eux sont entrés en éruption dans les temps historiques dont on peut situer l'origine à l'arrivée de Christophe Colomb. Depuis le début du siècle, il y a eu les éruptions de la Soufrière, à la Guadeloupe, du volcan sous-marin Hodder, proche de Sainte-Lucie, d'une seconde Soufrière, à Saint-Vincent, et celles de la montagne Pelée. Un géologue américain, qui s'était précipité en Martinique à la suite de la catastrophe de 1902, présente ainsi la question: « A travers les Caraïbes s'étend une chaîne d'îles qui sont autant de fourneaux où le feu qui couve est toujours prêt à jaillir à l'improviste et à un moment inopportun. »

Ce moment, dans le cas de Saint-Pierre, est connu avec précision. Cela s'est passé le 8 mai 1902 à 7 h 52 du matin, heure à laquelle se sont arrêtées les aiguilles de l'horloge de l'hôpital militaire. Mais le volcan n'est pas entré en éruption sans préavis. Les avertissements n'avaient pas manqué les jours précédents et, chaque fois, la menace s'était faite plus précise.

Dès le mois de février, on avait senti à Saint-Pierre une odeur de soufre – une simple bouffée qui n'avait pas tardé à se dissiper. Le 2 avril, on avait aperçu des fumerolles sur la montagne. Le 23, il y avait eu une petite pluie de cendres sur la ville et quelques secousses sans gravité mais suffisamment fortes pour faire tomber les assiettes des étagères. Le 25, le cratère de l'Étang Sec, proche du sommet, s'était subitement ouvert et il s'en était échappé un énorme nuage de cendres chargé de matières solides. Semblable éruption eut lieu également le jour suivant et une grande partie des environs se trouva couverte d'une poudre d'un blanc grisâtre.

Les autorités ne virent cependant aucune raison de s'inquiéter. Quelques audacieux allèrent même jusqu'à escalader le volcan pour voir ce qui se passait là-haut. Ils constatèrent que le cratère de l'Étang Sec, longtemps resté sans eau, contenait désormais un lac fumant de 200 mètres de diamètre. A proximité s'élevait un cône volcanique récemment formé d'où une eau bouillante retombait en cascade dans le lac tandis que parvenait des profondeurs le grondement d'un liquide en ébullition.

Dans les derniers jours d'avril, le volcan continuait à émettre des nuages de cendres et les vapeurs s'épaissirent. L'épouse du consul des États-Unis, Mrs Thomas Prentiss, écrivit à sa sœur qui résidait dans le Massachusetts : « De nos fenêtres de derrière, nous voyons la montagne Pelée et, bien qu'elle soit à quelque six kilomètres de distance, nous entendons le grondement. La ville est couverte de cendres. L'odeur de soufre est si forte que les chevaux dans les rues s'arrêtent et renâclent. La plupart des gens se mettent des mouchoirs humides sur le visage pour se protéger des fortes vapeurs de soufre. Mon mari m'assure qu'il n'y a pas de danger immédiat. »

Dans les colonnes du quotidien local – *Les Colonies* – ces événements n'occupaient que peu de place. Une élection devait avoir lieu le 11 mai à Saint-Pierre et il semble que le directeur du journal – un modéré – tînt à ce que les électeurs de sa tendance demeurent dans la ville pour aller voter. Quoi qu'il en soit, le 2 mai le journal parut avec un entrefilet rassurant au sujet d'une excursion qui devait avoir lieu sur la montagne. « Nous rappelons à nos lecteurs, y lisait-on, que la grande excursion organisée par le Club de Gymnastique et de Tir aura lieu dimanche prochain 4 mai. S'il fait beau les excursionnistes passeront une journée dont ils garderont longtemps un agréable souvenir. »

Le 2 mai, dans la campagne, la couche de cendres atteignait déjà plusieurs centimètres d'épaisseur. Certains chemins étaient obstrués par des branchages qui avaient cédé sous le poids des cendres et les oiseaux mouraient. Ce jour-là, peu avant minuit, il y eut une éruption accompagnée de violentes détonations qui réveillèrent toute la ville. Les Pierrotins qui s'étaient précipités dans les rues virent au-dessus du volcan un grand nuage noir, plus sombre que la nuit, sillonné d'éclairs. Mrs Prentiss précise dans sa lettre : « De temps en temps, des fulgurations d'un éclat aveuglant traversaient les replis des nuages noirs et pourpres et éclairaient de reflets livides les ténèbres environnantes. »

Le lendemain, les *Colonies* commencèrent à manifester de l'intérêt pour le phénomène. « La pluie de cendres ne s'arrête pas, indiquait le journal. Aux environs de 9 h 30, le soleil a fait une timide apparition. On n'entend plus le passage des équipages dans les rues. Le bruit des roues est assourdi. Des bouffées de vent chassent les cendres des toits jusque dans les maisons dont on a imprudemment laissé les fenêtres ouvertes. » Le journal annonçait également dans le même numéro : « L'excursion qui avait été prévue pour demain n'aura finalement pas lieu, le cratère étant absolument inaccessible. »

Tandis que le volcan continuait à gronder et à trembler, des trombes de pluie s'abattaient sur les hauteurs, gonflant jusqu'à les faire déborder les nombreux cours d'eau qui y prenaient naissance. Des rochers et de grands arbres étaient emportés le long des pentes et charriés par les torrents jusqu'à la mer, en même temps que des carcasses de bestiaux asphyxiés et d'innombrables oiseaux morts qui surnageaient agglutinés les uns aux autres.

La cathédrale de Saint-Pierre ne désemplissait plus. Jour et nuit les fidèles attendaient leur tour, parfois pendant des heures, pour se confesser. Le moral de la population était atteint. Les *Colonies* rapportaient : « Saint-Pierre est dans un état de grande agitation. La ville est déprimée. » Mais il n'y eut pas d'exode pour autant. En fin de compte, 2000 personnes seulement partirent chercher refuge au chef-lieu, Fort-de-France, situé à 20 kilomètres au sud-est. Mais un nombre égal de paysans fuyant la campagne environnante vinrent se réfugier à Saint-Pierre, si bien que la population de la ville – 30000 habitants – resta inchangée.

Une femme écrivant à sa famille restée en France disait dans une lettre datée du 4 mai : « J'attends l'événement avec sérénité. Je souffre seulement de la poussière qui pénètre partout, même portes et fenêtres fermées. Tout le monde est calme. Si c'est la mort qui nous attend, nous serons en nombreuse compagnie pour quitter ce monde. Sera-ce par le feu ou l'asphyxie ? Ce sera comme Dieu voudra. »

Si les hommes restaient calmes, il n'en allait pas de même des autres créatures.

Un désert de boue jonché de débris enserre le village de Basse-Pointe, victime lui aussi de la fureur du volcan. Cinq heures avant la destruction de Saint-Pierre, une cataracte d'eau bouillante, partie du sommet de la montagne Pelée, avait transformé la rivière Basse-Pointe en un torrent de boue qui avait tout emporté sur son passage — arbres, blocs de rocher et maisons.

« Dans les prés, notait le journal local, les bêtes s'agitent, bêlent, hennissent et mugissent désespérément. » A l'usine Guérin, importante raffinerie de sucre située à l'embouchure de la rivière Blanche, au nord de la ville, il se produisit une effrayante invasion de fourmis et de mille-pattes. Chassés des pentes de la montagne Pelée par les pluies de cendres et les secousses telluriques, des myriades d'insectes étaient arrivés là parce que l'usine se trouvait sur le chemin de leur retraite. Il s'agissait tout particulièrement de ce qu'on appelait des *fourmis-fous*, petites fourmis jaunes mouchetées, et des *bêtes-mille-pattes*, sortes de scolopendres de 30 centimètres de long, venimeuses les unes et les autres et capables, quand elles sont en très grand nombre, de tuer un adulte.

Dans la cour de l'usine, des chevaux hennissaient, affolés par les morsures, tandis que l'on déversait sur eux de grands seaux d'eau pour les débarrasser de ces bestioles. Les ouvriers renversaient des barriques d'huile de machine pour dresser une barrière visqueuse face à l'invasion. À l'intérieur de l'usine, les hommes se servaient des tiges de canne à sucre pour fouetter les mille-pattes, éclaboussant de leur sang les murs et le sol, ou les broyaient sous des sacs de jute. A côté, dans la villa du propriétaire de l'usine, les servantes exterminaient les insectes avec des fers à repasser et de l'eau bouillante.

Bon nombre d'ouvriers furent férocement mordus, mais aucun n'en mourut. Dans un quartier de Saint-Pierre, il y eut toutefois une invasion plus meurtrière. Des serpents en très grand nombre se répandirent subitement dans les rues et, parmi eux, les redoutables fers-de-lance, sortes de vipères au dos jaune-brun et au ventre

Un paysage calciné avec un filet de boue chaude au fond d'une gorge — ainsi se présentait la Soufrière de Saint-Vincent, quelques semaines après son éruption du 7 mai 1902. A l'époque, les habitants de Saint-Pierre supposaient que la Soufrière et la montagne Pelée avaient un réservoir commun, mais on pense aujourd'hui que, bien qu'une même poussée en profondeur ait pu réactiver les deux volcans, chacun avait sa propre chambre d'alimentation et l'éruption de l'un ne pouvait en rien diminuer la force destructrice de l'autre.

rose, de près de 2 mètres de longueur, dont la morsure peut entraîner la mort en quelques minutes. Les serpents tuèrent des poulets, des cochons, des chiens, des chevaux, s'attaquant aussi aux humains qui ne s'écartaient pas assez vite de leur chemin. De nombreux enfants périrent et l'effervescence était telle que le maire fit appel à la garnison pour venir à bout de ces reptiles. Pendant plus d'une heure les coups de feu claquèrent dans les rues et une centaine de fers-de-lance au moins furent tués, mais entre-temps près de 50 personnes et plus de 200 animaux avaient succombé à leurs morsures.

Cela se passait le 5 mai, trois jours avant le plus fort de l'éruption. Tout là-haut, dans le cratère de l'Étang Sec, le lac fumant s'était agrandi et, vers midi, il fit sauter la masse de cendres volcaniques formant barrage sur l'échancrure qui dominait Saint-Pierre. Une énorme masse d'eau presque en ébullition se déversa alors dans la gorge de la rivière Blanche et se rua vers la côte distante de six kilomètres. Se déplaçant à une vitesse effrayante, elle se transforma rapidement en une coulée de boue de 400 mètres de largeur et 30 mètres de profondeur, charriant des troncs d'arbres et autres débris végétaux, voire de gros blocs de rochers pesant jusqu'à 50 tonnes. Sur son passage se trouvait la sucrerie.

On ignore combien d'ouvriers se trouvaient encore à l'intérieur, un certain nombre étant rentrés chez eux après l'invasion des fourmis et des mille-pattes, mais il semble qu'il en restait au moins encore une trentaine. Tous périrent, ensevelis sous une masse de boue chaude si épaisse que seule en émergeait l'extrémité de la haute cheminée de l'usine.

Ce même jour, Louis Mouttet, gouverneur de la Martinique, recevait le rapport de la commission chargée par lui d'apprécier le danger que représentait le volcan.

Les commissaires étaient tous des hommes réfléchis et l'un d'eux était professeur d'histoire naturelle au collège de Saint-Pierre. Leur avis fut le suivant : « Il n'y a rien dans l'activité de la montagne Pelée qui justifie une évacuation de Saint-Pierre. Les positions relatives des cratères et des vallées s'ouvrant vers la mer permettent de conclure que la sécurité de Saint-Pierre est pleinement assurée. » Là-dessus, le gouverneur Mouttet et sa femme, pour bien montrer qu'il n'y avait pas motif de s'inquiéter, se préparèrent à quitter leur résidence de Fort-de-France pour s'installer à Saint-Pierre. Des troupes furent également stationnées sur la route reliant les deux villes pour refouler ceux qui cherchaient à fuir le danger.

Le 6 mai, il sembla que l'éruption redoublait de violence. Le tonnerre des détonations était désormais perceptible jusqu'à la Guadeloupe, à 160 kilomètres de distance. Le sommet de la montagne s'enveloppait d'épaisses vapeurs et, sans arrêt, une pluie de cendres filtrait vers le bas, recouvrant tout d'une couche grise d'une trentaine de centimètres d'épaisseur. Dans les forêts proches, les feuilles des arbres brunissaient et tombaient ; dans les plantations de canne à sucre et de cocotiers, la végétation ployait et se flétrissait sous la couche de cendres chaudes. Mgr Gabriel Parel, vicaire général de la Martinique, alla, en compagnie d'un autre prêtre, voir la rivière Blanche où avait eu lieu la catastrophique coulée de boue de la veille. Il nota : « C'était encore un torrent grondant qui roulait des pierres, des troncs d'arbres et une boue fumante dans ses flots tumultueux. Avec son écharpe de fumée, il ressemblait à une locomotive filant à toute allure vers la mer. »

Vers 17 heures, les communications télégraphiques furent subitement coupées entre la Martinique et les îles de Sainte-Lucie et de Saint-Vincent situées plus au sud. Les câbles s'étaient rompus à la suite d'avalanches sous-marines et la Martinique n'était plus reliée au monde extérieur que par un seul câble, celui qui la rattachait à la Dominique, située au nord.

Le lendemain, un formidable grondement réveilla Saint-Pierre à 4 h du matin. Levant les yeux vers le volcan, les Pierrotins virent près du sommet deux cratères embrasés qui flamboyaient comme des hauts fourneaux et, plus bas, une nuée sillonnée d'éclairs. Quand vint le jour, on s'aperçut que la mer était jonchée de bourbillons de cendre, de pierre ponce et de débris végétaux déversés par les rivières en crue. Dans la rade, la douzaine de navires qui attendaient pour la plupart leur chargement de sucre ou de rhum semblaient échoués.

Leurs capitaines ne paraissaient guère alarmés par l'aspect menaçant de la montagne Pelée. Un seul faisait exception : Marino Leboffe, capitaine du trois-mâts italien *Orsolina* dont le port d'attache était Naples. Il avait quelque connaissance des volcans, à tout le moins du Vésuve. Dans la matinée, il annonça qu'il allait appareiller nonobstant le fait que l'*Orsolina* n'avait encore embarqué que la moitié de sa cargaison de sucre. Les autorités portuaires lui en refusèrent l'autorisation et menacèrent de le faire arrêter, mais il n'en tint aucun compte. « Je ne sais rien de la montagne Pelée, leur dit-il, mais si le Vésuve se présentait sous l'aspect que revêt votre volcan aujourd'hui, je n'hésiterais pas à quitter Naples. » Il prit la mer et l'*Orsolina* était loin le lendemain quand la montagne Pelée explosa.

Entre-temps, on apprit à Saint-Pierre qu'une violente éruption s'était produite à 145 kilomètres au sud, à la Soufrière de Saint-Vincent et, sans connaître le nombre des victimes (il y en avait eu 2000, en fait), les Pierrotins furent curieusement réconfortés par cette information car, supposant qu'il existait une liaison sous-marine entre la Soufrière et la montagne Pelée, ils imaginèrent que, du fait de l'éruption de la première, la pression allait diminuer sous leur propre volcan.

Le dernier numéro des *Colonies*, daté du 7 mai, accordait une large place à la montagne Pelée encore qu'il consacrât sa manchette à l'élection prévue pour le 11. Plusieurs personnes avaient une claire conscience du danger et, parmi elles, le consul américain Thomas Prentiss, qui rédigea à ce sujet un rapport tout à fait remarquable. Contrairement à tous les usages, il l'adressa directement au président des États-Unis Theodore Roosevelt au lieu de l'acheminer par la voie diplomatique. Ce qui indignait Prentiss, c'étaient les éditoriaux lénifiants des *Colonies* et les

Le 16 décembre 1902, un nuage de gaz délétères et de cendres incandescentes, pareil à celui qui avait déjà détruit sept mois plus tôt la ville de Saint-Pierre, dévale de la montagne Pelée. Cette remarquable série de photos a été prise par le vulcanologue français Alfred Lacroix à qui l'on doit le terme «nuée ardente» qui désigne ce genre de nuage. Entre la première et la dernière photo, cinq minutes se sont écoulées et le nuage s'est élevé à 4000 mètres d'altitude.

déclarations apaisantes des autorités municipales assurant que tout allait bien et que Saint-Pierre n'avait rien à redouter de l'agitation croissante de son volcan. Il estimait que c'était là une manipulation politique particulièrement odieuse consistant à endormir la population pour qu'elle demeure à tout prix jusqu'aux élections. «La situation est un cauchemar, écrivait-il, et personne ne semble capable ou désireux de regarder la vérité en face.»

Le 8 mai, vers 7 h 50, la montagne Pelée explosa. Il y eut trois ou quatre violentes détonations se succédant rapidement puis deux immenses nuages noirs chargés de matériaux volcaniques jaillirent de la montagne. Le premier monta droit dans le ciel avant de se déployer et finit par masquer si complètement le jour qu'à Fort-de-France on ne voyait plus rien à un mètre. L'autre nuage resta accroché au flanc du volcan et fondit sur Saint-Pierre suivant la trajectoire déterminée par l'échancrure en V du cratère.

En moins de deux minutes, cette avalanche de feu déferlant à quelque 160 kilomètres à l'heure alla frapper la ville avec une force irrésistible, abattant jusqu'aux murs les plus épais et incendiant les décombres. Des charpentes brisées jaillirent d'énormes flammes. Sur les quais et dans les entrepôts, les barriques de rhum explosèrent par milliers, déversant dans les rues un liquide enflammé qui alla se répandre dans les eaux de la rade.

Sur les 30000 habitants de Saint-Pierre, deux seulement survécurent. L'un d'eux, Léon Compère-Léandre, une jeune cordonnier, dut son salut à la chance, à sa robuste santé et au fait que sa maison ne se trouvait pas directement située sur le passage de l'avalanche mais seulement en bordure. Il était sur le pas de sa porte quand brusquement il sentit souffler «un vent terrible». «La terre se mit à trembler, a-t-il raconté. Je me retournai pour rentrer chez moi, gravis avec peine les trois ou quatre marches qui me séparaient de ma chambre et sentis tous mes membres ainsi que mon corps brûler.

«Je tombai sur une table. A cet instant, quatre personnes cherchèrent refuge dans ma chambre, criant et se tordant de douleur bien que leurs vêtements ne parussent pas avoir été touchés par les flammes. Au bout de dix minutes, l'une d'elles, la petite Delavaud, âgée d'une dizaine d'années, tomba morte; les autres s'en allèrent. Je me levai et passai dans une autre pièce où je trouvai, étendu tout habillé sur le lit, le père Delavaud, mort. Il était violet et tout enflé, mais ses vêtements étaient intacts. Hébété et à bout de forces, je me laissai tomber inerte sur un lit, attendant la mort. Au bout d'une heure peut-être, je retrouvai mes esprits en voyant le toit brûler. Rassemblant le peu de forces qui me restait, je courus, les jambes en sang et couvertes de brûlures, jusqu'à Fonds-Saint-Denis, qui se trouve à six kilomètres de Saint-Pierre.»

Léon Compère-Léandre vécut le restant de ses jours dans un anonymat relatif. Il mourut en 1936. L'autre rescapé, Auguste Ciparis, devait acquérir en revanche une certaine notoriété. Condamné pour un crime de droit commun, il purgeait sa peine dans un cachot de la prison de Saint-Pierre qui n'avait, en guise de fenêtre, qu'une petite ouverture grillagée au-dessus de la porte. Peu de temps après la catas-

trophe, alors qu'il était dans un état critique, ses blessures n'ayant pas encore été traitées, Ciparis reçut la visite d'un journaliste qui dit n'avoir jamais vu « un homme aussi épouvantablement brûlé ».

Ciparis, lui, raconta que le 8 mai, pendant qu'il attendait sa ration du jour, sa cellule fut soudain plongée dans l'obscurité et, presque aussitôt, des bouffées d'air chaud chargé de cendres pénétrèrent par l'ouverture grillagée et le brûlèrent. Cette chaleur intense ne dura que quelques instants au cours desquels il retint son souffle. Ses vêtements ne prirent pas feu mais, sous sa chemise, son dos fut cruellement brûlé. Il y avait un récipient d'eau dans la cellule et il eut la surprise de constater que l'eau était restée suffisamment fraîche pour être bue.

Ciparis resta enseveli pendant près de quatre jours avant d'être secouru par des hommes qui, fouillant les ruines au-dessus de lui, entendirent ses appels. Il se rétablit, fut gracié et finit par entrer dans la troupe du cirque Barnum. Présenté comme le « Prisonnier de Saint-Pierre », il racontait son histoire et exhibait ses cicatrices. Il mourut en 1929.

Il y eut d'autre survivants, non pas à Saint-Pierre même, mais à bord des navires qui mouillaient dans la rade. Ceux-ci étaient au nombre de 18 et, quand le nuage incandescent balaya la surface des eaux; 16 d'entre eux chavirèrent et prirent feu. Ellery Scott, commandant en second du *Roraima* – un bateau de la Quebec Line – a fait un récit des événements qui a valeur d'exemple.

A bord du *Roraima*, il y avait 47 hommes d'équipage et 21 passagers dont plusieurs enfants. Le bateau était à l'ancre à moins de 700 mètres du rivage quand Scott vit la nuée engloutir Saint-Pierre et foncer vers lui. « Alors ce furent les ténèbres, raconte-t-il, des ténèbres plus noires que la nuit. Le *Roraima* roula et gîta fortement à bâbord puis, d'une brusque secousse, il se coucha à tribord, enfonçant sa lisse profondément dans l'eau. La mâture, la cheminée, le gréement furent balayés et emportés par-dessus bord. La cheminée de fer se coupa à la base et les deux mâts d'acier se rompirent à une soixantaine de centimètres au-dessus du pont. Le bateau prit feu en plusieurs points à la fois et des hommes, des femmes et des enfants trouvèrent la mort en quelques secondes. »

Après le premier choc, il y eut une pluie de cendres mêlées d'eau. Scott qui s'en était tiré en s'abritant sous une bâche indique que cette pluie avait « la consistance d'un ciment très fin ». « Partout où elle tombait, dit-il, elle formait une couche adhérente semblable à de la colle, de sorte que ceux qui étaient nu-tête se trouvèrent nantis d'un masque de ciment qui leur entourait complètement le crâne. Le cambusier en était tellement alourdi qu'il titubait et semblait sur le point de s'écrouler. Quand il me demanda de le débarrasser du moule dans lequel sa tête était prise, j'eus peur de le scalper en l'enlevant. Je sentais très nettement la chaleur sur mon cuir chevelu à travers la bâche qui l'en recouvrait et je me doutais que le sien devait être gravement brûlé. »

Scott partit à la recherche du capitaine ; celui-ci était tellement brûlé qu'il en était méconnaissable. « Allez voir dans quel état est le navire et ce que sont devenus nos hommes», ordonna-t-il. Scott obéit et constata «qu'à l'arrière tout avait prit feu et les gens brûlaient et mouraient partout, tandis qu'à l'avant des flammes apparaissaient en plusieurs endroits». Mais quand il alla faire son rapport au capitaine, celui-ci avait disparu. Il avait dû soit tomber soit sauter par-dessus bord pour abréger ses souffrances qui devaient être terribles.

Les pompes du navire étant hors d'usage, il fallait organiser une chaîne de personnes se passant des seaux d'eau pour éteindre l'incendie, mais il ne restait plus que quatre hommes valides. Quelques autres, qui avaient les mains écorchées, portèrent des seaux au creux du coude. A mesure que l'incendie était maîtrisé, raconte Scott, «nous ramassions les survivants et les étendions sur le gaillard d'avant. Tous réclamaient de l'eau mais nombre de ces malheureux étaient incapables de boire. Ils avaient la bouche et la gorge affreusement brûlées. Quand nous leur introduisions de l'eau dans la bouche, elle y restait et ils manquaient s'étouffer. Nous étions obligés de les retourner pour la leur faire cracher.» Scott enfonça alors la porte de la glacière pour leur donner des glaçons à sucer.

Plusieurs heures après, le croiseur français *Suchet*, venant de Fort-de-France, accosta le *Roraima* et recueillit les survivants dont quelques-uns d'ailleurs devaient mourir peu après à l'hôpital. En définitive, 20 personnes seulement furent sauvées sur les 68 qu'il y avait à bord. Sur les autres navires mouillant dans la rade, la proportion des victimes fut encore plus élevée.

Par la suite, d'autres témoins de la catastrophe firent le récit de ce qu'ils avaient vécu – scènes d'horreur pour les uns, chance extraordinaire pour les autres. Fernand Clerc, l'un des plus gros planteurs de l'île, se trouvait chez lui à Saint-Pierre le matin du jour fatidique, avec sa femme, ses quatre enfants et plusieurs amis. Tôt levé, il s'apprêtait à prendre son petit déjeuner quand il remarqua que l'aiguille de son baromètre s'affolait: elle décrivait d'amples oscillations avec une tendance à vibrer. Saisi d'un pressentiment, il donna l'ordre que l'on sorte les attelages immédiatement, mais seule sa famille y monta. «Mes amis, me jugeant trop pusillanime, refusèrent de s'en aller», raconte-t-il. En passant dans la rue, il vit le consul américain Thomas Prentiss et sa femme à leur balcon. «Ils me saluèrent et je leur rendis leur salut, dit-il, tout en leur criant qu'ils feraient bien de m'accompagner.» Mais Prentiss déclina l'invitation et Clerc poursuivit son chemin.

Les attelages s'engagèrent dans les collines et, au bout de trois quarts d'heure, Clerc arriva avec sa famille dans une de ses maisons de campagne située à cinq kilomètres de distance. A cet instant, la montagne Pelée explosa sous ses yeux. «Le nuage qui depuis tant de jours surmontait la montagne, raconte-t-il, parut basculer avec fracas et dégringoler vers la ville». Cloués d'horreur, les membres de la famille Clerc virent le grand torrent noir dévaler de la montagne dans un grondement continu auquel se mêlait un bruit saccadé comme le tir d'une mitrailleuse.

Le ciel s'obscurcit alors, les nuées masquant le ciel, et une pluie de cendres chaudes s'abattit sur la propriété. Dix minutes après, on ne voyait plus que le rougeoiement de la ville incendiée. Les ténèbres étaient si épaisses que Clerc ne pouvait distinguer les personnes debout à ses côtés et qu'il se mit à les chercher à tâtons. Enfin, au bout de 20 minutes passées dans cette obscurité chaude et suffocante, un fort vent se leva et chassa les cendres. Clerc tourna alors ses regards vers la vallée et put constater que la plantation que sa sœur y possédait était complètement rasée. Il redescendit à pied, se frayant un chemin à travers la ville dévastée. «La langue ni la plume ne peuvent décrire ce que j'ai vu, dit-il. Partout autour de moi brûlaient parents et amis. Je compris que je ne pouvais rien faire d'utile: tous étaient morts – pas un survivant. Je me hâtai de rentrer et, à la première occasion, j'expédiai ma famille à la Guadeloupe.»

Une des histoires les plus étonnantes est celle de la petite Harviva Da Ifrile. Même si les faits qu'elle a rapportés ont été grossis par l'épouvante, son aventure reste assez incroyable. La mère de la fillette (on ignore quel âge elle avait au juste) l'avait envoyée en commission chez sa tante qui tenait une pâtisserie sur la montagne. La boutique était située à mi-hauteur, à proximité d'un ancien cratère

Plusieurs navires, au large de Saint-Pierre au moment de l'éruption, sombrèrent dans les flammes, comme le montre cette illustration du *Harper's Weekly* publiée peu après. Sur les centaines de personnes qui se trouvaient à bord, il n'y eut que quelques rares survivants.

Saint-Pierre avant et après. C'était un petit port de commerce prospère *(ci-contre),* l'un des plus importants des Antilles, et voici ce qui en est resté en 1902 après l'éruption *(ci-dessous).* La nuée ardente avait fusé de la montagne Pelée à travers l'échancrure en V que l'on distingue à l'arrière-plan.

Ces ferrailles tordues — poutrelles, tuyaux, cercles de tonneaux — sont les restes d'une distillerie de rhum qui fut détruite quand explosèrent les fûts qu'elle contenait. La cendre incandescente mit le feu au rhum qui se répandit à travers les rues, parachevant l'incendie de la ville.

qu'on appelait le Tire-bouchon à cause de la forme du sentier touristique conduisant au fond. La tante d'Harviva restaurait les excursionnistes quand ils remontaient des profondeurs de la montagne. Mais ce jour-là, dit-elle, elle vit « le fond du trou tout rouge, comme en ébullition, avec des flammèches bleues qui s'en échappaient ». Deux guides étaient en train de remonter le sentier en toute hâte, entraînant avec eux une visiteuse, et alors « une bouffée de fumée bleue sembla atteindre le groupe et ils tombèrent comme morts ».

Sous les yeux de Harviva, la « bouillie » qui était au fond du trou se mit à monter et recouvrit les trois corps. Alors elle s'enfuit en hurlant sur la route de Saint-Pierre. « Au moment où j'arrivais dans la rue principale, poursuit la fillette, je vis la bouillie jaillir du haut du Tire-bouchon et couler au flanc de la colline. Le flot emprunta d'abord la route puis, comme il s'enflait, il engloutit les maisons situées de part et d'autre de celle-ci. Ensuite je vis une rivière de bouillie rouge descendre d'un autre côté de la colline et couper toute possibilité de retraite aux gens qui sortaient en courant de chez eux. »

Harviva courut au rivage. Le bateau à voile de son frère était amarré à un appontement. Elle sauta dedans et, à ce moment, aperçut son frère qui dévalait la colline dans sa direction aussi vite qu'il pouvait. « Mais il était trop tard, dit-elle, et je l'entendis crier tandis que la coulée le rattrapait, puis l'engloutissait. » Tant bien que mal, la fillette manœuvra le bateau pour fuir l'avalanche de cendres brûclantes et de gaz surchauffés, et tenter de se réfugier dans une grotte marine où elle allait parfois jouer aux pirates avec ses camarades. « Mais avant de l'atteindre, raconte-t-elle, je regardai derrière moi et toute une partie de la montagne la plus proche de la ville sembla s'ouvrir et se déverser en bouillonnant sur les gens qui hurlaient. Je fus passablement brûlée par les pierres et les cendres qui volaient autour du bateau, mais je parvins à gagner la grotte. »

De son abri, Harviva entendit « un horrible sifflement quand la bouillie tomba dans la mer et la grotte se remplit d'eau presque jusqu'au toit ». Puis elle perdit connaissance et ne se souvint plus de rien jusqu'au moment où elle fut recueillie à bord du croiseur français *Suchet* alors qu'elle dérivait à deux milles au large sur son embarcation démantibulée et carbonisée.

La nouvelle de la catastrophe se répandit par télégraphe à travers le monde et les secours arrivèrent rapidement, compte tenu des moyens de l'époque. Le président

A Saint-Pierre même, il n'y eut que deux survivants dont un condamné à mort, Auguste Ciparis (présenté sous le nom de Ludger Sylbaris sur cette affiche de cirque). Il était enfermé dans un cachot aux murs épais *(ci-dessus)* qui le protégea efficacement de la nuée ardente. Gracié après la catastrophe, il devint l'attraction du cirque Barnum.

Roosevelt offrit immédiatement 200 000 dollars au nom du peuple américain, tandis que les rois d'Angleterre et d'Italie en donnaient chacun 5 000. Il fit envoyer sans retard à la Martinique le rapide croiseur *Dixie*, chargé de 1 250 tonnes de vivres, médicaments et autres fournitures.

Le bateau emportait également plusieurs hommes de science que l'on avait casés à l'étroit dans le poste d'équipage, et dont la mission était d'étudier le phénomène de l'éruption de la montagne Pelée à la lumière de ce qui s'était passé. Il y avait parmi eux Edmund Hovey, de l'American Museum of Natural History, et un brillant géologue de l'université Harvard, Thomas Jaggar, qui allait se consacrer désormais à la volcanologie. Ils furent rejoints à la Martinique par Angelo Heilprin, de la Société géographique de Philadelphie, et par plusieurs savants européens parmi lesquels deux Anglais, Tempest Anderson et John Flett, membres de la Royal Society, et surtout le Français Alfred Lacroix, membre de l'Académie des sciences, dont la contribution, comme on le verra plus loin, se révéla décisive.

En 1902, l'étude des volcans n'était pas une science de plein droit, mais seulement une branche mineure de la géologie. Peu de savants se seraient dits vulcanologues. Les connaissances sur ce sujet étaient limitées, les instruments inadéquats et la prévision des éruptions s'appuyait dans une large mesure sur de simples conjectures guère plus argumentées que le raisonnement du capitaine Leboffe décidant de faire sortir l'*Orsolina* de la rade de Saint-Pierre. Le nuage incandescent qui avait détruit la ville était si peu connu des hommes de science qu'ils n'avaient même pas un nom pour le désigner et pouvaient encore moins se l'expliquer. Mais l'éruption de la montagne Pelée, au prix de grandes pertes humaines, allait donner une telle impulsion à la volcanologie que l'année 1902 peut être considérée comme une grande date dans l'histoire de la connaissance.

Les premiers scientifiques arrivés sur les lieux furent les Américains Jaggar, Hovey et leurs collègues, qui avaient voyagé à bord du *Dixie*. Parmi les journalistes qui les accompagnaient se trouvait George Kennan, dont le reportage allait se révéler primordial pour la compréhension de ce qui s'était passé. Le *Dixie* avait quitté New York le 14 mai, six jours après la catastrophe, et avait accosté à la Martinique le 21 à l'aube.

S'il était arrivé deux jours plus tôt, l'étude de la montagne Pelée en eût été grandement facilitée car le 20 mai à 17 heures eut lieu une seconde et très violente éruption accompagnée d'une avalanche de nuées noires encore plus impressionnante que celle du 8 mai. Il n'y eut pas de perte en vies humaines cette fois, pour la bonne raison qu'il ne restait plus personne en vie à Saint-Pierre, mais tout ce qui demeurait debout dans la ville fut rasé et les décombres se trouvèrent encore plus profondément enfouis sous les cendres.

Jaggar fut frappé par l'ampleur des destructions. Il écrit: « Le flanc de la montagne est dénudé; la végétation s'arrête brusquement le long d'une ligne clairement tracée au-delà de laquelle commence le nouveau paysage volcanique, nettement découpé, rocailleux, étrange, gris, uniforme, sans aucune note de couleur, sans rien qui bouge à part les jets de vapeur sur les pentes de la montagne Pelée. » La zone complètement dévastée, de forme triangulaire, couvrait une vingtaine de kilomètres carrés. Au sommet du triangle, un énorme cratère s'ouvrait au flanc de la montagne avec, au-dessous, une fissure en forme de V encadrée par de hautes arêtes s'irradiant vers la mer. C'est l'échancrure par laquelle la boue brûlante de l'Étang Sec s'était déversée le 5 mai.

Au-delà de la zone de destruction totale s'étendait une deuxième zone couvrant plus de 60 kilomètres carrés où les traces laissées par le passage de la nuée diminuaient progressivement jusqu'à disparaître de manière si abrupte qu'on eût dit une limite tracée au couteau. Les chercheurs ne cessaient de s'étonner de la netteté de la frontière séparant les zones dévastées de celles qui semblaient ne pas avoir été touchées. « En plusieurs endroits, note Hovey, la ligne de démarcation passe par un seul arbre, laissant un côté brûlé et noirci et l'autre vert comme s'il ne s'était rien passé. » Hovey crut pouvoir expliquer ce phénomène par la configuration des lieux; les ravins flanqués de hautes arêtes rocheuses auraient canalisé la nuée descendant du volcan à la manière dont une gorge contient le flot impétueux d'un torrent. Cette explication n'était que partiellement correcte.

A leur arrivée à Saint-Pierre même, les savants furent confondus par ce qu'ils virent. Non seulement les bâtiments étaient rasés et des objets massifs avaient été ballottés comme s'ils étaient de carton-pâte, mais dans un fort défendant la côte, plusieurs gros canons avaient été arrachés de leur affût et, près de la cathédrale, une statue de la Vierge pesant trois tonnes avait été projetée à une douzaine de mètres de son piédestal. Le géologue Angelo Heilprin rapporte qu'il vit « des barres de fer tordues, de grandes quantités de tôles de toiture enroulées comme des étoffes autour de poteaux contre lesquels elles avaient été projetées, et des poutrelles formant des boucles et des festons comme de vulgaires cordages. »

Quoi qu'en aient dit plusieurs témoins, il ne semble pas qu'il y ait eu à aucun moment durant l'éruption écoulement de lave. En tout cas, s'il y en a eu, les savants n'en ont pas vu trace. Les morts et les destructions semblent avoir été causées uniquement par le nuage volcanique composé de vapeur d'eau surchauffée et d'autres gaz, alourdi par des myriades de particules incandescentes et animé d'une force si considérable qu'il emportait des blocs de rocher ou de matières volcaniques. A la rhumerie, les gros réservoirs, constitués par assemblage de fortes tôles de 6 millimètres d'épaisseur, firent à Hovey l'impression d'avoir été « soumis à un bombardement d'artillerie » tant ils présentaient de trous et de déchirures pouvant atteindre 60, 75 et même 90 centimètres de longueur.

Après avoir passé les décombres au peigne fin et examiné les indices, les savants arrivèrent à la conclusion que la température de la nuée volcanique devait avoir été de l'ordre de 700 à 1 000 °C, c'est-à-dire suffisamment élevée pour fondre le verre (700 °C) mais pas assez pour fondre le cuivre (1 084 °C) puisque les fils téléphoniques en cuivre avaient été trouvés intacts. Les habitants de Saint-Pierre avaient été tués à la fois par la chaleur et par l'effet de souffle, et cela en quelques instants. Beaucoup de cadavres avaient été déchiquetés et d'autres effroyablement brûlés. Un journaliste qui s'était aventuré dans les ruines encore fumantes de la ville constata qu'il ne leur restait « pas le moindre vêtement, pas un seul cheveu ».

Mais la nuée avait eu des effets capricieux. En certains endroits, comme l'avaient constaté Compère-Léandre et Ciparis, les vêtements portés par les gens étaient restés curieusement intacts, ce qui donne à penser aux hommes de science qu'au sein de la nuée tourbillonnante devaient se trouver par moments des zones dépourvues de particules incandescentes. Dans ces zones, les gens n'avaient échappé à l'incinération que pour succomber à une chaleur insupportable. Tel avait été le cas en particulier de ceux qui s'étaient réfugiés dans les maisons ou cachés derrière des murs au passage de la nuée.

Dans certaines maisons, les occupants semblaient avoir été tués instantanément au cours du petit déjeuner, mais, sur la table, les couverts, les assiettes et les verres n'avaient subi aucun dommage. Dans une bijouterie, la chaleur avait été assez intense pour fondre en une seule masse des centaines de verres de montres alors que dans une cuisine, non loin de là, des bouteilles bouchées et des paquets d'amidon étaient restés intacts.

Outre l'onde de choc et la chaleur excessive, l'asphyxie également entraîna la mort. Au cours de son enquête, Hovey, ayant inspecté le cratère de l'Étang Sec, nota : « Les gaz sulfureux rendaient l'atmosphère difficilement respirable, mais la sensation la plus inconfortable provenait de l'irritation causée par la poussière pénétrant dans les yeux et les voies respiratoires. Un mélange porté à haute température, contenant une grande quantité de poussières et un fort pourcentage de gaz sul-

La prospérité de Saint-Pierre se voit à l'opulente décoration de la cathédrale du Mouillage *(ci-contre, à gauche)* dont il ne resta, après l'éruption, qu'une coquille vide *(ci-contre, à droite)*. On découvrit, sous l'amoncellement des gravats et des cendres, les corps des fidèles qui assistaient à la messe.

fureux, peut entraîner la mort presque instantanément pour celui qui le respire. »

Mais qu'est-ce qui avait bien pu donner naissance à ce nuage toxique et pourquoi, au lieu de s'élever verticalement, avait-il dévalé la montagne pour engloutir Saint-Pierre ? Là-dessus, chacun avait son idée. Heilprin, comparant le phénomène à l'explosion d'un « mortier géant », pensait qu'une partie du fond du cratère avait sauté « à l'air libre sous un coussin de vapeur et de cendres ascendantes » lequel, par un effet de compression, aurait obligé l'explosion à s'orienter latéralement. Les parois rocheuses entourant le cratère sur trois côtés auraient alors canalisé l'éruption en direction de Saint-Pierre.

Pour sa part, Jaggar soutenait que le nuage s'était d'abord élevé verticalement à une très grande hauteur mais qu'ensuite, « conformément à la loi de la pesanteur, il était retombé à grande vitesse vers le cratère où, rencontrant des matières ascendantes, il avait été dévié dans un sens horizontal ». Il s'était produit alors un « effet de sarbacane » et l'avalanche meurtrière s'était ruée sur Saint-Pierre.

Chacune de ces explications contient une part de vérité, mais toutes les deux ignorent l'essentiel comme on n'allait pas tarder à le constater. Le 9 juillet au crépuscule, les deux chercheurs britanniques Tempest Anderson et John Flett furent, par le plus grand des hasards, les premiers à observer de près une éruption apparemment semblable en tous points à celles des 8 et 20 mai. Jaggar se trouvait alors à Fort-de-France, à 20 kilomètres de là.

Croisant au large de Saint-Pierre sur un voilier, les deux Anglais virent dans l'obscurité grandissante une sombre rougeur se répandre sur le sommet de la montagne Pelée. La lueur devint de plus en plus vive et, finalement, tout le paysage alentour fut brillamment illuminé. Terrorisés, les marins s'écrièrent : « La montagne éclate ! » Dans un silence religieux, tout le monde observa une formidable « avalanche » (comme on l'appella) qui dévala les pentes et se jeta dans la mer après avoir traversé les ruines de Saint-Pierre. « Elle était couleur rouge sombre et agitée à la surface, rapportèrent les témoins. En son sein apparaissaient de gros blocs de pierre sous la forme de brillants traits rouges qui dégringolaient en faisant jaillir des pluies d'étincelles. »

Anderson et Flett ne purent chronométrer la durée de l'événement, mais ils estimèrent que l'avalanche s'était écoulée en moins d'une minute. « Elle allait incontestablement à une vitesse terrifiante, dirent-ils. S'il s'était trouvé quelque construction sur son passage, elle aurait été entièrement rasée et aucun être vivant n'aurait pu survivre à cette fournaise. »

Vint alors le deuxième acte du drame. A peine le rougeoiement de l'avalanche s'était-il dissipé qu'un nuage se dessina dans le ciel étoilé à l'endroit même où elle s'était produite. Il semblait être une conséquence de celle-ci et avoir conservé une partie de sa force vive ; c'était comme si les particules volcaniques les plus légères continuaient d'avancer en s'élevant, tandis que les plus lourdes se déposaient au sol. « C'était un nuage sphérique couvert de boursouflures qui s'enflaient et proliféraient avec une incroyable énergie, indiquent Anderson et Flett. Il avançait rapidement sur la mer, se dirigeant droit sur nous, bouillonnant et changeant d'aspect à chaque instant. Il ne se développait pas latéralement et ne s'élevait pas non plus dans les airs mais continuait d'avancer rapidement sur les flots, agité de remous et illuminé d'éclairs. »

Quand il ne fut plus qu'à 1500 mètres d'eux environ, les savants virent avec soulagement que sa progression se ralentissait. Il pâlissait à mesure que la cendre se déposait dans la mer. Un peu avant d'atteindre le bateau, le nuage s'éleva et passa juste au-dessus. Une volée de pierres – certaines grosses comme des châtaignes – s'abattit sur le pont, suivie d'une pluie de projectiles plus petits gros comme des petits pois, et, finalement d'une forte chute de cendres grises et sèches. Il traînait dans l'air une légère odeur sulfureuse. En gagnant le large, le nuage s'élargit et finit par couvrir tout le ciel à l'exception d'une mince bande à l'horizon.

Anderson et Flett, convaincus d'avoir assisté à une réédition des éruptions des 8 et 20 mai, en conclurent que les explications précédemment données étaient

Comment Panama a obtenu son canal

En 1902, quand explosa la montagne Pelée, une grande question agitait l'opinion aux États-Unis. Il s'agissait du canal qui devait relier l'Atlantique au Pacifique et permettre à la flotte américaine de passer rapidement de l'un à l'autre sans avoir à faire un détour de 12000 kilomètres par le cap Horn. En outre, le percement d'un isthme apparaissait comme une prouesse technique digne d'un pays désireux de s'affirmer au sein des grandes puissances mondiales.

La question qui se posait était de savoir par où passerait le canal. Dans les années 1880, les Français, forts de leur réussite à Suez, avaient tenté d'établir une liaison interocéanique à travers le territoire de Panama qui appartenait alors à la Colombie. Après dix années d'efforts et une dépense de 1,4 milliard de francs, ils abandonnèrent ce projet qui, entre-temps, avait coûté la vie à 20000 hommes.

A la suite de cet échec, un lobby s'organisa aux États-Unis pour recommander un autre tracé passant par le Nicaragua. Mais les partisans de la voie panaméenne s'organisèrent à leur tour avec l'appui des magnats américains du chemin de fer qui possédaient des intérêts à Panama et des actionnaires français de la Compagnie du canal de Panama qui, ruinés par l'échec du premier projet, essayaient de se refaire.

Vinrent alors les éruptions de la Soufrière

erronées. Rien de ce qu'ils avaient vu ne corroborait l'hypothèse avancée par Heilprin d'une éruption infléchie vers le bas sous le poids de la couche d'air supérieure, ni celle de Jaggar sur la déviation d'une colonne descendante de matières éjectées par le volcan. Leurs observations les portaient à émettre au contraire la théorie suivante : « La lave qui monte dans la cheminée est chargée de vapeur et de gaz qui explosent comme il est normal, mais il se trouve que certaines de ces explosions ont juste assez de force pour réduire cette masse en poussière et en faire basculer la majeure partie par-dessus le bord du cratère sans disperser l'ensemble dans les airs. Le mélange de particules solides et de gaz se comporte comme un liquide lourd et, avant que les particules aient le temps de se déposer, l'ensemble dévale la montagne sous l'effet de la gravité et, ce faisant, gagne en vitesse et en énergie cinétique. Les particules solides lourdes se déposent graduellement et la vapeur et les gaz restants, ainsi allégés, peuvent alors remonter, comme cela s'est passé pour le nuage noir qui s'est élevé au-dessus de nos têtes le 9 juillet. »

Anderson et Flett pensaient que la seule force motrice du nuage était la gravité. « Le nuage n'a pas commencé à dévaler la pente tout de suite, écrivent-ils, mais il a roulé et tournoyé, pendant un bon moment. Puis il s'est mis à descendre à une vitesse grandissante, jusqu'au moment où il a atteint la mer. Alors sa vitesse a commencé à diminuer. C'était comme un toboggan sur une pente enneigée. La gravité a fait tout le travail et fourni l'énergie. »

Les études ultérieures devaient confirmer le rôle joué par la pesanteur dans la détermination de la direction, de la vitesse et de la force de l'avalanche, mais la pesanteur n'expliquait pas tout et il revint au Français Alfred Lacroix de mener à bonne fin le travail entrepris.

Avec quelques-uns de ses collègues de l'Académie des sciences, Lacroix était arrivé à la Martinique le 23 juin. Sa recherche terminée, il était reparti le 1er août, mais le 30 du même mois eut lieu une nouvelle et violente éruption de la montagne Pelée, qui fit encore 2000 victimes. Comme les fois précédentes, le terrifiant nuage noir dévala la montagne et traversa les ruines de Saint-Pierre mais, cette fois, il y eut un deuxième nuage qui alla jusqu'à Morne Rouge, agglomération située à six kilomètres au nord-est. Au cours des éruptions précédentes, ce village avait été protégé par des arêtes rocheuses formant obstacle et ses habitants n'avaient pas jugé nécessaire d'évacuer les lieux.

Apprenant la nouvelle, Lacroix revint précipitamment à la Martinique où il resta jusqu'à la mi-mars de l'année 1903. Le rapport final qu'il rédigea par la suite est devenu un classique de la volcanologie.

Pour commencer, Lacroix donna au nuage noir le nom qui convenait à son aspect incandescent, celui de *nuée ardente*. (De nos jours, les vulcanologues emploient de préférence l'expression « avalanche incandescente » qui est un peu plus précise). Durant son enquête, il remarqua quelque chose qui avait échappé à ses collègues anglais et américains ou qu'ils avaient peut-être négligé, à savoir que les matières éjectées par le volcan – fragments de toutes dimensions, allant de la poussière la plus fine à des blocs de la taille d'une maison – n'avaient pas toujours suivi la ligne de plus grande pente. Une bonne partie avait roulé le long de pentes de 10 ou 12 degrés seulement. Lacroix en déduisit que les lois de la pesanteur ne pouvaient expliquer seules cette trajectoire et que la force extraordinaire qui animait ces projectiles ne pouvait résulter que d'une explosion orientée latéralement. C'est cette hypothèse, diamétralement opposée à celle d'Anderson et Flett, qui devait finalement se vérifier, avec le concours involontaire des géologues américains et du journaliste George Kennan.

Au cours de son enquête, Lacroix apprit que, le 21 mai, Hovey et quelques autres avaient observé à travers l'échancrure en V du cratère de la montagne Pelée la formation d'un cône volcanique dont ils estimaient la hauteur à une centaine de mètres environ. Le 31 mai, le cône avait grandi et sa hauteur était alors estimée à plus de 400 mètres. Le lendemain, Angelo Heilprin, accompagné de George Kennan, atteignait le bord de l'Étang Sec. Pour la première fois, un géologue

Le dernier argument dans le grand débat qui s'était instauré aux États-Unis sur le canal interocéanique fut ce timbre nicaraguayen attestant l'existence de volcans actifs.

et de la montagne Pelée qui attirèrent tout à coup l'attention sur la nature volcanique du Nicaragua. On avait déjà parlé auparavant des douze volcans nicaraguayens, mais un seul d'entre eux était proche du tracé envisagé et il était endormi. Revenant à la charge, les partisans de la voie panaméenne insistèrent alors sur la « terrible leçon » de la montagne Pelée et un secours providentiel leur vint du Nicaragua où un volcan venait d'entrer en éruption.

Trois jours avant le vote du Sénat, le Français Philippe Bunau-Varilla, ancien ingénieur en chef de la Compagnie du canal de Panama et l'un des plus ardents défenseurs du projet, eut un trait de génie. « Les jeunes nations aiment faire figurer sur leurs armoiries ce qui caractérise le mieux leur sol natal, avait-il déclaré quelque temps auparavant. Or qu'est-ce que les Nicaraguayens ont choisi ? Des volcans ! » Alors, après avoir fait la tournée de tous les marchands de timbres de Washington, il envoya à chaque sénateur un timbre nicaraguayen représentant un volcan fumant.

Influencé par cette astucieuse manœuvre de propagande, le Sénat trancha, à huit voix de majorité, en faveur de Panama.

pouvait observer d'en haut ce cône étrange à l'intérieur du cratère volcanique.

Voici le récit de Kennan : « Je me trouvais soudain au bord d'un gouffre d'environ 20 mètres de largeur et plusieurs centaines de profondeur d'où parvenaient un grondement pareil à celui d'une forge cyclopéenne ainsi que de curieux craquements évoquant la roche qui se fend sous une chaleur intense. La paroi du gouffre à mes pieds était rigoureusement verticale et, en me penchant un peu, mon regard plongeait jusqu'à 45 ou 50 mètres. Au-delà, la vision se perdait dans un miroitement vaporeux pareil à celui qu'on observe au-dessus d'un fourneau chauffé à blanc. De l'autre côté de l'immense faille, il y avait un énorme amas chaotique de débris volcaniques empilés dans le plus grand désordre où saillaient, pointant vers l'intérieur du gouffre, trois ou quatre rochers longs et anguleux, et presque blancs tant ils étaient calcinés. J'avais vu ces mêmes rochers blancs de Saint-Pierre à l'aide d'une puissante lunette et je savais donc que s'il n'y avait pas eu cette colonne de vapeur ascendante au sud de l'endroit où nous nous trouvions, nous aurions pu, en regardant droit devant nous au-delà du gouffre, apercevoir la ville en ruine. Mon impression était que le gouffre où nous plongions nos regards constituait un côté seulement d'une cuvette ou d'un bassin plus ou moins circulaire et que l'entassement rocheux qui semblait constituer la paroi ouest de la faille était en fait un cône central de débris volcaniques. »

Alfred Lacroix

Le 27 juin, le cône avait dépassé le bord du cratère. Le 6 juillet, Jaggar indiqua qu'il apercevait le cône dont le sommet s'ornait d'un grand monolithe en forme d'aileron de requin. Anderson et Flett virent aussi ce monolithe le 9 juillet mais, à cause des nuages qui de temps à autre obscurcissaient la montagne, ils le prirent pour une crevasse en bordure du cratère. Ayant analysé toutes ces informations et observé lui-même ce cône étrange et son monolithe, Lacroix arriva toutefois à des conclusions toutes différentes de celles qui avaient été tirées par ses collègues. Le cône, selon lui, était en fait un dôme volcanique qui s'était constitué à l'intérieur du cratère et en obturait l'orifice comme le ferait un bouchon sur le goulot d'une bouteille. Quand la pression exercée à l'intérieur du dôme par la montée de la vapeur et des gaz atteignait un point critique, il fallait que quelque chose cède, en l'occurrence le point de moindre résistance dans la paroi du dôme. C'est par ce point faible que s'étaient échappées les éjections meurtrières qui, au sortir de leur prison, s'étaient déployées en éventail.

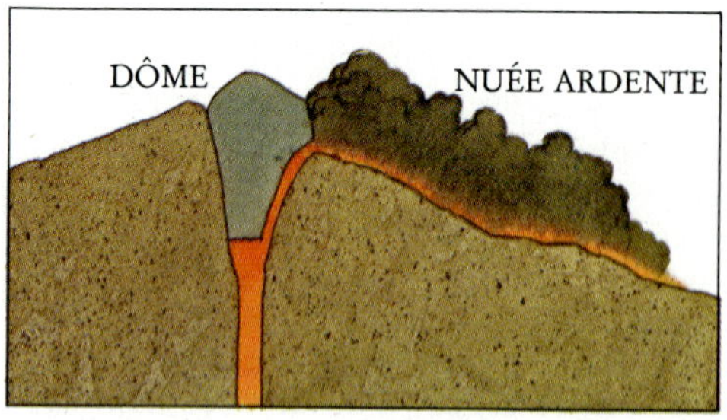

Alfred Lacroix passa une année à étudier la montagne Pelée après l'éruption de 1902 et publia par la suite un ouvrage qui fait date dans l'histoire de la volcanologie. Il y démontra que le déplacement de la nuée ardente au ras de la montagne s'expliquait par le fait qu'elle avait fusé latéralement. Quand un dôme de lave solidifiée obture la cheminée d'un volcan *(dessin ci-dessus)*, la pression monte jusqu'à ce que quelque chose cède. Ce qui céda, en l'occurrence, ce fut une partie de la carapace du dôme.

Les conclusions de Lacroix furent confirmées ultérieurement par d'autres géologues, du moins pour autant qu'elles expliquaient les éruptions latérales postérieures à celle du 8 mai. Effectivement, l'examen de gros blocs de rochers découverts à Saint-Pierre montra que la plupart d'entre eux étaient en fait des morceaux du cône ou du dôme, devenus très poreux en chemin, à mesure que les gaz qu'ils recelaient étaient libérés, ce qui explique qu'il aient pu être entraînés si loin. Mais un certain mystère plane quand même sur l'éruption du 8 mai. Si les vulcanologues admettent pour la plupart que l'explosion latérale est partie du dôme qui se formait dans la gueule du volcan, il reste qu'il n'y a pas eu d'observateurs scientifiques pour en témoigner et qu'il manque une preuve absolue. Certains savants émettent l'hypothèse que l'éruption du 8 mai a pu se faire latéralement à partir d'une simple fissure au flanc du volcan et que la succession de dômes apparus par la suite résulte de facteurs géologiques complexes découlant de l'éruption initiale. Quoi qu'il en soit, et grâce à Alfred Lacroix, on sait maintenant qu'un bouchon volcanique, ou dôme, peut coiffer un réservoir de lave en fusion, ou magma, jusqu'à ce que, sous l'effet des formidables pressions s'exerçant à l'intérieur, la paroi cède et laisse échapper un terrifiant jet de gaz et de matières solides – phénomène désormais connu sous le nom d'éruption péléenne.

Pendant tout le reste de l'année 1902 et tout au long de l'année suivante, il y eut de nombreuses petites éruptions mais heureusement pas d'autres victimes, tandis que la montagne Pelée retombait lentement dans son sommeil. Toutefois, avant de s'endormir, le volcan fit une nouvelle démonstration de son incroyable puissance.

L'aiguille de lave durcie de la montagne Pelée stupéfia autant les savants que les nuées ardentes qui avaient précédé son apparition.

Le fameux aileron du dôme, ou aiguille, comme l'appelèrent les vulcanologues, avait été détruit lors de l'éruption du 9 juillet à laquelle assitèrent Anderson et Flett. Mais, à la mi-octobre, Lacroix et d'autres virent sortir du dôme du cratère de l'Étang Sec, et monter tout droit, sous l'effet des pressions s'exerçant dans les profondeurs de la montagne, une nouvelle aiguille de lave solidifiée, de 100 à 150 mètres de diamètre à la base. Elle était d'un brun rougeâtre tirant sur le violet avec des parties grises ou blanches. La nuit, on la voyait couverte d'un réseau de lignes incandescentes et souvent un point lumineux apparaissait à son extrémité. A mesure qu'elle montait, de gros blocs de lave se détachant de son sommet allaient s'écraser dans le cratère. Mais la croissance était si rapide que l'aiguille continuait tout de même de grandir. Fin novembre, elle atteignait déjà 240 mètres et, sept mois plus tard, elle culminait à 310 mètres au-dessus de la gueule du volcan. Sa hauteur dépassait celle de la tour Eiffel et son volume celui de la Grande Pyramide d'Egypte. Aucun géologue n'avait jamais vu avant cela pareil phénomène, et rares étaient ceux qui y auraient cru s'il ne s'était produit sous leurs yeux.

L'aiguille, évidemment trop instable pour durer, finit par s'écrouler en septembre 1903 ; mais en attendant, comme l'a écrit Angelo Heilprin, ce grand obélisque était resté debout tel « un monument élevé par la nature à la mémoire des 30000 morts gisant en bas dans la ville silencieuse ».

LES MULTIPLES VISAGES DE VULCAIN

Les volcans ont laissé leurs marques singulières sur toute la terre. Quelquefois le doute n'est pas possible : quand le souvenir de l'éruption est encore frais, on ne saurait se méprendre sur ce qui a modifié le paysage. Même lorsque le temps a passé, il est des caractéristiques physiques, tels que les cratères ou les cônes, qui ne trompent pas. Mais les formes et les couleurs d'un grand nombre d'édifices volcaniques dont l'origine se perd dans les profondeurs du sol ou la nuit des temps ont souvent inspiré des mythes et des légendes où il est question de combats opposant des géants ou des dieux.

C'est seulement quand la volcanologie est devenue une science qu'on a compris que le volcanisme n'était pas seulement à l'origine de quelques curiosités géologiques, mais d'une grande partie de la surface du globe. Les effusions de lave étalées sur des millions d'années ont formé d'immenses plateaux basaltiques sur tous les continents. Le bassin du Paraná, qui couvre le sud du Brésil, le nord de l'Argentine, le Paraguay ainsi que l'Uruguay, repose sur 830000 kilomètres cubes de basalte. Malgré leur volume, ces produits du volcanisme n'ont rien de très frappant pour des yeux non avertis. D'autres formations plus petites peuvent être beaucoup plus visibles en raison du contraste qu'elles offrent avec ce qui les entoure.

Les différentes roches volcaniques ont été classées d'après leur composition, la manière dont elles se sont déposées et la vitesse à laquelle elles se sont refroidies. Ici, des coulées de lave se sont durcies sur place ; là-bas, des cendres et des scories se sont soudées par l'effet de leur propre chaleur ; ailleurs, le magma a pénétré les fissures du sous-sol et s'y est solidifié.

Puis il y a eu un long processus d'érosion. L'eau, le vent, la glace ont usé les roches environnantes et les parties les moins dures des dépôts volcaniques, engendrant parfois des formes mystérieuses. Parfois, la pluie et les eaux de ruissellement ont mis la dernière touche au tableau en formant des étangs qui apportent des notes de fraîcheur dans un paysage brûlé.

Dans le Hoggar, en Algérie, une centaine d'aiguilles, certaines hautes de 300 mètres, se dressent au-dessus des montagnes environnantes. Elles se sont formées il y a six millions d'années par l'extrusion à travers les fissures du massif d'une lave très visqueuse qui s'est durcie avant d'avoir pu s'écouler.

Dans la ville du Puy, en Auvergne, une chapelle a été bâtie au Xe siècle sur un rocher de 75 mètres de haut, un neck. Il s'agit d'un conglomérat volcanique solidifié dans la cheminée du volcan qui a été dégagée par l'érosion des terrains meubles qui l'entouraient.

Ship Rock, vestige monumental d'une ancienne éruption, domine de ses 420 mètres les sédiments d'un désert du Nouveau-Mexique. Le mur de gauche est un dyke. Il est fait de la même lave que le piton mais, dans son cas, la lave, au lieu de s'écouler à l'air libre, s'est figée dans une fissure du sous-sol pour n'apparaître que longtemps après.

La formation, il y a 50 millions d'années, des orgues basaltiques de l'île de Staffa, en Écosse, s'explique par le lent refroidissement d'une coulée de lave qui, en se contractant, s'est craquelée. A mesure que la lave se solidifiait, les craquelures formèrent cette forêt de colonnes.

En Irlande, sur la côte d'Antrim, des pavés de basalte avancent dans la mer sur 180 mètres. Cette Chaussée des Géants, d'après la légende, reliait l'Irlande à l'Écosse et permettait à des géants de traverser la mer à pied sec. Sa formation remonte à l'époque des falaises de Staffa. Elle se compose de colonnes, la plupart de section hexagonale, qui ont jusqu'à six mètres de hauteur et un diamètre moyen de 45 centimètres.

Autre exemple d'orgues basaltiques, en Californie, au pied de la sierra Nevada. C'est une formation vieille de 900000 ans mise à nu par l'érosion glaciaire. Les colonnes ont environ une vingtaine de mètres de hauteur. L'éboulis au pied de la falaise a pour cause une érosion ultérieure.

Le cône de scories de Sunset Crater, qui se dresse à 300 mètres dans le désert de l'Arizona, s'est formé par l'amoncellement de matériaux éjectés au cours d'une éruption en l'an 1065. Le cratère mesure 400 mètres de diamètre et 120 de profondeur. Sa coloration qui lui vaut son nom signifiant « coucher de soleil » s'explique par la teneur en soufre et en fer des scories.

Chapitre 2

UN JEU DE PATIENCE

Une grande éruption volcanique, comme le montre l'exemple tragique de la montagne Pelée, est le spectacle de destruction le plus impressionnant qu'offre la nature. En quelques minutes, une montagne de feu transforme un paysage tranquille en un chaos de lave et de cendres incandescentes. Aux forces explosives jaillies des profondeurs, un seul jour suffit pour décapiter un pic hautain ou engloutir dans les flots une île de taille respectable. Un volcan peut faire disparaître sous un linceul de cendres toute vie animale ou végétale sur des centaines, voire des milliers, de kilomètres carrés. D'ailleurs, dans les temps anciens, c'est très probablement l'éruption d'un volcan sur l'île méditerranéenne de Théra qui anéantit une civilisation, peut-être aussi admirable que celle d'Athènes.

Pourtant les volcans n'ont pas que ce rôle maléfique. Si leurs déchaînements furieux sont la parfaite illustration des phénomènes imprévisibles de la nature, ils n'en remplissent pas moins une fonction vitale en préservant sur notre planète un environnement nourricier stable. Les hommes de science pensent que notre atmosphère et nos océans se sont formés graduellement au cours de milliards d'années à partir de la nébuleuse primitive. Les volcans, ces évents communiquant avec l'intérieur de la terre, joueraient un rôle déterminant dans la continuation de ce processus. De fait, des recherches récentes ont montré que les éléments entrant dans la composition de l'air et de l'eau sur notre planète se trouvent généralement dans les mêmes proportions au sein de la vapeur émise par les volcans.

Même les épaisses couches de cendres qui étouffent la terre tout autour d'un volcan en éruption jouent en fin de compte un rôle bénéfique. Les particules vitreuses et stériles qu'elles contiennent se décomposent en libérant des substances nutritives essentielles, telles que le potassium et le phosphore, et ainsi se créent, sur des paysages de désolation, des sols d'une incomparable fertilité. Sous le sol arable, une grande partie des roches dures formant la croûte terrestre a pour origine la lave issue d'anciens volcans dont les plus étonnants sont ceux qui s'étirent sur des dizaines de milliers de kilomètres au fond des mers et qui, silencieusement et sans relâche, produisent chaque jour des millions de tonnes de croûte nouvelle, formant ainsi une immense marqueterie faite de continents et de fonds marins qui se déplacent lentement.

Il existe aujourd'hui dans le monde plus de 600 volcans en activité qui, pour la plupart, s'égrènent en arcs de feu le long des lignes de contact entre les différentes portions de l'écorce terrestre que l'on appelle plaques tectoniques. L'Insulinde, située sur l'une de ces lignes, en compte plus de cent et la chaîne côtière à la jonction de l'Amérique du Nord et de la plaque du Pacifique est l'une des régions les plus volcaniques du monde ; une douzaine de volcans y sont entrés en éruption depuis le début des temps historiques.

Une découverte qui révolutionna la géologie : James Hutton établit, en 1785, que le basalte était d'origine ignée ou volcanique, et non sédimentaire, comme on l'avait cru jusque-là. On le voit en compagnie d'un assistant en train d'examiner, près d'Édimbourg, une veine de basalte serrée entre deux couches gréseuses.

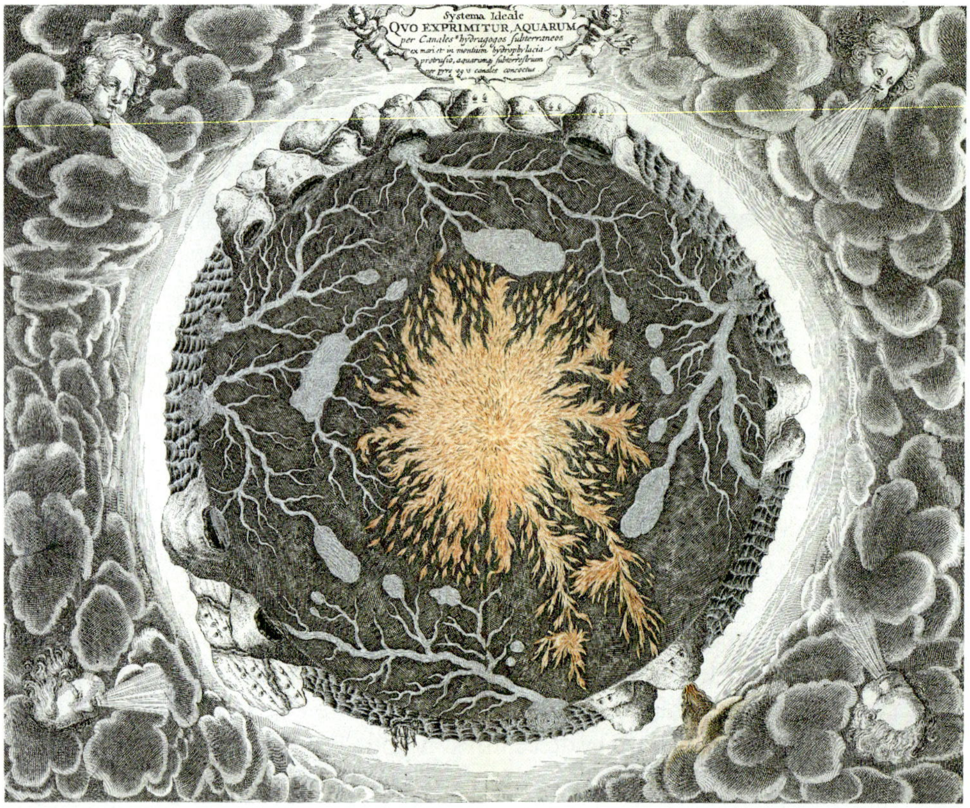

Au XVIIe siècle, le jésuite Athanasius Kircher s'efforça de trouver une explication rationnelle à des phénomènes tels que le volcanisme ou le thermalisme tout en restant dans le cadre de l'orthodoxie biblique. Cette gravure de son livre *Mundus subterraneus (Le monde souterrain)* montre le feu central qui est censé alimenter les volcans et chauffer des eaux apparaissant à la surface sous forme de sources thermales.

Cependant, un grand nombre de volcans autrefois très actifs sont aujourd'hui endormis. On en trouve par exemple en Nouvelle-Angleterre ou en Afrique du Sud où de précieux diamants sont emprisonnés dans la lave ancienne; ils témoignent du fait que ces régions furent jadis le théâtre de violentes éruptions. Pendant des siècles, les hommes ont habité des régions volcaniques sans se douter que les montagnes verdoyantes qu'ils voyaient avaient été un jour des fontaines de feu ni que le sol fertile sur lequel poussaient leurs récoltes s'était constitué à une époque reculée à la suite d'abondantes chutes de cendres. Les philosophes et naturalistes de la Grèce et de la Rome antiques s'étaient bien doutés que nombre de particularités de la surface terrestre s'expliquaient par une origine volcanique, mais cette connaissance s'était perdue au cours du long millénaire séparant la chute de Rome et l'avènement de la science moderne.

Quand, vers la fin de cette époque obscure, on s'est de nouveau intéressé aux origines de la terre, l'opinion qui a prévalu presque partout était que la forme et la composition de la surface de la terre résultaient du Déluge dont parle la Genèse ou alors qu'elles avaient été déterminées par l'océan primordial qui, d'après la Bible, recouvrait toute la terre au deuxième jour de la Création. Beaucoup d'arguments militaient en faveur de ces hypothèses; non seulement elles expliquaient certains paradoxes tels que la présence de fossiles marins sur les Alpes, à des centaines de kilomètres de la mer, mais elles concordaient avec les enseignements prodigués par le puissant clergé de l'époque.

L'existence de roches sédimentaires (roches massives stratifiées résultant de l'accumulation de sédiments meubles, sable, vase et matière organique) était parfaitement en accord avec elles. Le volcanisme demeurait cependant un mystère, paraissant défier le récit de la Bible. Il y eut une tentative hardie pour concilier les deux. Son auteur, le Français Benoist de Maillet, dans un ouvrage posthume publié en 1716, intitulé *Telliamed* (anagramme de son nom), soutint que le volcanisme découlait de la combustion «des huiles et des graisses d'animaux et de poissons concentrés en certains endroits» au sein des sédiments qui s'étaient déposés à l'époque du Déluge. Il prédisait sombrement qu'un jour viendrait où la terre tout entière se consumerait en une grande boule de feu.

Dans un traité rédigé vers la même époque, l'Italien Antonio-Lazzaro Moro avançait l'hypothèse que toutes les terres émergées avaient été à l'origine vomies dans l'océan universel par un certain nombre de volcans gigantesques. Chose remarquable, il réussit à faire franchir à son audacieuse théorie le contrôle d'une censure ecclésiastique sourcilleuse, mais au prix de tant de concessions à la version de la Bible que ce qui en restait n'avait plus qu'une valeur scientifique douteuse. C'est ainsi que, pour expliquer l'origine du feu volcanique, il ne trouva rien d'autre à dire que « Dieu l'a voulu ».

La théorie de l'océan primordial demeura incontestée jusque vers la fin du XVIIIe siècle. Certes, les volcans méditerranéens tels que l'Etna, en Sicile, et le Vésuve, dominant la baie de Naples, continuaient à donner des signes d'activité spectaculaires, mais dans l'optique étroite des sommités de l'époque, les volcans et les matières qu'ils éjectaient étaient de simples épiphénomènes occupant une place sans importance dans l'ordre de la nature. C'est l'opinion qui prévalut jusqu'en 1751, date à laquelle un Français à l'esprit curieux qui se trouvait en vacances dans le centre de la France fit la première d'une étonnante série de découvertes concernant le passé cataclysmique de notre planète.

Jean-Etienne Guettard était le petit-fils d'un apothicaire de village. De ses longues randonnées dans la campagne qu'il effectuait, enfant, pour rapporter les plantes et les herbes dont son grand-père avait besoin pour l'exercice de sa profession, il avait acquis une connaissance approfondie de l'histoire naturelle. Il avait observé avec beaucoup d'intérêt au cours de ses expéditions que la répartition des plantes dans la nature coïncidait avec celle de certains minéraux dans le sol. Poussé par sa soif de connaissance, il fit des études de médecine, mais il gardait une passion dévorante pour les sciences naturelles, et il ne tarda pas à entrer au service du duc d'Orléans en qualité de conservateur de l'importante collection d'histoire naturelle que possédait ce grand personnage.

Avant lui, de grands savants s'étaient attachés à élaborer de vastes théories de la nature mais, à cause du peu d'observations authentiques dont on disposait sur la manière dont la nature fonctionne réellement, ces théories pouvaient difficilement être prouvées. Aristote enseignait que la théorie doit s'appuyer sur l'observation des faits, mais ses propres opinions, par exemple son idée que le volcanisme s'apparente aux convulsions provoquées par la maladie chez l'homme, n'ont reposé pendant des siècles que sur les preuves les plus fragiles. Guettard fut l'un des premiers à n'accepter que les conclusions qu'il pouvait vérifier par ses observations. Il avait fait de nombreuses études sur le terrain dans toute la France pour identifier la nature des roches qui affleurent à la surface et avait fini par dresser l'une des toutes premières cartes géologiques.

Mais ses travaux les plus remarquables furent accomplis lors de son voyage de 1751 qui débuta plutôt comme une promenade sans but défini que comme une enquête scientifique. Accompagné de son ami, l'avocat Chrétien-Guillaume de Lamoignon de Malesherbes, il se mit en route avec l'intention d'aller prendre les eaux de Vichy puis de visiter le puy de Dôme.

En passant par Moulins, Malesherbes signala à son ami une curieuse pierre noire qui servait de borne de la route. Guettard, qui avait eu entre les mains des échantillons de roches provenant du Vésuve et de l'Etna, vit immédiatement qu'il s'agissait d'un morceau de lave. Poursuivant leur voyage, les deux amis constatèrent que ce même matériau avait servi à la construction d'un grand nombre de maisons. Il devenait alors improbable que tant de pierres aient pu être transportées jusqu'en France à partir du Vésuve, le plus proche des volcans connus. L'idée jaillit alors dans l'esprit de Guettard que des volcans actifs avaient probablement existé dans la région à une certaine époque.

Il se renseigna et apprit que les pierres noires utilisées dans la construction locale provenaient des carrières d'un village appelé Volvic. Le nom le frappa et il pensa tout de suite qu'il s'agissait sans doute de la contraction du latin *Volcani vicus* signifiant « village volcanique ».

Guettard et Malesherbes allèrent ensuite se reposer à Vichy, mais ils ne cessaient de songer à ce village volcanique, d'autant qu'ils avaient remarqué que la pompe des bains de Vichy était logée dans un bâtiment construit avec la même pierre noire. En quittant la ville, ils prirent la direction du puy de Dôme et leur excitation grandissait à chaque pas. A Riom, ils eurent le loisir de constater que toutes les maisons de la ville étaient faites de ce même matériau.

On leur dit que Volvic était à six kilomètres et ils s'y rendirent sans plus tarder, allant directement à la carrière. Là, Guettard vit que son instinct ne l'avait pas trompé. Il reconnut dans la couche géologique qui affleurait, et d'où provenaient les pierres de construction noires, une coulée de lave solidifiée semblant provenir de la haute crête granitique qu'il apercevait à quelque distance.

Derrière cette crête s'élevait une colline dont les versants symétriques et la cime tronquée étaient ceux d'une cône volcanique typique. Sous ses pas, tandis qu'il gravissait la pente, Guettard remarqua parmi les blocs de lave des ponces rouges et noires dont la structure vacuolaire dénotait, il le savait, l'origine volcanique. A la lumière de ses précédentes observations sur cette lave noire partout visible, la géologie du paysage environnant devenait parfaitement claire. Cette levée de terre en arc de cercle qu'il voyait au sommet de la colline, c'était le bord écroulé d'un ancien cratère. Cette cuvette tapissée d'herbe qui se creusait devant lui, et où paissaient des vaches placides, c'était le fond du cratère. Derrière lui, ces vallonnements sinueux couverts de végétation et coupés de ravins où coulaient des ruisseaux indiquaient le chemin suivi par les coulées de lave.

De retour à la carrière, Guettard examina la lave à l'endroit où les tailleurs de pierre l'avaient mise à nu. Il y vit, en coupe, légèrement inclinées, plusieurs épaisseurs séparées les unes des autres par des couches d'argile, de sable ou de terre végétale, et il conclut qu'il y avait eu sans doute dans un passé lointain plusieurs éruptions séparées par des intervalles plus ou moins longs au cours desquels les sédiments s'étaient accumulés.

A leur arrivée à Clermont-Ferrand, Guettard et Malesherbes s'assurèrent les services d'un naturaliste qui accepta de leur servir de guide. Les trois hommes escaladèrent le puy de Dôme qui s'élève à une hauteur de 1465 mètres au-dessus du niveau de la mer, et ils constatèrent que toute la région environnante était constellée de ces collines tronconiques qui caractérisent le paysage volcanique. Le naturaliste, qui avait passé des années à étudier ce terrain, fut stupéfait de s'apercevoir qu'il n'en avait jamais réellement compris la nature.

Or Guettard ne faisait que découvrir de nouveau un savoir extrêmement ancien, mais qui s'était perdu probablement dans le courant du Moyen Age. Les Romains qui, 1700 ans auparavant, étaient implantés dans cette région savaient, il ne fait aucun doute, à quoi s'en tenir puisqu'ils avaient donné le nom de Volvic au village où se trouve la carrière. Et les hommes qui habitaient cette région avant eux avaient certainement connu son activité volcanique puisque, comme cela a été établi par la datation au carbone 14 des restes de chênes pris dans la lave, la dernière éruption survenue en Auvergne remonte à quelque 6000 ans, c'est-à-dire à l'apogée de la culture européenne du mésolithique.

Mais Guettard et Malesherbes ne savaient rien de tout cela. Ils ne possédaient d'autres données que celles qui se trouvaient sous leurs yeux. Le 10 mai 1752, Guettard présenta une communication à l'Académie des sciences et étonna grandement l'auguste assemblée en affirmant qu'au cœur de la France il y avait eu jadis des volcans actifs. Son raisonnement était inattaquable et son rapport, intitulé « Mémoire sur certaines montagnes de France qui ont été autrefois des volcans », marqua le début de l'étude scientifique sérieuse du rôle des volcans dans le mécanisme de notre planète.

La communication de Guettard donna naissance à l'une des deux grandes écoles entre lesquelles les géologues allaient rester divisés jusqu'au début du XIXe siècle. La question qui les séparait était celle de l'origine du granite et du basalte, deux roches qui forment une grande partie de l'écorce terrestre. Les plutoniens, héritiers

Le puy de Dôme avec 1465 mètres domine une chaîne de 50 volcans éteints. Les Romains, qui avaient l'expérience de leurs volcans, n'ignoraient pas l'origine volcanique de la chaîne des puys, mais la connaissance qu'ils en avaient sombra dans l'oubli. C'est seulement en 1751 que Jean-Étienne Guettard redécouvrit la nature véritable des monts d'Auvergne.

directs de Guettard, attribuaient leur formation au « feu central », et la découverte que leur chef de file venait d'effectuer en Auvergne constituait un premier pas dans l'élaboration de leur théorie.

Les neptuniens, pour leur part, continuaient de croire que la physionomie actuelle de la terre remonte à l'époque reculée où un immense océan la recouvrait entièrement. Ils ne faisaient pas d'exception pour le basalte et le granite qui, selon eux, s'étaient formés par précipitation chimique – processus par lequel des solides se forment au sein d'un liquide à la manière dont le tartre se dépose à la longue au fond d'une bouilloire.

Les deux écoles se rejoignaient néanmoins sur un point : les roches sédimentaires – les schistes et les grès qui se déposent en vastes couches régulières, ou strates, et sur lesquelles on trouve parfois l'empreinte de créatures marines primitives – s'étaient formées au sein de l'océan.

Les neptuniens étaient, au début, de loin les plus nombreux. D'une part, leur théorie s'accordait plus facilement avec le récit biblique de la Création. D'autre part, le dossier des plutoniens, qui s'appuyait sur la découverte de Guettard dans les monts d'Auvergne, souffrait d'un vice rédhibitoire. Bien que celui-ci eût établi de manière irréfutable l'origine de la pierre noire que l'on trouve disséminée en abondance dans cette région, il n'avait pas vu de lien entre la lave et une multitude d'autres formations rocheuses existant dans toute l'Europe, que les autres géologues eux-mêmes désignaient sous le nom de basalte.

On allait découvrir plus tard que la lave est elle aussi un basalte et que tous les basaltes sont d'origine volcanique. Ainsi le plutonisme allait-il triompher et le rôle essentiel des volcans dans la formation de l'écorce terrestre serait-il reconnu de tous. Mais pour cela il allait falloir attendre les travaux des chercheurs plus jeunes que Guettard qui, pour sa part, se satisfaisait de la thèse neptunienne selon laquelle les basaltes étaient d'origine sédimentaire.

Son erreur se comprend car le basalte se trouve souvent au milieu de roches incontestablement sédimentaires et en des lieux où toute trace de volcan a depuis longtemps disparu. Bien que toujours d'un grain serré, le basalte se présente sous des formes variées et des couleurs diverses, allant du jaune au noir en passant par le brun et le vert, et c'est ce qui conduisit Guettard à admettre que le basalte est très différent de la lave d'Auvergne.

Cette conviction erronée qui l'anima presque jusqu'à la fin de ses jours se trouve illustrée par le débat qui s'instaura à propos d'une curieuse formation géologique située sur la bordure occidentale de la région des puys. Il s'agit d'un piton entièrement composé d'une multitude de dalles hexagonales de 30 cm de diamètre environ, entassées les unes sur les autres en colonnes atteignant plusieurs dizaines de mètres de hauteur. Pendant des siècles, les habitants de la région, tout en considérant avec une crainte superstitieuse la régularité apparemment surnaturelle de la Roche Tuilière – nom donné à ce piton – s'étaient néanmoins servi des dalles qui le composaient comme pierres de pavage ou de couverture.

Une curiosité géologique en Auvergne : la Roche Tuilière, forêt de colonnes basaltiques remarquablement uniformes. L'origine de cette formation resta mystérieuse jusqu'en 1771, lorsque Nicolas Desmarets démontra qu'elle résultait du refroidissement d'une coulée de lave remontant à l'époque préhistorique.

A l'époque de Guettard, on avançait diverses explications, plus ou moins plausibles ou biscornues. Selon l'une d'elles, il s'agissait des restes pétrifiés d'une forêt de bambous ; selon une autre, chaque dalle était un cristal gigantesque qui s'était constitué à la manière dont se forment les gemmes ; mais l'opinion la plus communément répandu était que cette formation résultait d'une façon ou d'une autre d'un processus de sédimentation.

C'est ce dont Guettard, en particulier, était fermement convaincu, malgré les arguments de plus en plus solides de ses propres disciples en faveur de l'origine volcanique de la Roche Tuilière. Sa conviction reposait sur le fait que la roche en question était de couleur gris-vert et non pas noire comme la lave en Auvergne. En outre, elle se trouvait loin de tout vestige de cône volcanique ou de cratère, et sa surprenante structure la distinguait encore plus nettement d'une coulée de lave ordinaire. « Comment se peut-il, demandait Guettard dans une lettre à un collègue naturaliste, si ces colonnes se sont formées au feu violent d'un volcan, que le granite qui les supporte ne se soit pas fondu avec elles ? »

La question était pertinente et c'est longtemps après la première enquête menée par Guettard dans les monts d'Auvergne que les géologues comprirent que ces orgues basaltiques, comme on les appelle aujourd'hui, s'étaient formées par intrusion de coulées de lave dans des formations granitiques préexistantes. Le basalte et le granite sont tous deux des roches ignées constituées par la solidification de matières en fusion, mais le basalte se refroidit trop vite pour fondre le granite de sorte que la surface de contact entre les deux reste nettement définie. En fait, c'est précisément la surface froide du granite qui est à l'origine du processus d'assemblage en forme de colonne.

En se refroidissant, la coulée de lave se rétracte, mais son élasticité n'est pas suffisante pour permettre à une telle masse, couvrant parfois plusieurs hectares, de se tasser selon un axe unique. En diminuant de volume, elle se divise en une multitude de prismes verticaux présentant une section hexagonale de forme étonnamment régulière. Ces prismes se dressent, étroitement serrés, sur toute l'épaisseur de la coulée, semblables à des tuyaux d'orgue, et, à la Roche Tuilière, des fissures horizontales, également causées par le refroidissement, les ont découpés en une série uniforme de « tuiles ».

A cause de l'incapacité de Guettard à expliquer la nature complexe des orgues basaltiques et de l'erreur plus fondamentale consistant à assimiler le basalte à une roche sédimentaire, la théorie générale du plutonisme devenait de plus en plus

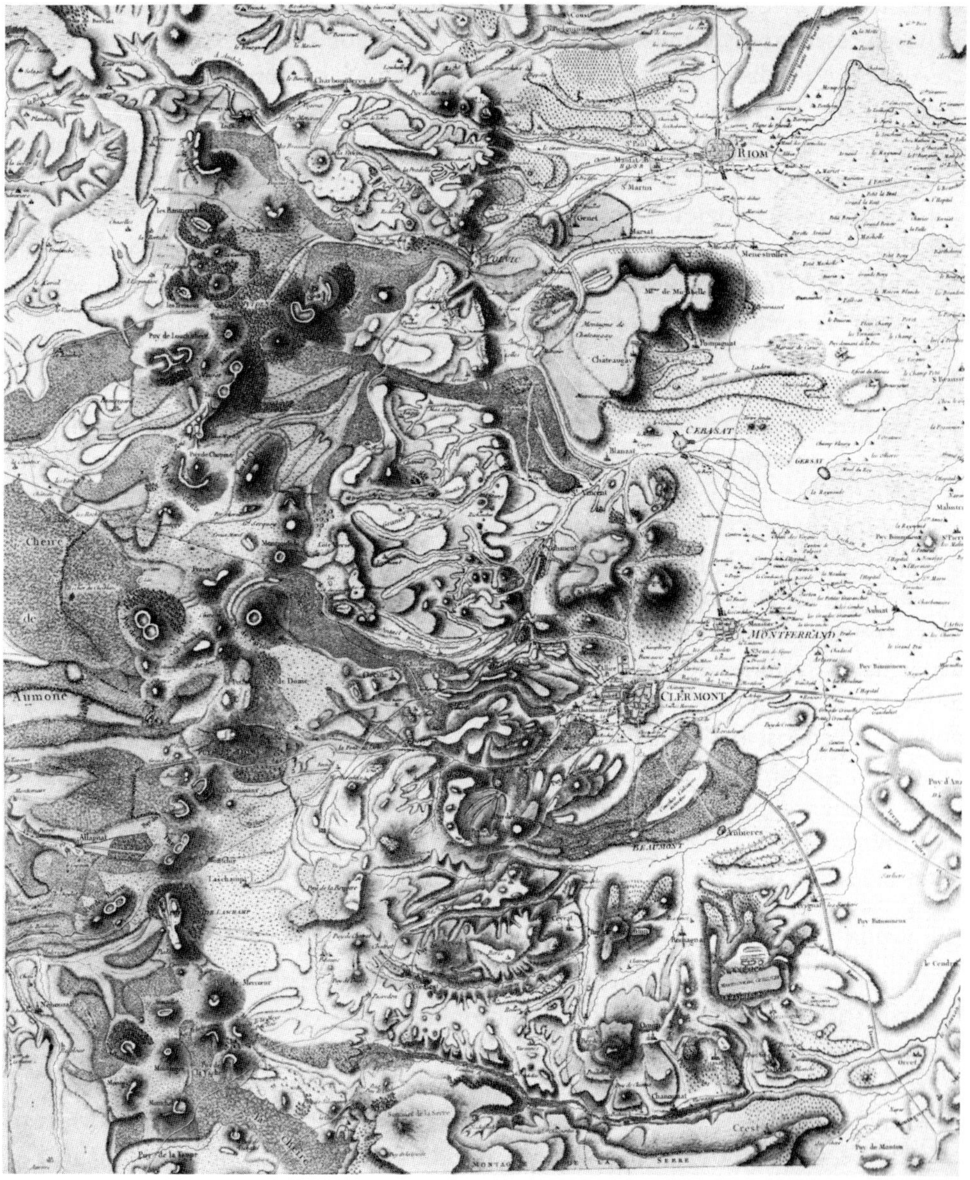

La carte des monts d'Auvergne établie par Nicolas Desmarets montre de nombreux volcans éteints proches les uns des autres. L'étude de ces volcans dont la dernière éruption remonte à quelque 6 000 ans permit aux géologues français du XVIIIe siècle de confirmer la nature volcanique du centre de la France.

difficile à défendre. Dans les dernières années de sa vie, Guettard fut affligé d'un mal invalidant, la narcolepsie, caractérisé par des accès brusques et irrésistibles de sommeil. Il vécut jusqu'en 1785, continuant cependant d'assister régulièrement aux séances de l'Académie des sciences tant qu'il fut capable de se déplacer. Quelque temps avant sa mort, l'origine éruptive du basalte lui avait été démontrée par un autre Français qui, comme lui, aurait à batailler pendant de longues années pour faire admettre sa thèse.

Nicolas Desmarets était un fonctionnaire discret et modeste, curieux de géologie. C'était devenu chez lui une passion telle que ses amis disaient en plaisantant qu'il aurait volontiers brisé la plus belle des sculptures rien que pour en examiner le marbre. Ses expéditions sur le terrain, il les accomplissait à pied, emportant un fromage pour toute nourriture et sa literie pour pouvoir passer la nuit sur place après une journée d'exploration.

La géologie de l'Auvergne était pour lui une sorte de puzzle, un jeu de patience vaste et compliqué. Alors que Guettard avait saisi le secret de la région grâce à une inspiration soudaine, Desmarest procédait d'une manière plus conforme à la démarche habituelle du géologue. En s'appliquant à assembler méthodiquement un grand nombre d'observations, il parvint à reconstituer la morphologie exacte des coulées de lave et à expliquer comment les sombres masses de basalte avaient émergé des profondeurs de la terre.

Puis, faisant un pas de plus, il compara les roches des monts d'Auvergne qu'il savait d'une incontestable origine volcanique à des roches similaires d'autres provenances et réussit ainsi à localiser avec exactitude d'autres régions d'Europe qui avaient été jadis le théâtre d'une activité volcanique certaine, mais où ne subsistaient plus ni cônes ni coulées de lave.

Peu à peu se dégageait l'image d'un continent parsemé d'anciens volcans mais, malheureusement pour Desmarest et les tenants du plutonisme, il se trouve qu'une des formations géologiques les plus intéressantes, un piton basaltique des monts Métallifères en Allemagne, le Scheibenberg, était un des buts d'excursion favoris du professeur Abraham Gottlob Werner, inspecteur des collections à l'Académie des Mines de Freiberg, une localité voisine.

Aucun savant sans doute n'a jamais exercé une telle domination dans sa discipline que Werner. Ses cours de « géognosie » (ou connaissance de la terre) attiraient des étudiants de toute l'Europe. Sous son impulsion vigoureuse, l'Académie des Mines de Freiberg, de simple école technique de province, était devenue l'un des hauts lieux culturels de l'Europe. Pendant près de 30 ans, vers la fin du XVIIIe siècle, il réussit, par la seule force de sa personnalité, à triompher des intuitions géniales de Guettard et de Desmarest.

Le cours magistral était le mode d'expression qui lui convenait le mieux. Il dédaignait la plume, ne publiait que rarement et ne répondait jamais aux lettres qu'on lui adressait. Celle que lui avait envoyée l'Académie des sciences française pour lui proposer d'en devenir membre correspondant resta non décachetée pendant des années parce qu'il craignait, s'il l'ouvrait, d'avoir à y répondre par écrit. Mais, derrière son pupitre, c'était un homme inspiré et les notes volumineuses que prenaient ses élèves pendant ses cours étaient recopiées et communiquées à des étudiants d'autres universités.

Ce « pape de la science », comme on l'a appelé, trônait derrière une table sur laquelle il avait disposé quelques échantillons et tenait son auditoire sous le charme en développant ses théories sur l'origine des roches, leur histoire, leur incidence sur la civilisation et leur signification philosophique. La cosmologie de Werner ne faisait aucune place aux volcans ; comme les autres neptuniens, il croyait que toutes les roches de l'écorce terrestre s'étaient solidifiées à partir de l'océan primordial qu'il appelait le « solvant universel ». Il expliquait comment les différentes sortes de rochers s'étaient déposées l'une après l'autre tout autour du globe et comment, à la suite d'un second Déluge, elles s'étaient disloquées et empilées pour former les montagnes que nous connaissons.

Les volcans, selon lui, étaient des phénomènes récents et superficiels. Les flammes qu'ils crachaient provenaient tout simplement de veines de houille souterraines qui avaient pris feu. Le basalte, la pierre ponce, l'obsidienne, comme toutes les autres roches d'ailleurs, étaient d'origine aquatique ; de même que la lave, simple roche marine que le charbon, en brûlant, avait fait fondre. Werner estimait que les volcans ne méritaient pas une étude géologique sérieuse.

Son empire intellectuel finit pourtant par sombrer et, par un juste retour des choses, c'est sur un écueil de basalte qu'il s'échoua. Cette pierre sombre qui avait dérouté Guettard et fasciné Desmarest abondait dans les environs de Freiberg. Elle était tout particulièrement accessible sur le Scheibenberg où Werner, au cours de ses explorations, aimait à exposer ses idées concernant son origine sédimentaire. En 1788, dans un des rares mémoires scientifiques qu'il laissa, il se servit de l'affleurement du Scheibenberg, constitué par une couche de grès surmontée de plusieurs couches de basalte, pour illustrer la thèse selon laquelle, partout dans le monde, le basalte devait être moins ancien que le grès. « Tout le basalte, écrivait-il, s'est constitué par sédimentation dans un passé relativement récent. Il constituait à l'origine une seule couche très épaisse et très étendue qui, par la suite, se disloqua et dont il ne reste que quelques fragments. »

Si Werner, quand il se déplaçait, ne s'éloignait guère de Freiberg, il n'en allait pas de même pour ses élèves, parmi lesquels figuraient quelques-uns des meilleurs

Glossaire des roches volcaniques

Les roches éjectées par les volcans se distinguent d'abord par leur grande variété. Une fois classées selon leurs formes, leurs dimensions et leur texture, elles fournissent une masse d'informations.

Les nappes rocheuses que forment les coulées de lave sont les plus faciles à classer car leur aspect est celui des coulées elles-mêmes. Les deux variétés principales ont des noms hawaïens. Il y a le pahoehoe, coulée de lave fluide de surface lisse ou ridée, et l'aa, coulée moins chaude et plus visqueuse formant une croûte rugueuse. Quand le pahoehoe subit un refroidissement rapide au contact de l'eau, on obtient des blocs en forme de coussinets, dits pillow-lava.

Les produits d'une éjection violente sont d'ordinaire classés par ordre de grandeur. Les particules de moins de deux millimètres de diamètre sont appelées cendres. Si l'on a

Pahoehoe

Aa

Pillow-lava

Cendre

Lapilli

esprits scientifiques de l'époque, qui désiraient ardemment prouver le bien-fondé de ses théories. Si bien que, comme l'a écrit Cuvier quelques années plus tard, « partout la nature se trouvait interrogée en son nom ». Toutefois la nature ne s'estimait nullement tenue de conformer son comportement aux théories du « pape de la science » et ses élèves les plus perspicaces ne tardèrent pas à remarquer certaines divergences entre elles et la réalité. Une fois de plus, l'Auvergne avec ses basaltes d'origine indiscutablement volcanique allait être le terrain d'affrontements passionnés entre écoles rivales.

En 1803, l'élève le plus estimé de Werner, un jeune géologue français du nom de Jean François d'Aubuisson de Voisins, passa plusieurs semaines dans la région des puys pour en étudier les formations basaltiques. A l'instar de Desmarest, il suivit à la trace les coulées de lave depuis les cratères des anciens volcans jusque dans les vallées et constata à plusieurs reprises qu'elles étaient faites de basalte. « Les faits que j'ai observés, écrivit-il, étaient trop évidents pour qu'on pût s'y méprendre. La vérité s'est révélée trop clairement à mes yeux. Il est hors de doute que l'on trouve en Auvergne des basaltes d'origine volcanique. »

Dans les dix années qui suivirent la conversion d'Aubuisson, deux autres protégés de Werner, parmi les plus connus, rompirent avec leur maître. A la suite de voyages d'étude en Auvergne, le géologue allemand Leopold von Buch et l'explorateur Alexander von Humboldt se rallièrent à la théorie de Desmarest sur l'origine volcanique des basaltes de cette région, ouvrant ainsi une importante brèche dans les rangs des neptuniens. Mais, bien que conscients de l'importance du rôle joué par les volcans dans la formation de l'écorce terrestre, les tenants du plutonisme en France demeuraient incapables d'en expliquer l'apparition et le fonctionnement. Pour cette raison, le neptunisme survécut ; la théorie de Werner, malgré ses défauts, offrait l'énorme avantage d'apporter une explication complète de la formation de toutes les roches affleurant la surface de la terre. Les plutoniens en savaient assez pour comprendre qu'elle était erronée, mais n'avaient aucune autre théorie générale à lui opposer.

Et pourtant, il existait depuis 1785 une ingénieuse théorie de la terre qui pouvait aisément prendre en compte ce que les plutoniens avaient appris sur l'Auvergne et ses basaltes. Elle était si bien conçue qu'une fois connue elle allait servir de cadre général à la géologie moderne.

Au printemps de l'année 1802, le philosophe et naturaliste britannique John Playfair publia un ouvrage résumant les observations géologiques d'un de ses amis, un Écossais du nom de James Hutton, mort cinq ans plus tôt après une vie d'étude consacrée aux cairns et aux rochers de sa terre natale. Il avait publié ses recherches, mais dans un journal si obscur et dans un style si prolixe qu'elles étaient passées généralement inaperçues. Playfair remania le texte de Hutton en y introduisant un ordre plus logique et en transformant ses phrases contournées en une prose intelligible. Il en résulta un livre intitulé *Illustrations of the Huttonian Theory of the Earth* qui fit sortir l'œuvre de Hutton de l'obscurité et lui conféra la valeur d'un événement scientifique.

En 1785, lors d'une expédition au cœur des monts Grampians en Ecosse, non loin de la rivière Tilt, Hutton avait découvert du granite rouge traversant une couche calcaire. Il fut à ce point ravi de sa découverte que ses compagnons crurent d'abord qu'il avait trouvé de l'or. Mais, à ses yeux, ce qu'il avait trouvé était bien plus précieux encore.

Werner soutenait que les roches de l'écorce terrestre s'étaient déposées l'une après l'autre en commençant par le granite, la plus ancienne. Le calcaire, d'après lui, était une des roches les plus récentes. Or Hutton venait de découvrir la preuve du contraire. Il avait sous les yeux une formation granitique qui avait perforé la couche calcaire et l'avait disloquée. Ce phénomène signifiait que le granite était la roche la plus récente, le granite en fusion ayant dû se frayer un passage à travers l'assise calcaire.

affaire à des objets de plus grande taille, on parle de lapilli (mot latin signifiant « petites pierres »). Au-delà de 64 millimètres de diamètre, il s'agit, selon que le matériau est solide ou visqueux, de blocs de forme anguleuse ou de bombes de forme arrondie.

Les matériaux éjectés peuvent aussi être classés en fonction de leur texture. La pierre ponce, qui flotte sur l'eau, contient une multitude de bulles créées par les gaz en expansion. En revanche les scories, d'aspect plus grossier, ont des bulles plus grosses et habituellement reliées entre elles.

La composition des dépôts volcaniques offre encore une possibilité de classification. Le dépôt le plus courant est le tuf qui provient de la consolidation de cendres et de petits lapilli. Souvent l'histoire d'un volcan se lit clairement dans les couches de tuf que ses éruptions successives ont déposées.

Blocs

Bombes

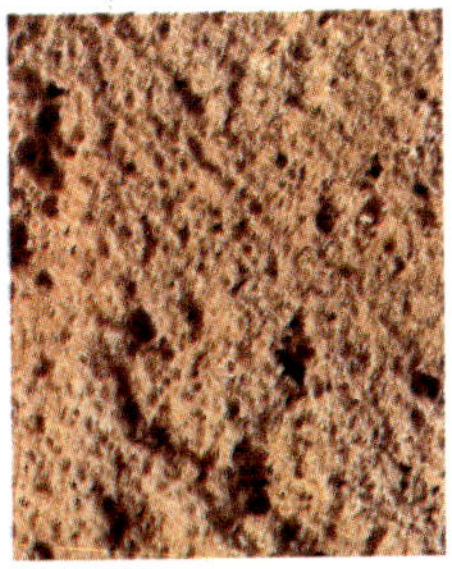
Pierre ponce

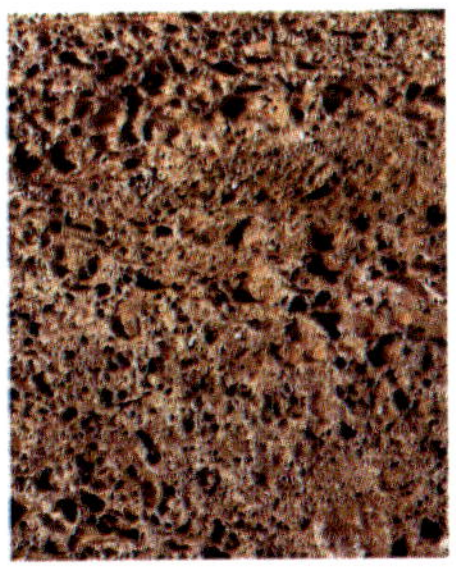
Scories

Tuf

L'Écossais James Hutton, père de la géologie moderne, pose assis devant une table encombrée d'échantillons de roches. Il fut le premier à considérer la terre comme un système dynamique mais n'avançait rien qui ne s'appuyât sur des pièces qu'il rapportait de ses enquêtes sur le terrain. « On trouve à peine place pour s'asseoir dans son bureau rempli de fossiles et d'appareils chimiques », écrivait un contemporain. (Cette toile fut peinte en 1780 par l'artiste écossais Henry Raeburn.)

Sachant qu'aucune source de chaleur à la surface du globe n'aurait suffi à faire fondre une telle masse rocheuse, Hutton imagina qu'à l'intérieur de la terre se trouvait « une masse fluide, fondue, mais non modifiée par l'action de la chaleur ». Par « non modifiée », il entendait que les composants des roches ignées, le basalte ou le granite, étaient présents dans la solution. Prudemment, il s'en tint là et revint à ce qu'il voyait à la surface.

Mais à la conception neptunienne de l'océan primordial et de ses dépôts immuables s'opposait désormais une conception d'ensemble que Hutton exposait comme suit. La terre est un système dynamique complexe dont la prodigieuse chaleur interne maintient la surface dans un état d'agitation constante. D'autre part, les forces d'érosion réduisent les roches anciennes en cailloux et en sables qui finissent par former les grès et les conglomérats. La matière organique – coquillages, ossements, feuilles d'arbres – s'enfonce peu à peu dans le sol ou s'accumule au fond des mers et devient des roches telles que le calcaire ou la houille. A mesure que ces lits de roches s'enfoncent sous une accumulation continue de sédiments, la chaleur et la pression les transforment en roches plus denses et cristallines telles que le marbre ou le schiste.

Le processus se poursuivant, la chaleur et la pression deviennent si fortes que ces roches métamorphiques fondent partiellement et se mêlent à d'autres substances en fusion déjà à l'intérieur de la terre. Là où la couche supérieure se fissure, le fluide monte et se solidifie, donnant des roches ignées telles que le granite et le basalte qui

Cette gravure du XVIIIe siècle représente le Arthur's Seat (Siège d'Arthur), un piton volcanique de 250 mètres vieux de 325 millions d'années qui domine Édimbourg. C'est de cette hauteur que le roi Arthur, d'après la légende, assista à la défaite des Pictes et James Hutton y découvrit les indices qui l'amenèrent à conclure que le basalte était en réalité une roche ignée.

forment souvent d'épaisses murailles, ou dykes, comme dans le cas du granite rouge découvert par Hutton dans les monts Grampians.

Au cours de sa montée, le matériau en fusion s'épanche latéralement chaque fois que c'est possible entre les couches de sédiments et se refroidit sous terre en larges nappes de roches ignées appelées filons-couches. Puis l'érosion à la surface use la couche supérieure, mettant à nu les filons qui, à leur tour, se dégradent en sables et en grès et ainsi le cycle recommence.

Il existe une exception toutefois et elle est fort importante : il arrive que la matière en fusion, au cours de son ascension, perce la surface du sol et jaillisse dans l'atmosphère. On voit là, pour la première fois, une théorie qui accorde aux volcans un rôle certain et admissible dans la formation de l'écorce terrestre. « Le volcan n'a pas été fait pour effrayer les esprits superstitieux et les plonger dans des accès de piété et de dévotion, écrivait Hutton. Il doit être considéré comme l'évent d'une fournaise souterraine. »

Hutton concevait le volcan comme une sorte de soupape d'échappement pour les matières comprimées à l'intérieur de la terre. De nos jours, la science s'inscrit en faux sur ce point précis mais, dans les grandes lignes, sa théorie demeure valable. L'écorce terrestre est mouvante, même si la lenteur de ses mouvements nous les rend imperceptibles, et les processus de dégradation et de reconstitution s'imbriquent étroitement au sein d'un vaste système dynamique.

Toutefois, la théorie de Hutton ne s'appliquait qu'à ce qui se passait au sein de la terre et, si géniale qu'elle fût, elle ne contenait rien qui pût préparer les esprits aux effets dévastateurs de la gigantesque éruption volcanique qui allait se produire en 1815 à l'autre bout du monde.

A Batavia (aujourd'hui Djakarta), le 5 avril au soir, un bruit venant de la mer et ressemblant à une canonnade incita Sir Stamford Raffles, lieutenant-gouverneur de Java, à envoyer deux vaisseaux à la recherche de ce qu'il prenait pour un navire en détresse. Pour plus de sûreté, il fit aussi venir en ville un détachement de troupes pour le cas où le bruit en question aurait signalé l'attaque d'un poste voisin par des rebelles. Le même jour, à Macassar dans les Célèbes, à 1450 kilomètres plus à l'est, le capitaine du *Bénarès*, vaisseau armé de la Compagnie des Indes orientales, entendit ce qui lui sembla être un violent tir d'artillerie et, croyant avoir affaire à des pirates il expédia en vitesse un détachement à leur recherche dans la mer de Flores.

L'une et l'autre de ces patrouilles rentrèrent bredouilles, ce qui tout compte fait n'avait rien de bien déplorable car, eussent-elles découvert quelque chose, elles n'auraient rien pu y faire quand bien même tous les navires du monde seraient venus à la rescousse. Le bruit entendu, comme on n'allait pas tarder à l'apprendre, provenait de la lointaine île de Sumbawa, située à 300 kilomètres environ au sud de Macassar et à 1200 kilomètres de Batavia. C'était le Tambora, un volcan assoupi depuis des temps immémoriaux, qui venait de se réveiller et avait libéré les forces qui allaient finir par le détruire complètement.

Une semaine plus tard, une fois le calme revenu, la montagne qui culminait à 4000 mètres aurait perdu un tiers de sa hauteur et, sur les 167000 habitants de Sumbawa et des îles environnantes, 10000 seraient morts. La famine et la maladie allaient en faire mourir encore 82000 et, l'année suivante, à l'autre bout du monde, une catastrophe pire encore allait se produire. Mais le 6 avril, le lendemain du jour où les navires étaient partis en reconnaissance, personne encore à Batavia n'imaginait l'ampleur de la catastrophe.

Il y avait eu dans la matinée une légère pluie de cendres et on avait compris alors que le grondement entendu la veille était celui d'une éruption volcanique mais, à en juger par le volume du bruit, on supposait que l'éruption s'était produite dans le voisinage. L'après-midi, quelque chose dans l'immobilité de l'air fit craindre à certains un tremblement de terre imminent mais, à part la légère pluie de cendres qui continuait à se répandre, rien ne se produisit ce jour-là ni les jours suivants et les craintes se dissipèrent. Cependant, dans la soirée du 10 avril et pendant toute la journée du lendemain, une formidable série d'explosions ébranla tout le chapelet d'îles sur les 4000 kilomètres de sa longueur.

A Gresik, située sur la côte de Java à 500 kilomètres approximativement du lieu de l'éruption, un correspondant de Raffles se réveilla le 12 au matin en pleine obscurité. Il alluma et vit à sa montre qu'il était 8 h 30 et que le soleil était levé depuis deux heures et demie ; mais c'est vers 10 h seulement que parut une première lueur dans le ciel et, une heure plus tard, les oiseaux se mirent à gazouiller comme si c'était l'aube, tandis que retentissaient au lointain des explosions.

Les rapports reçus à Batavia permirent de localiser le cataclysme et, le 18 avril, Raffles envoya un chargement de riz à la population affamée de Sumbawa. Le lieutenant Owen Phillips qui commandait le navire trouva à son arrivée un spectacle de désolation. Le Tambora dont la cime majestueuse était naguère visible en mer à des milles de distance avait été complètement aplati et une couche de cendre et de boue d'une soixantaine de centimètres d'épaisseur recouvrait une grande partie de l'île. Tout autour, la mer était jonchée de milliers de troncs d'arbres et d'amas flottants de pierre ponce. Une épidémie de choléra s'était déclarée qui avait déjà fait des milliers de morts. Ceux qui avaient survécu à l'éruption et à la maladie erraient la mine abattue, s'enfonçant jusqu'aux genoux dans la cendre, prêts à donner leurs biens les plus précieux en échange de quelques mesures de riz. Les routes étaient semées de cadavres et les villages désertés, leurs habitants s'étant réfugiés à l'intérieur des terres à la recherche des quelques palmiers et bananiers encore susceptibles de les nourrir.

Le témoignage d'un raja local permit à Phillips de reconstituer les faits. « Le 10 avril vers 7 h du soir, raconte-t-il, trois colonnes de feu jaillirent près du sommet du Tambora, venant toutes trois, semble-t-il, de l'intérieur du cratère et, après s'être élevées séparément à une grande altitude, elles se confondirent dans le ciel. En quelques instants, la montagne prit l'aspect d'une masse de feu liquide s'étendant dans toutes les directions. »

L'éruption se poursuivit sans rien perdre de sa violence mais, au bout d'une heure, la montagne cachée par un épais rideau de cendres avait cessé d'être visible. A Saugar, village distant de près de 40 kilomètres, les pierres tombèrent dru. « Certaines, écrit Phillips, étaient grosses comme les deux poings réunis, mais la plupart n'étaient pas plus grosses que des noix. » Vers 10 h du soir, une trombe s'abattit sur Saugar, détruisant presque toutes les maisons. Dans la partie du village la plus proche du volcan, elle « déracina les plus grands arbres et les emporta dans les airs avec hommes, maisons, bétail et tout ce qui se trouvait sur son passage ». En

Un remarquable tandem scientifique

En 1968, près d'Édimbourg, un descendant de John Clerk — l'artiste qui illustra l'ouvrage remarquable du géologue James Hutton, *Theory of the Earth* — découvrit dans ses archives de famille un carton contenant 70 dessins qui, depuis près de deux siècles, n'étaient pas rangés à leur place.

C'étaient des dessins de roches et de paysages exécutés d'après des croquis faits par Clerk entre 1775 et 1778 au cours d'excursions dans la campagne environnante en compagnie de Hutton. Ces excursions eurent une importance historique car ce fut à leur occasion que Hutton remarqua diverses formations, méticuleusement reproduites par Clerk dans ses dessins, qui lui permirent de jeter les bases de la géologie moderne.

Nul ne sait quelle fut la part respective des deux hommes dans l'exécution de ces dessins, mais il est clair que le géologue et l'artiste formaient un remarquable tandem scientifique. Artiste habile, Clerk était aussi un géologue à part entière « dont le crayon », note John Playfair, le biographe de Hutton, « n'était pas moins précieux pour les sciences que pour les arts ». Clerk était capable d'effectuer en 10 minutes un croquis remarquable de précision et souvent il recouvrait ses aquarelles d'une couche de vernis pour en préserver tous les détails.

Le dessin reproduisant la disposition irrégulière des couches rocheuses le long des rives de la Jed *(ci-contre, en bas)* figure dans le tome I de *Theory of the Earth*. La plupart des autres dessins — y compris cette coupe d'un terrain d'Édimbourg *(ci-contre, en haut)* et cette carte de la vallée de la Tilt *(ci-contre, au milieu)* où Hutton, découvrant des veines de granite au milieu de roches plus anciennes, se convainquit que le granite était une roche ignée — étaient destinés à illustrer un deuxième volume que Hutton préparait au moment de sa mort en 1797.

Coupe de terrain d'un quartier d'Édimbourg le long d'un égout de Frederick Street. Le dessin montre une intrusion basaltique dans des lits de roches diverses — grès, schiste, calcaire. La distance entre deux séparations verticales est de un mètre environ. L'épaisseur de la couche de terre végétale est de 15 à 20 centimètres.

Sur cette carte géologique de la vallée de la Tilt, les parties roses représentent des intrusions de granite à travers des couches anciennes de calcaire, de schiste et de roches indifférenciées. James Hutton eut ici la preuve, écrivait-il, que « le granite avait été obligé de couler, à l'état fondu, parmi les strates brisées et disloquées ».

Aquarelle présentant une discordance géologique dans la rivière Jed, au sud de Jedburgh, constituée par un lit de poudingue (roche sédimentaire caillouteuse) pris entre une couche de schiste vertical et des strates horizontales de grès. Hutton comprit que le poudingue résultait de l'érosion du schiste.

même temps, « la mer monta, dépassant de quatre mètres le niveau des plus hautes eaux, balayant les maisons et tout ce qu'elle pouvait atteindre ».

Pendant trois mois, le volcan continua de gronder et de cracher des flammes avant de retomber dans le sommeil. Ses détonations les plus fortes avaient été entendues à plus de 1600 kilomètres de distance et ses cendres s'étaient répandues sur plus de 2,5 millions de kilomètres carrés. L'éruption avait provoqué d'importants séismes sur des îles situées à des centaines de kilomètres de Sumbawa et, pendant les quatre années qui suivirent, les bateaux naviguant dans la mer de Java durent manœuvrer pour éviter les îles flottantes de pierre ponce. Mais l'éruption eut encore d'autres conséquences, plus générales, qui apparurent quand on s'aperçut un peut partout dans le monde que le temps s'était détraqué.

On estime aujourd'hui que le Tambora a dû rejeter dans le ciel 170 milliards de tonnes de matériaux qui retombèrent pour la plupart au bout de quelques heures dans le voisinage de Sumbawa. Mais le reste, réduit en une poudre fine comme du talc, était resté en suspension dans l'air et cette poussière, entraînée dans la stratosphère, s'était mise à tourner autour de la terre, renvoyant dans l'espace une partie du rayonnement solaire et privant ainsi notre planète d'une bonne partie de sa chaleur. Agissant comme un filtre, elle fut cause de couchers de soleil particulièrement flamboyants dont personne ne se plaignit et qui, à ce que l'on dit, inspirèrent à Turner certaines de ses toiles.

Mais ce voile resté dans le ciel bien des mois après l'éruption ne fit pas que modifier la couleur des couchers de soleil. Dans certaines villes fort éloignées de Sumbawa, comme Genève ou New Haven, dans le Connecticut, où l'on enregistrait depuis 1812 des températures légèrement inférieures à la normale, le thermomètre devait encore baisser durant l'été 1815 et, l'année suivante, des records furent enregistrés qui n'ont pas été dépassés à ce jour. En France, où la situation de l'approvisionnement n'était déjà pas brillante après les guerres napoléoniennes, les récoltes furent si maigres qu'il fallut faire garder les charrettes transportant le grain au marché de crainte qu'elles ne soient pillées par des affamés. A la fin de l'année, les gens en étaient réduits à se nourrir d'herbes ou des rares bêtes encore en vie, y compris les animaux familiers.

Dans la Nouvelle-Angleterre, la situation était moins dramatique mais le temps fut également mauvais cet été-là. Chauncey Jerome, un jeune apprenti horloger de Plymouth dans le Connecticut, a raconté comment, le 11 juin, étant allé chercher les vêtements que sa femme avait mis à sécher la veille au soir, il les avait trouvés gelés. Le 4 juillet 1816, les gens qui jouaient au palet en plein midi étaient tous emmitouflés dans leurs manteaux.

Il neigea en juin dans toute la Nouvelle-Angleterre et, le 21 août le gel ravagea la plupart des jardins du Maine au Connecticut. Samuel Latham Mitchill, professeur au Columbia College de New York, nota dans son journal qu'il avait payé quatre dollars un demi-baril de blé noir habituellement vendu pour la moitié de ce prix. A Boscawen dans le New Hampshire, Enoch Little inscrivit dans ses carnets à l'époque de la moisson : « Les gelées ont tué presque tout le maïs en Nouvelle-Angleterre et, de ce qui reste, il n'y a pas la moitié qui soit bonne à griller. Sur les terres exposées au gel, les vergers n'ont rien donné ; pour le fourrage, les perspectives sont des plus alarmantes. »

Pendant longtemps, on ne trouva aucune explication à cette année sans été. Personne ne soupçonnait que le Tambora pouvait en être responsable. D'aucuns estimèrent que cette froidure estivale devait être mise sur le compte des taches solaires. D'autres l'imputèrent aux icebergs qui avaient été nombreux cette année dans l'Atlantique Nord. Si Benjamin Franklin avait été encore en vie, il aurait peut-être trouvé la solution de l'énigme car, en 1784, il avait attribué la rigueur exceptionnelle de l'hiver à « un brouillard sec » causé par les éruptions de l'Asama, au Japon, et du Laki, en Islande, survenues l'année précédente. Mais son explication était tombée dans l'oubli ou alors on ne voulut pas en tenir compte. Il se trouva même un théoricien pour soutenir la thèse selon laquelle l'usage largement répandu

La plus forte éruption de tous les temps fut celle du Tambora qui se produisit en 1815 à Sumbava, une des îles de la Sonde. Le cône du volcan *(en pointillé sur le dessin)* se volatilisa, ramenant l'altitude de la montagne de 4000 à 2800 mètres. 150 kilomètres cubes de matériaux furent projetés dans l'atmosphère entraînant dans le monde un abaissement général des températures pendant près d'un an.

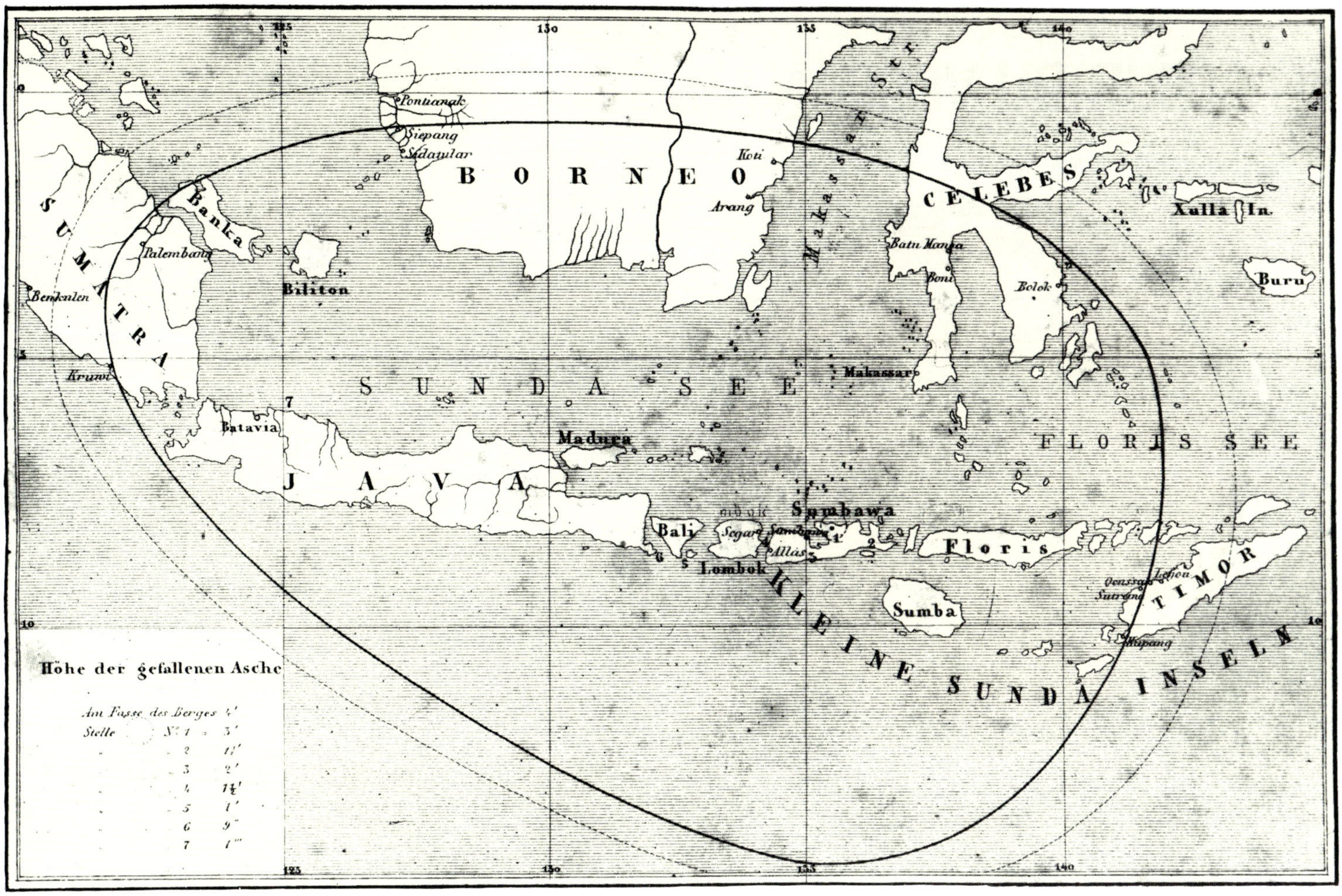

Le savant suisse Heinrich Zollinger, chef de l'expédition qui se rendit en 1847 dans les îles de la Sonde pour étudier les effets de l'éruption du Tambora de 1815, a tracé sur cette carte l'étendue des retombées de cendre. La ligne pleine circonscrit la zone où les retombées ont été constatées et couvre une superficie de 2,5 millions de kilomètres carrés. Le pointillé marque la limite extrême des retombées selon l'estimation de Zollinger.

du paratonnerre de Franklin avait déréglé les flux naturels d'électricité venant de l'intérieur de la terre et ainsi causé le temps froid.

Bien qu'aucun géologue n'ait eu la possibilité d'observer le Tambora en pleine éruption, les informations fournies sur l'ampleur de cette éruption et l'étendue de la chute de cendres précisèrent considérablement l'idée que l'on commençait à se faire des effets du volcanisme. La science ne progressait pas vite à l'époque et c'est seulement en 1847, près de 30 années plus tard, que la première expédition purement scientifique se rendit à Sumbawa pour étudier le volcan.

Sous la conduite du botaniste suisse Heinrich Zollinger, les membres de l'expédition gravirent la face est de la montagne qui fumait encore. La fine croûte à la surface du sol cédait parfois sous leurs pas et ils s'enfonçaient alors dans une couche chaude de soufre pulvérulent. Zollinger estima que l'ancien sommet, complètement modifié depuis, avait dû culminer à près de 4000 mètres. Ayant atteint ce qu'il tenait pour le point le plus élevé sur le nouveau rebord du cratère, il s'arrêta pour allumer un feu sous une casserole remplie d'eau. L'eau commença à bouillir à 90,8 °C. Un rapide calcul, basé sur le fait que le point d'ébullition de l'eau s'abaisse à mesure qu'on s'élève, lui apprit que le point le plus élevé de la montagne n'était plus désormais qu'à 2740 mètres au-dessus du niveau de la mer.

Là où se dressait naguère un pic imposant, il avait maintenant sous les yeux un cratère de cinq kilomètres de longueur avec, dans un coin, un lac jaune verdâtre d'aspect peu engageant. La grande éruption avait quasiment fait disparaître toute une montagne. Les géologues du XIXe siècle se représentaient désormais de manière assez précise le volcanisme en général, mais ils ignoraient toujours la façon dont fonctionne un volcan en particulier.

Devant ce qui restait de Tambora, Zollinger demeurait simplement stupéfait par ce qu'il venait de découvrir. De nombreuses décennies allaient encore s'écouler avant qu'on soit en mesure de comprendre exactement ce qui s'était passé.

AU CŒUR DU VOLCAN

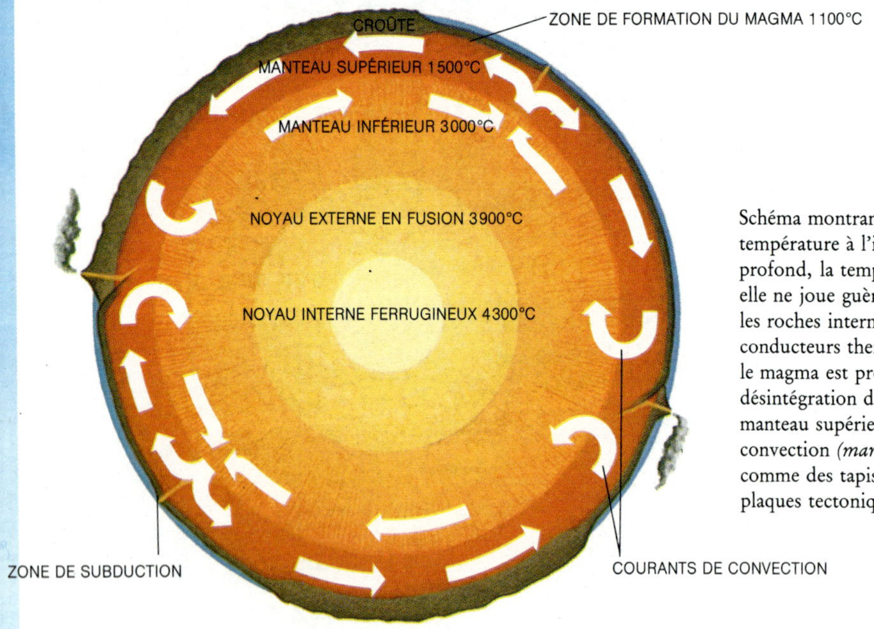

Schéma montrant la distribution de la température à l'intérieur du globe. Au plus profond, la température atteint 4300°C, mais elle ne joue guère de rôle dans le volcanisme car les roches intermédiaires sont de mauvais conducteurs thermiques. La chaleur qui engendre le magma est produite en grande partie par la désintégration d'éléments radioactifs dans le manteau supérieur où des courants de convection *(marqués par des flèches)* fonctionnent comme des tapis roulants supportant les plaques tectoniques à la surface terrestre.

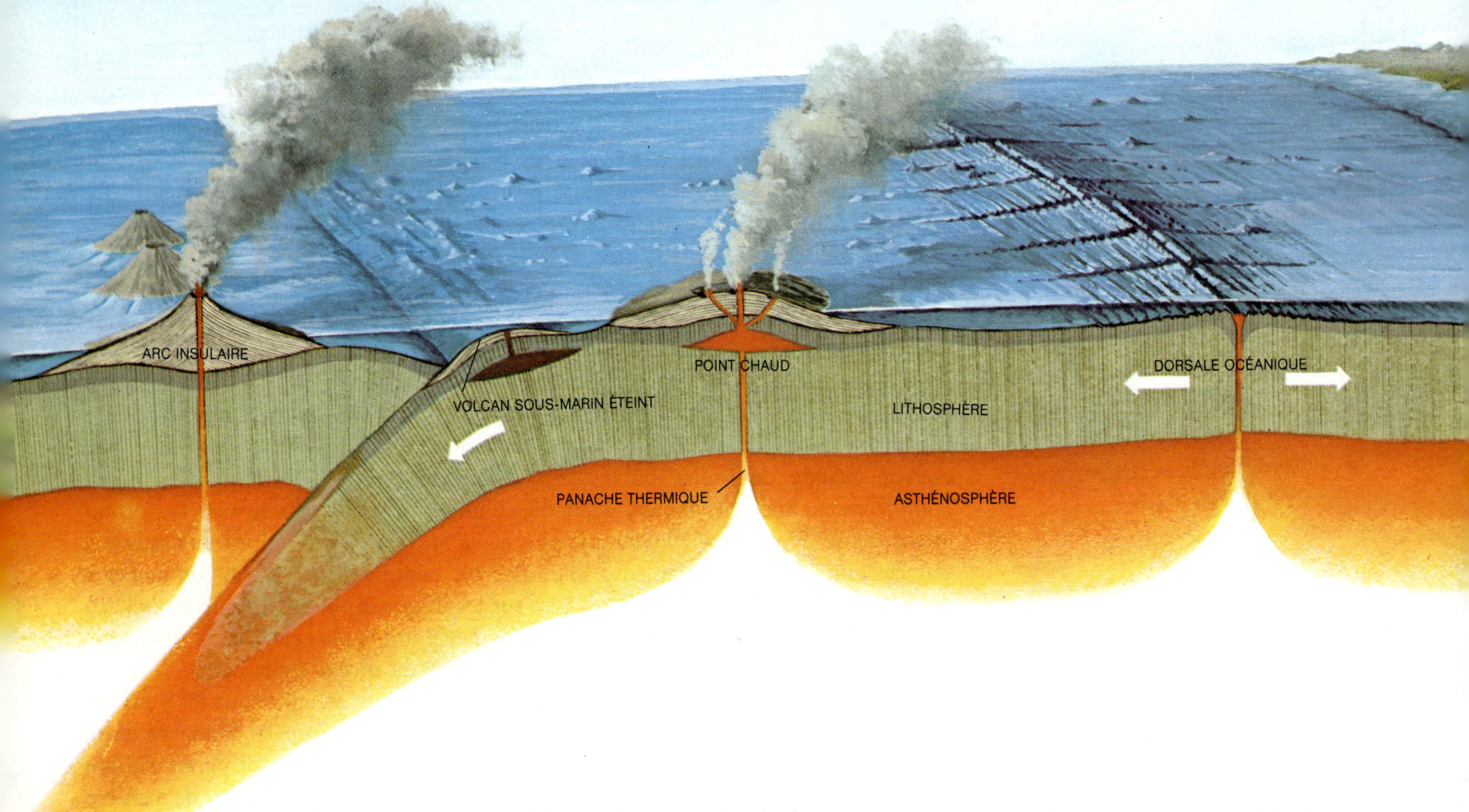

Sous les chaînes volcaniques des arcs insulaires (Aléoutiennes, Antillcs, archipel indonésien), deux plaques s'affrontent.
La plus dense pénètre dans le manteau tandis que les matériaux à bas point de fusion qui forment cette plaque se transforment en magma.

Dans une plaque, un « point chaud » peut provenir d'une anomalie thermique : l'ascension d'un « panache » de matériaux surchauffés à travers le manteau. La plaque se déplaçant par rapport à ce point fixe, il se forme une chaîne de volcans, éteints à une extrémité, et actifs à l'autre.

Quand deux plaques se séparent le long d'un rift océanique, telle la dorsale médio-atlantique, le magma s'épanche par un réseau de fissures sous-marines sur des milliers de kilomètres et une croûte nouvelle remplace celle qui est détruite dans les zones de subduction.

Au XXe siècle, le comportement des volcans est fort bien connu *(voir pages suivantes pour la physique et la chimie du volcanisme)*, mais ce qui se passe dans les profondeurs de la terre, d'où proviennent leur énergie et leur lave, reste énigmatique. C'est vers 1960 que le mystère a commencé à s'éclaircir, grâce à la tectonique des plaques.

Selon cette théorie, la lithosphère qui enveloppe le globe terrestre est constituée par une mosaïque de plaques rigides flottant sur la masse chaude et visqueuse de l'asthénosphère. En son sein, des courants de convection font que les plaques qu'elle supporte subissent des déplacements de quelques centimètres chaque année, ce qui provoque collisions, coulissages et écartements.

Les volcans se situent en général là où il y a soit subduction, soit rift. Il y a subduction quand une plaque s'enfonce sous une autre, ce qui fait fondre partiellement l'une et l'autre et entraîne un jaillissement de magma à la surface. Il y a rift quand deux plaques se séparent, laissant passer le magma qui se soude alors à chacune d'elles. Les deux mouvements se compensent : pendant que le bord d'une plaque se trouve détruit par subduction, la plaque se reforme par accrétion à l'autre bord.

Ce modèle est valable pour la plupart des volcans, mais certains échappent à la règle. Ils se trouvent au milieu d'une plaque et semblent alimentés par un « panache » thermique provenant peut-être de la désintégration d'éléments radioactifs. D'autres, à l'origine des plateaux de basalte et des ignimbrites *(pages 70-71)* n'ont qu'un rapport lointain avec la tectonique des plaques.

Aujourd'hui, la question de savoir d'où vient le magma et comment il se forme est toujours une énigme à laquelle la tectonique des plaques apporte quelques réponses.

Quand une plaque océanique s'enfonce sous une plaque continentale plus épaisse et plus légère, une chaîne volcanique côtière surgit (comme les Andes), en recul par rapport au fossé de subduction, mais à la verticale de la source de magma, qui est située à plus de 100 kilomètres de profondeur.

Les épanchements de basalte, comme celui du plateau du Deccan en Inde, sont de grandes énigmes que la théorie de la tectonique des plaques n'a pas résolues. Ils surviennent périodiquement à travers une multitude de fissures et recouvrent de vastes régions.

Les fossés d'effondrement continentaux, comme le Grand Rift africain, sont les précurseurs des rifts océaniques. Une plaque continentale qui subit des tractions divergentes se fend et, à ce même endroit, la croûte s'effondre et le magma surgit, ce qui donne naissance à des volcans.

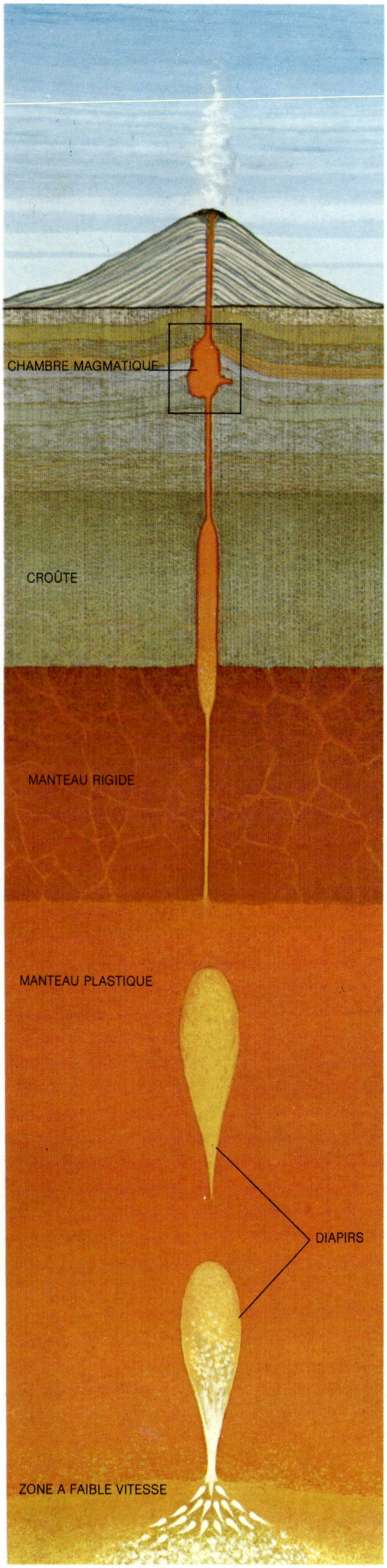

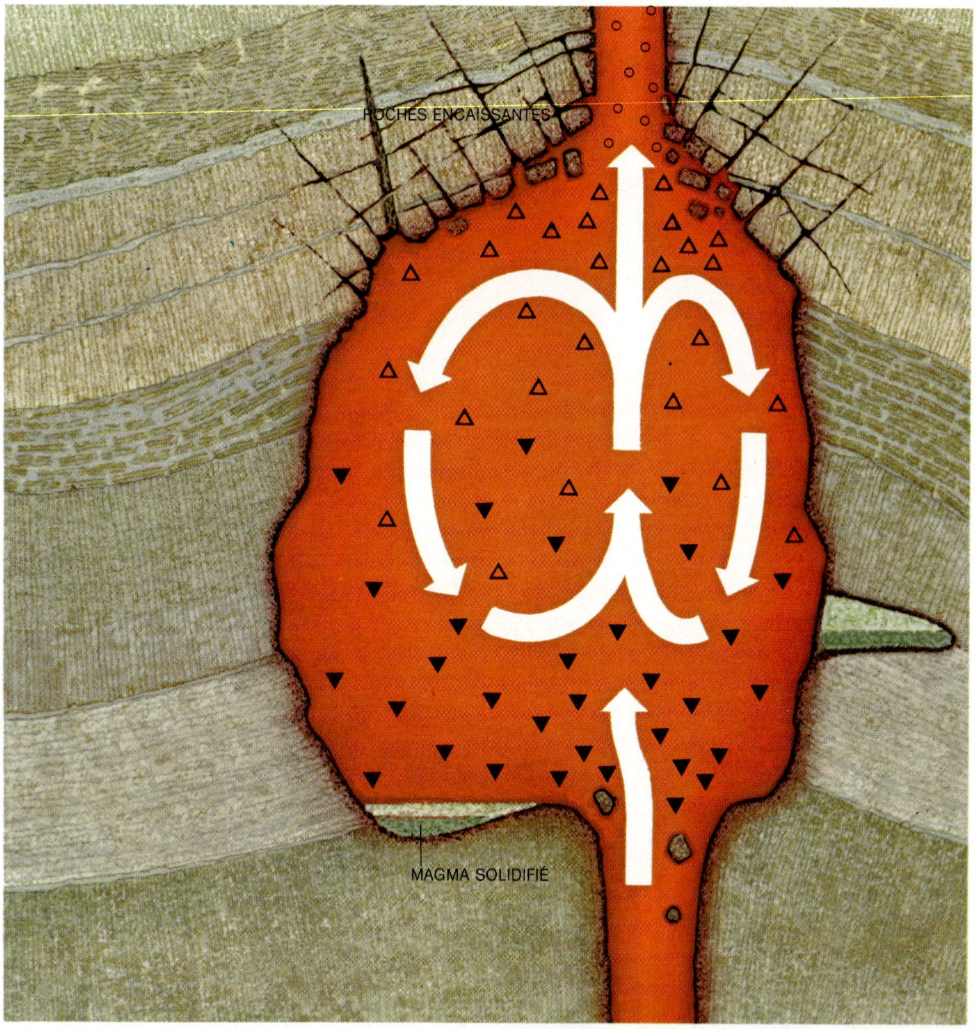

Une chambre magmatique est un véritable réacteur chimique agité par des courants de convection *(flèches)*. Une fraction du magma liquide cristallise au contact des parois froides mais, en revanche, une partie des roches encaissantes fondent et s'incorporent au magma. Les minéraux les plus denses et les plus réfractaires *(triangles pleins)* se déposent peu à peu au bas de la chambre tandis que les plus légers *(triangles vides)* — le quartz, par exemple — gagnent le haut. Dans la région supérieure où la pression est la plus faible, la vapeur d'eau dissoute dans le magma commence à s'individualiser sous forme de bulles annonçant une éruption.

Selon un schéma généralement admis, le liquide magmatique, issu des profondeurs de la terre et moins dense que ce qui l'entoure, s'amasse sous forme de diapirs qui s'élèvent à travers le manteau plastique. Ils montent séparément, l'un après l'autre, ce qui explique que la plupart des volcans ont une activité discontinue. Là où la zone plastique cède la place au manteau rigide, puis à la croûte, les diapirs se frayent un passage à travers des fractures jusqu'à une chambre magmatique située à quelques kilomètres sous la surface.

Comme une bouteille de soda qu'on décapsule

Bien que le mécanisme exact de la formation des magmas dans les profondeurs de la terre soit encore fort mystérieux, ses fondements théoriques sont connus. Trois facteurs interviennent : l'élévation de la température, la diminution de la pression et l'adjonction d'un élément influant sur l'abaissement du point de fusion des roches.

Le magma se forme dans la zone du manteau dite à faible vitesse, ainsi nommée parce que les ondes sismiques y sont ralenties. Cette zone se situe généralement à une profondeur de 100 à 300 kilomètres, beaucoup moins au voisinage des dorsales médio-océaniques, des rifts continentaux et sans doute des fossés de subduction. Les roches y sont très proches de l'état liquide et l'un quelconque des trois facteurs précités est susceptible d'en provoquer la fusion.

La tectonique des plaques explique ce qui se passe. Dans une plaque en cours de subduction, les roches sédimentaires fondent partiellement en s'enfonçant dans la chaleur du manteau ; la plaque entraîne avec elle de l'eau qui abaisse le point de fusion des roches du manteau et, en soulevant celles-ci, elle diminue la pression qu'elles subissent. Au niveau des rifts continentaux ou océaniques, les courants de convection tout en réchauffant les roches profondes, les poussent vers la surface.

La violence d'une éruption dépend de deux caractéristiques du magma : sa teneur en silice et sa teneur en eau. La première détermine sa viscosité, la seconde son explosibilité. Dans un réservoir superficiel, il arrive que le magma s'enrichisse en eau et en silice aux dépens des nappes souterraines et des roches encaissantes.

En principe, rien ne ressemble plus à une éruption *(ci-dessous)* que l'ouverture d'une bouteille de boisson gazeuse — la vapeur surchauffée remplaçant le gaz carbonique. Dans une bouteille fermée, la pression maintient le gaz en solution et il est invisible ; quand on la débouche, les bulles apparaissent et gagnent la surface.

Si le liquide se trouve sous forte pression, il déborde en moussant dès qu'on ouvre la bouteille. Dans le cas d'un paroxysme volcanique, la pression est si forte que le gaz se détend de manière explosive.

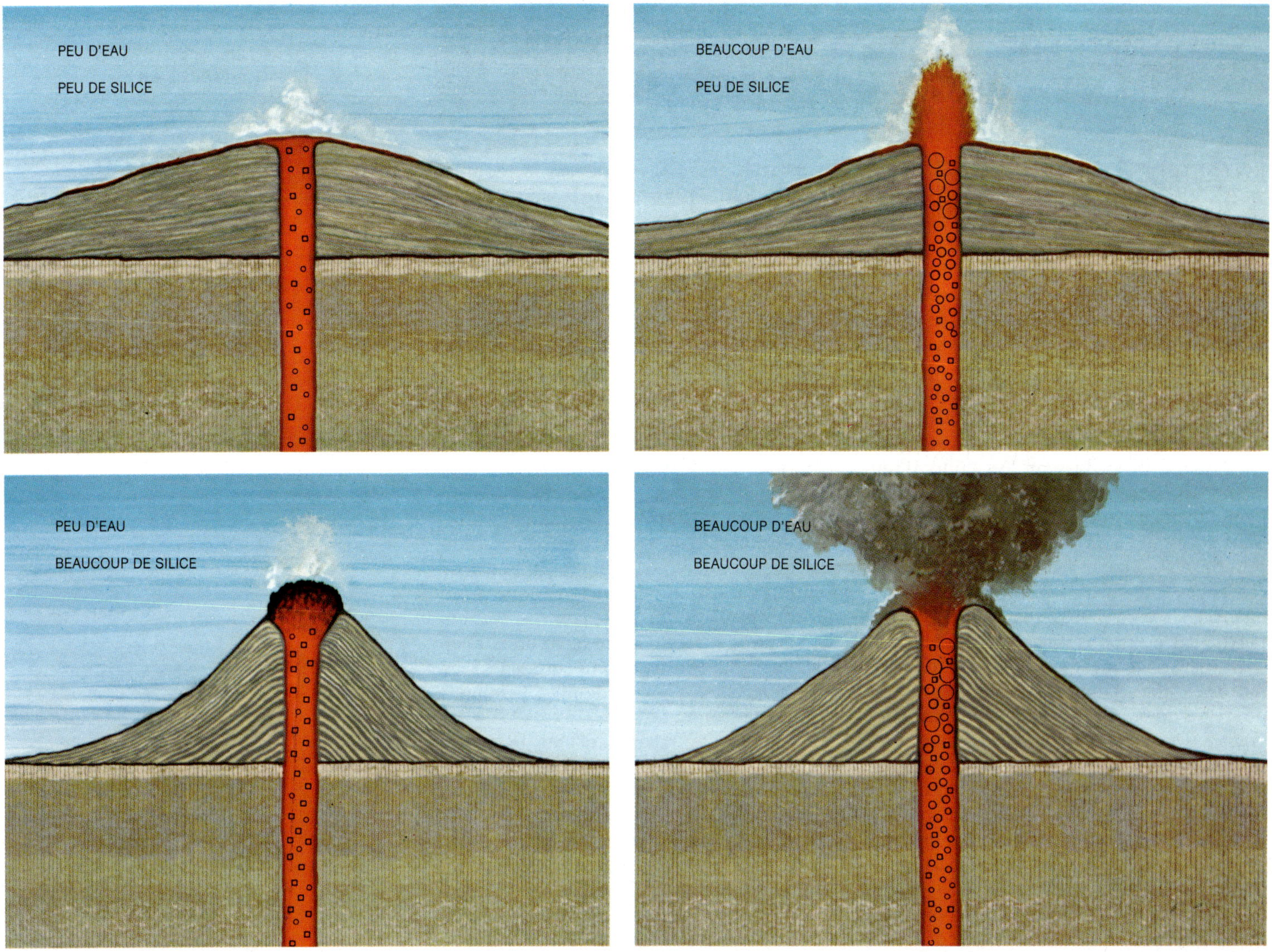

Les teneurs en eau *(cercles)* et en silice *(carrés)* déterminent ensemble l'éruptivité d'un magma. Un magma peu riche en eau et en silice *(en haut, à gauche)* cause des éruptions effusives peu violentes. Dans un magma faiblement siliceux mais gorgé d'eau *(en haut, à droite)*, les bulles de vapeur peuvent se détendre librement au sein d'une lave fluide et la projeter à des centaines de mètres de hauteur. Un magma contenant beaucoup de silice mais peu d'eau *(en bas, à gauche)* s'épanche sous forme de lave visqueuse formant progressivement un dôme. Enfin, dans un magma riche et en eau et en silice *(en bas, à droite)*, la viscosité empêche le dégagement de vapeur et quand, subitement, la pression diminue, le gaz se libère en explosant.

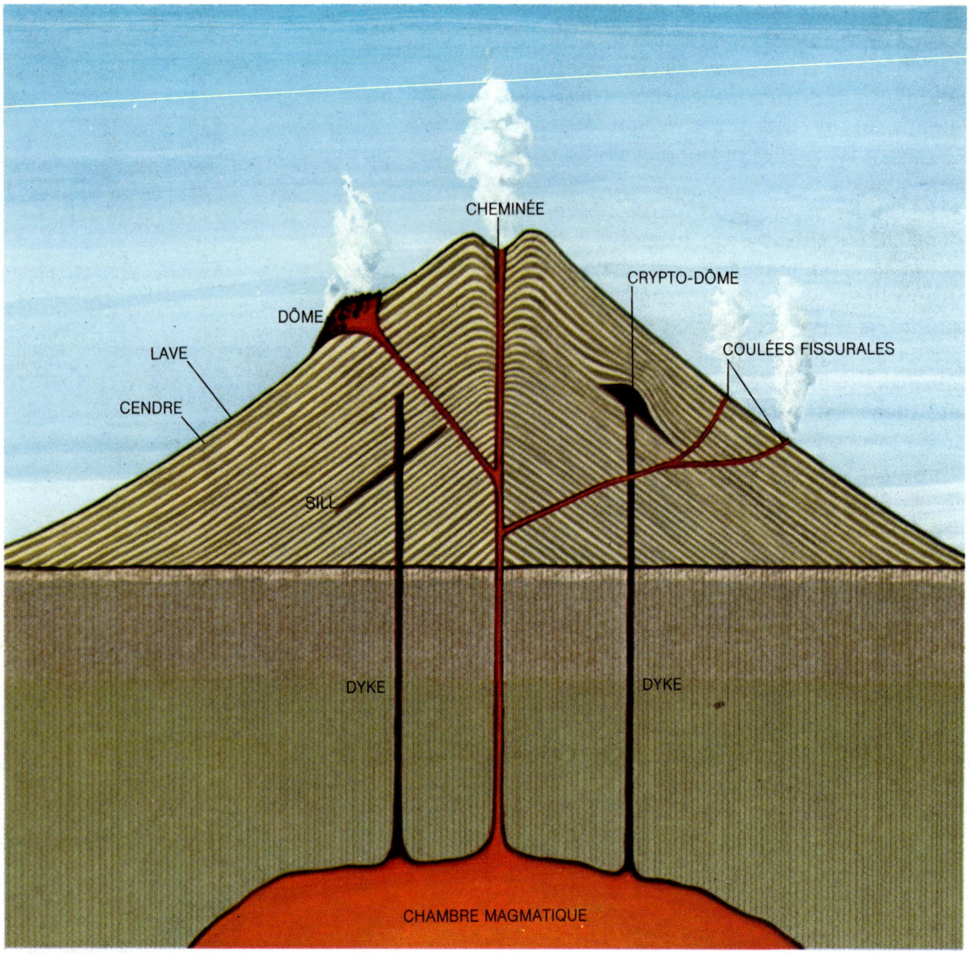

Pour les volcans situés dans les zones de subduction, le cône composite est la structure la plus courante. Il est constitué par une alternance de couches de lave et de cendre. L'édifice est généralement consolidé par des instrusions de lave massive appelées sills ou, si elles sont verticales, dykes. Le cratère sommital est souvent élargi par des effondrements dus au retrait subit du magma qui en soutenait les parois. Si le magma s'injecte latéralement dans l'édifice volcanique, il donne naissance à des cônes parasites, à des dômes ou à des coulées fissurales.

La gamme des comportements éruptifs

Les volcans ne s'intègrent pas dans des catégories nettement délimitées. Presque tous peuvent entrer en éruption de différentes façons et chaque éruption est une succession de phénomènes différents.

Il est plus facile de prévoir leur comportement à long terme. Souvent leurs éruptions sont effusives quand ils sont jeunes et explosives quand ils vieillissent. Au cours d'une même séquence éruptive, la violence des phénomènes va d'habitude en décroissant. Mais ces règles sont bien souvent sujettes à caution et les comportements décrits dans ces pages cherchent à illustrer des mécanismes généraux plutôt que la grande complexité des éruptions volcaniques réelles.

La nature d'une éruption dépend de la teneur en silice et en gaz du magma ainsi que du degré de perméabilité de la cheminée du volcan. Si celle-ci est dégagée, le magma monte lentement vers la surface et, la pression diminuant, les gaz qu'il contient se détendent, poussant vers le haut toute la colonne magmatique. Cela entraîne une éruption effusive, plus ou moins paisible.

Mais si la cheminée est obstruée par un dôme ou une accumulation de débris, la pression s'élève sous le bouchon et quand celui-ci est à la limite de sa résistance la moindre perturbation — par exemple la faible tension des marées terrestres dues à l'attraction conjuguée de la lune et du soleil — peut provoquer l'explosion finale.

Le comportement éruptif dépend aussi de la forme de la cheminée et surtout de sa longueur. Si le magma fait sauter un bouchon situé à une profondeur importante, la longueur du conduit fait que les gaz sont expulsés à une vitesse supersonique. Si le bouchon est proche du sommet, la vitesse d'éjection sera relativement faible.

Une fois l'éruption commencée, elle s'entretient par une sorte de réaction en chaîne. L'explosion initiale exerce une contre-pression qui maintient pour un temps les gaz en solution dans la colonne magmatique. Mais quand cesse l'effet de cette contre-pression, des sections successives de la colonne magmatique jaillissent. Le débit peut même s'accroître dans la mesure où le magma ramone et élargit le conduit.

L'éruption se ralentit quand le volcan commence à puiser dans son réservoir, là où généralement la teneur en gaz du magma et sa fluidité diminuent. Elle s'arrête si la colonne de magma se retire ou si, la pression ayant diminué, les roches encaissantes s'effondrent, bloquant la cheminée, ou encore si un magma particulièrement visqueux scelle le conduit par extrusion d'un dôme.

ÉRUPTION EFFUSIVE

Un magma extrêmement chaud et pauvre en silice, issu du manteau terrestre, s'épanche sous forme de coulées fluides, comme l'illustre cette coupe d'un volcan hawaiien. L'éruption hawaiienne classique est dans un premier temps sommitale ; ensuite, la chambre magmatique, comprimée par le poids de la colonne magmatique et l'affaissement du sommet, expulse la lave au travers des fissures latérales qui débouchent sur les flancs du volcan.

ÉRUPTION PHRÉATIQUE

Au commencement d'un grand nombre de cycles éruptifs, le magma en ascension chauffe les roches au voisinage de la nappe phréatique et les fissure. Une partie de la nappe se transforme alors en vapeur et, quand la pression atteint un degré suffisant, la vapeur s'ouvre violemment un chemin vers la surface, souvent en faisant sauter les roches anciennes qui obstruent un cratère. L'éruption peut durer des heures, aussi longtemps que les roches continuent de se fendre sous l'effet de la chaleur, exposant de nouvelles surfaces et engendrant de la vapeur.

ÉRUPTION SOUS-MARINE

Près de la surface, les volcans sous-marins font toujours éruption de façon violente. Leur magma explose au contact de l'eau en émettant des nuages de cendre et parfois des radeaux de pierre ponce se forment. Si le cône émerge, il arrive que les coulées de lave l'entourent d'une carapace qui le protégera de l'action des vagues ; sinon, le jeune volcan disparaîtra sous les flots. A partir de 300 mètres de profondeur, une éruption *(encadré)* n'est plus perceptible en surface ; la pression de l'eau maintient en solution les gaz et la vapeur tandis que la lave, elle, forme des sortes de « coussins » qui s'empilent de part et d'autre de la fissure d'alimentation.

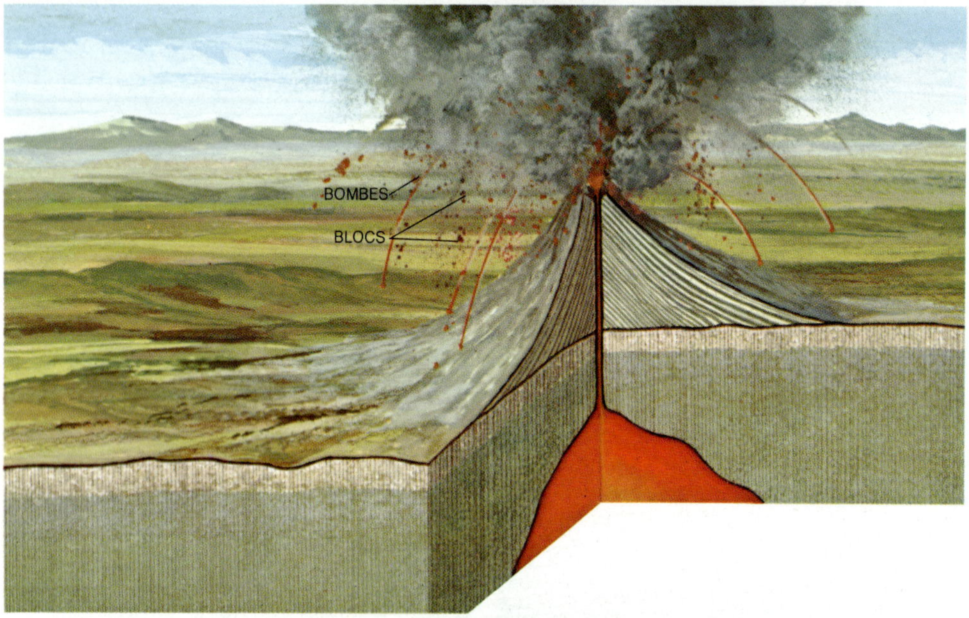

TYPE STROMBOLIEN

Lorsque le magma est visqueux, les gaz qui sont dissous tendent à s'échapper de façon spasmodique en projetant des matériaux divers — bombes en fusion dont l'enveloppe est encore déformable ou gros blocs anguleux et incandescents. La périodicité et la puissance de ces explosions sont très variables. Dans l'archipel Éolien, le volcan Stromboli lance souvent des bombes grésillantes inoffensives. Le Vulcano, lui, reste calme des dizaines d'années avant que son magma visqueux n'explose en envoyant des blocs énormes à des kilomètres à la ronde.

EXPLOSION PLINIENNE

Lorsqu'un magma visqueux, très riche en gaz, fait éruption, une colonne de cendre, pouvant atteindre 30 kilomètres d'altitude, jaillit du cratère à près de deux fois la vitesse du son. Les explosions de ce genre, qu'on a appelées pliniennes, du nom du naturaliste romain tué par l'éruption du Vésuve de l'an 79, réduisent le magma en particules de un dixième de millimètre de diamètre et enterrent les alentours sous plusieurs mètres d'une poussière impalpable.

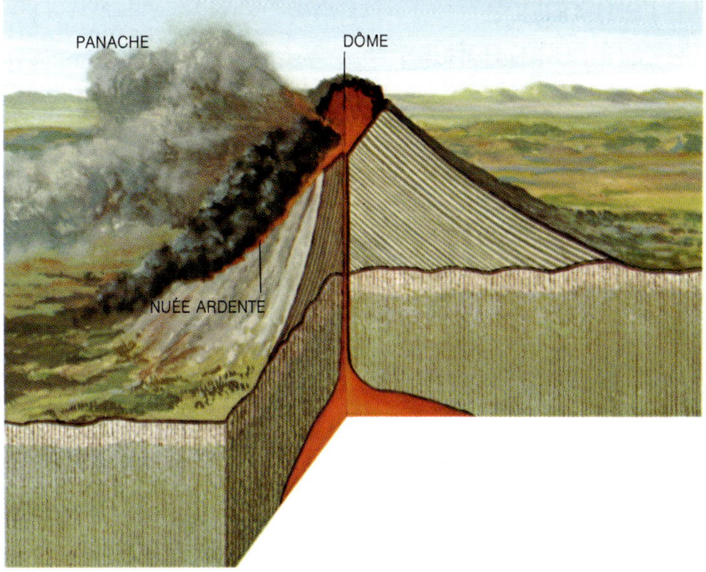

NUÉE ARDENTE
Lorsqu'un magma visqueux et riche en gaz fait éruption à des pressions relativement faibles, le volcan émet un nuage dense de cendre et de ponce incandescentes qui retombe avant de s'être refroidi, porté par l'air qu'il emprisonne et les gaz qu'il libère. Ces avalanches — ou nuées ardentes — constituent la séquence principale d'un cycle éruptif ou la phase terminale d'une éruption beaucoup plus violente. Si la nuée jaillit verticalement *(ci-contre)*, la vitesse de l'avalanche est déterminée par la gravité et ne dépasse pas 150 km/h. Si l'explosion est latérale *(ci-dessus)*, la vitesse peut atteindre 500 km/h.

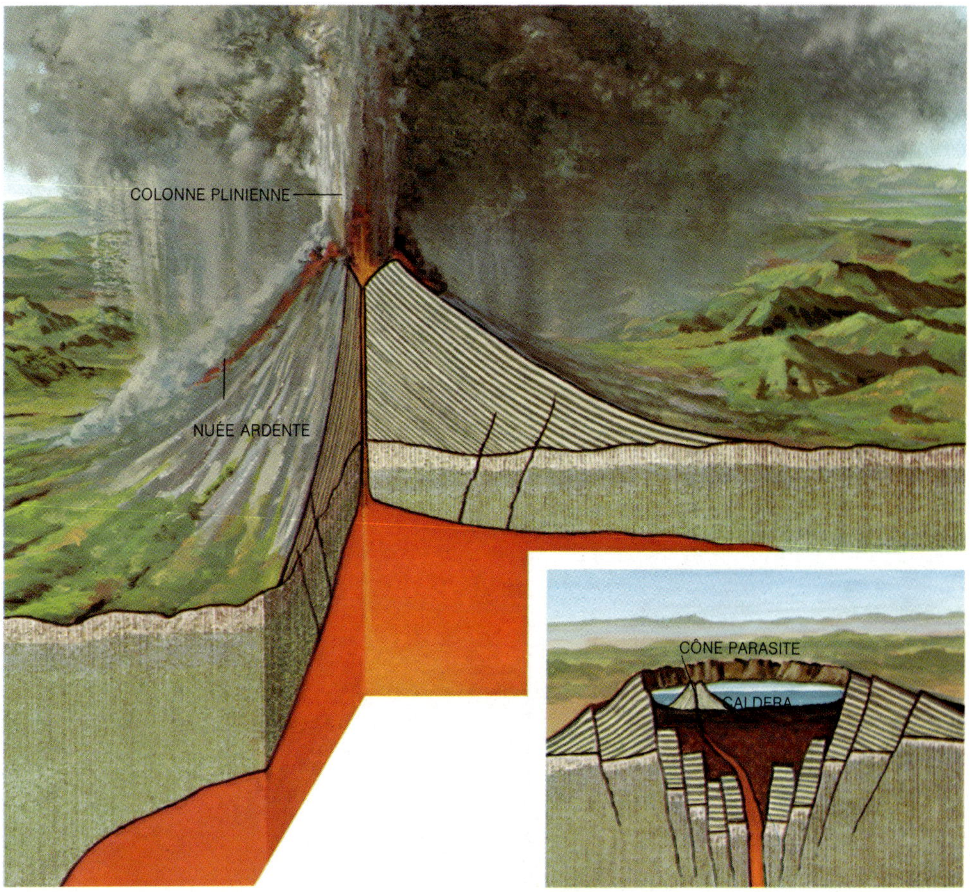

EXPLOSION PAROXYSMALE
Lorsqu'un magma visqueux et très chargé en gaz explose à partir d'un vaste réservoir superficiel (Krakatoa, en Indonésie, ou Santorin, en Grèce), l'éruption peut en peu de jours présenter toute la gamme des manifestations volcaniques : une colonne plinienne monte jusque dans la stratosphère, des nuées ardentes balayent les pentes du cône et la campagne disparaît sous des kilomètres cubes de projections. Souvent, l'édifice volcanique s'effondre par pans entiers dans la chambre magmatique vidée. Il en résulte une caldera — vaste dépression pouvant atteindre des kilomètres de diamètre et 1500 mètres de profondeur — que remplira un lac ou l'océan, tel le Crater Lake aux États-Unis.

Le remodelage de continents entiers

Bien que des paroxysmes tels que les éruptions de la montagne Pelée ou du Tambora inspirent l'effroi, ils sont éclipsés par deux types peu connus d'activité volcanique.

Il y a six millions d'années — intervalle très bref à l'échelle géologique —, des effusions successives de basaltes provenant d'un réseau de fractures long de plusieurs centaines de kilomètres noyèrent le plateau de la Columbia, au nord-ouest des États-Unis, sous 30 mètres de lave en fusion. De même, en Nouvelle-Zélande, il y a deux millions d'années, des montagnes entières furent ensevelies sous des coulées de ponce couvrant 10000 kilomètres carrés.

Tous les continents ont aussi été remodelés par des cataclysmes qu'on a du mal à s'expliquer car la tectonique des plaques en rend insuffisamment compte et les hommes n'en ont jamais été témoins.

Les basaltes de plateau sont vraisemblablement issus du manteau supérieur. Quand, sous l'effet de distensions, des fissures s'ouvrent dans l'écorce terrestre, il en jaillit d'énormes quantités de magma fluide. Une seule coulée peut produire 1500 kilomètres cubes de lave en une semaine, soit dix fois le volume du mont Rainier, un des plus hauts sommets (4391 m) des Rocheuses.

Tout comme les basaltes de plateau, les grandes coulées de ponce n'ont aucun rapport avec les cônes volcaniques, bien que de petites coulées soient souvent associées aux éruptions sommitales. Elles ont pour origine l'ouverture de fissures linéaires ou circulaires au-dessus d'un réservoir de magma siliceux, l'éruption qui s'ensuit déposant jusqu'à 1000 kilomètres cubes de cendre ponceuse. Il en résulte un paysage lunaire; d'où le choix d'un terrain de ce genre — la vallée des Dix mille fumées en Alaska — pour l'entraînement des astronautes.

Ces phénomènes, bien que rares, sont un objet de préoccupation constante pour les vulcanologues car, comme le note un manuel scientifique, « même s'il n'y a pas eu d'éruptions comparables dans les temps historiques, tôt ou tard il s'en produira ».

BASALTES EN PLATEAU
De très grandes quantités d'un basalte extrêmement fluide se répandent à la surface de la terre par une succession de dykes en échelon. Chaque fissure, dont la longueur peut atteindre 24 kilomètres et la largeur 15 mètres, a un débit d'environ 20 kilomètres cubes par jour. La lave qui en sort est si chaude et si fluide qu'elle coule à 15 km/h sur les pentes faibles et qu'elle se répand sur 150 kilomètres de largeur. A la longue, ces éruptions peuvent donner naissance à des plateaux de 1500 m d'épaisseur s'étalant sur plus de 750000 kilomètres carrés.

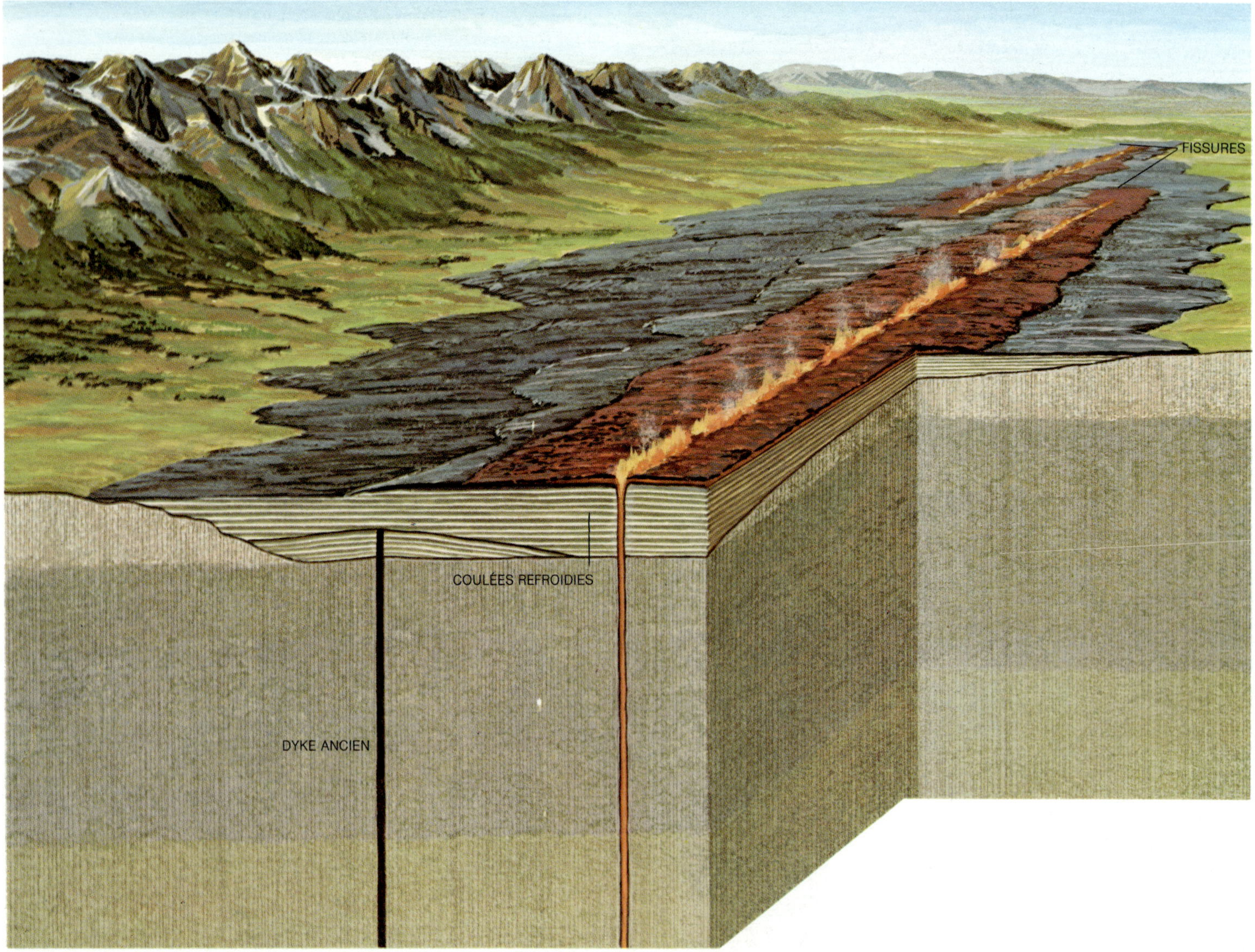

COULÉE DE PONCE
Un vaste réservoir magmatique, situé à 1500 mètres à peine sous la surface, déforme et affaiblit peu à peu la croûte terrestre. Lorsque, sous la poussée du magma, le toit du réservoir cède, il se produit une explosion plinienne qui détermine des fractures circulaires par où s'échappent de véritables coulées de ponce en suspension dans des gaz torrides. Tous les environs sont ensevelis et le toit du réservoir s'effondre pour former une caldera.

Chapitre 3

VERS LA VOLCANOLOGIE MODERNE

James Hutton et les géologues français qui fondèrent la volcanologie concevaient les volcans comme des cheminées mettant en communication le vaste monde souterrain avec la surface du sol. A force d'études sur le terrain, d'observations minutieuses et de raisonnements ingénieux, ils avaient réussi à dépouiller de leur mystère de nombreuses manifestations volcaniques et à ébaucher un système général de formation de la croûte terrestre dans lequel le volcanisme jouait un rôle non seulement spectaculaire, mais fondamental.

Pourtant, malgré les nombreux points qu'ils étaient parvenus à élucider, d'autres restaient obscurs et déjouaient leurs efforts pour bâtir une théorie des phénomènes telluriques susceptible de faire l'unanimité. Vers la fin du XVIIIe siècle, pour mettre en place toutes les pièces de ce puzzle géant, il fallait encore attendre l'invention d'instruments perfectionnés capables de scruter les profondeurs de la terre. Il fallait surtout que soit brisé le cadre de pensée rigide qui empêchait les chercheurs d'aller de l'avant.

James Hutton, qui était alors le plus grand expert en la matière, tenait pour ridicule que l'on pût apprendre quoi que ce soit sur les volcans entre les murs d'un laboratoire. Or le point le plus difficile à élucider était celui de la nature des matériaux en fusion qui se trouvent dans les entrailles de la terre et qui apparaissaient de plus en plus comme étant à l'origine de bien des choses se trouvant à sa surface. Il n'y avait évidemment aucun moyen d'examiner ces matériaux *in situ* et rares étaient à l'époque les chercheurs qui avaient eu l'occasion de les examiner sous forme de lave au cours d'une éruption. Pour l'homme de science, il ne restait donc aucune autre possibilité que de tenter de reproduire en laboratoire les conditions qu'il ne pouvait observer ailleurs.

Malheureusement, Hutton n'en voyait pas l'utilité. Dans *Theory of the Earth*, il critique les esprits « superficiels » qui « s'imaginent connaître ces régions de la terre qu'on ne peut jamais voir et qui, pour avoir allumé un feu et examiné le fond d'un petit creuset, croient pouvoir interpréter les grandes opérations du règne minéral ». Mais alors même qu'il écrivait cela, un de ses proches disciples mettait en train une expérience dans un « petit creuset » qui allait être à l'origine d'un des progrès les plus spectaculaires enregistrés dans l'histoire de la volcanologie.

Sir James Hall, un Écossais disposant de moyens financiers et de loisirs, s'était plongé dès son jeune âge dans l'étude des phénomènes volcaniques. Le fait que son père avait été un ami intime de Hutton avait certainement contribué à l'orienter dans cette voie. Après des études de chimie et de géologie, il était donc allé ausculter les volcans de la péninsule italienne, de Sicile et des îles Éoliennes. Entre-temps, il avait été conquis par les théories nouvelles de son ami, le chimiste français Antoine Lavoisier, qui avait mis le monde scientifique en émoi en soutenant que tous les

Installation américaine de forage sur la croûte d'un lac de lave né de l'éruption du Kilauea Iki, dans les îles Hawaii. Les propriétés physiques et chimiques de la lave et des matériaux souterrains dont elle est issue, étudiées depuis le siècle dernier, permettent de comprendre le rôle des volcans dans la formation de l'écorce terrestre.

corps peuvent exister dans trois états différents – solide, liquide ou gazeux – et en découvrant l'existence de l'oxygène et de son rôle dans la combustion et les réactions chimiques en général.

Ayant hérité du domaine familial de Dunglass, proche d'Édimbourg, Hall y avait installé un laboratoire bien équipé et, malgré le dédain affiché par Hutton pour ce genre d'expérimentation, il s'était appliqué à partir de 1789 à vérifier quelques-unes des théories du grand homme.

A l'origine de ses expériences, il y avait un rapport scientifique paru en 1776 qui rendait compte d'un curieux incident survenu dans une verrerie de Leith, non loin de Dunglass : un gros bloc de verre brut de couleur verte, obtenu en chauffant un mélange de sable et d'autres matériaux, avait été soumis par inadvertance à un très lent refroidissement et les verriers avaient constaté à leur grand étonnement que, ce faisant, le verre avait perdu toutes ses propriétés et s'était transformé en une roche blanche opaque composée de gros cristaux. En prenant un morceau de cette roche pour le refondre et le refroidir rapidement, ils avaient retrouvé le verre translucide qui existait au départ. En apprenant cela, Hall fut émerveillé.

Hutton affirmait que toutes les roches participaient à un processus, au début et à la fin duquel elles se trouvaient à l'état fondu, enfouies à une grande profondeur. Or une des objections majeures à cette théorie était que, puisque les roches perdent leur structure cristalline quand elles fondent, il est impossible que des roches aussi manifestement cristallines que le granite ou le basalte soient jamais passées par l'état fondu. Hutton, lui-même, n'avait pas trouvé d'explication convenable pour répondre à cette objection.

Mais Hall entrevoyait désormais qu'à partir d'une même matière en fusion, on pouvait, en faisant varier la vitesse de refroidissement, obtenir deux roches entièrement différentes. Pour vérifier cette intuition, il recueillit quelques échantillons de basalte et les fit fondre dans une fonderie voisine. Ceux qu'il faisait refroidir rapidement se transformaient en verre, mais ceux qui refroidissaient lentement, pendant plusieurs heures, redevenaient à sa grande joie très semblables à leur état d'origine. Au cours d'expériences ultérieures, il réussit à contrôler la dimension des cristaux en faisant varier la vitesse de refroidissement ; plus elle était lente, plus les cristaux étaient gros. En procédant à ces expériences de laboratoire tant décriées par Hutton, il avait découvert un principe de base de la géologie dont les vulcanologues allaient tirer d'importantes conséquences.

Poursuivant ses expériences, Hall entreprit de vérifier dans son creuset un autre postulat de la théorie huttonienne. Selon Hutton, les roches telles que le calcaire ou le marbre s'étaient formées dans les profondeurs du sol sous les effets combinés d'une grande chaleur et d'une forte pression s'exerçant sur les résidus de coquillages marins tombés au fond des océans. C'était là la véritable pierre angulaire de sa théorie sur la formation cyclique des roches. Mais quand on fit l'expérience de chauffer du calcaire, il se décomposa simplement en ses éléments constitutifs : chaux et gaz carbonique. Le raisonnement de Hall était que si Hutton avait vu juste, ce qui maintenait l'union de ces deux éléments dans l'état fondu et permettait la formation d'une roche nouvelle, ce devait être la forte pression exercée par les couches géologiques supérieures.

Pour vérifier le bien-fondé de cette hypothèse, Hall se livra à une série d'expériences consistant généralement à placer de la craie ordinaire (plus tendre que le calcaire mais de même composition chimique) à l'intérieur d'un canon de fusil dont l'extrémité était bouchée. Le canon de fusil était ensuite introduit dans un four et une force de 400 kilos était exercée sur le bouchon de manière à reproduire à l'intérieur du canon les conditions de pression que l'on trouve à 900 mètres au-dessous du niveau de la mer. Le four était alors chauffé à 980 °C et l'on obtenait ce résultat stupéfiant : un morceau de marbre blanc.

Sous la pression, le gaz carbonique et la chaux étaient restés unis pour donner naissance à une nouvelle roche, beaucoup plus dure que celle dont elle était issue, et qui n'aurait jamais pu se former au niveau de la mer, quelle que fût la chaleur. Hall

C'est au moyen de ce grossier dispositif que le géologue James Hall démontra au XVIIIe siècle la possibilité de métamorphoser une roche en faisant varier les conditions de température et de pression. L'expérience consistait à introduire un tuyau bourré de craie dans un four chauffé à 980°C *(en bas, à gauche)* et à le soumettre à la pression d'une forte charge — pression que l'on pouvait moduler en ajoutant des poids dans un seau suspendu au bout d'un levier *(à droite)*. Il réussit ainsi à transformer de la craie friable en marbre.

avait donc démontré en laboratoire que toute une série de roches et de minéraux pouvaient être formés à partir du même matériau en agissant simplement sur trois variables purement mécaniques : l'importance de la pression, la température et la vitesse de refroidissement *(voir page 85)*.

Grâce à Hall, la théorie huttonienne d'une activité tellurique expliquant la formation de la plupart des roches de l'écorce terrestre par l'action d'une source de chaleur souterraine, associée aux forces d'érosion de l'atmosphère, non seulement allait survivre au siècle, mais encore se développer et se préciser. Les hommes de science devaient élaborer par la suite avec de plus en plus de détails l'idée d'une croûte terrestre mouvante, contenant des filons et des poches de matériaux en fusion qui se solidifient dans des conditions variables pour donner naissance à diverses sortes de roches ; celles-ci s'enfoncent à leur tour dans les zones de forte température et retournent à l'état liquide. Il s'agit là d'un processus cyclique et ordonné qui se poursuit indéfiniment.

Cependant, ces caractéristiques d'ordre, de régularité et de continuité ne sont pas celles qu'on associe naturellement aux phénomènes volcaniques dont on sait au contraire qu'ils sont imprévisibles, chaotiques et, à l'évidence, transitoires. Il fallut attendre un quart de siècle pour que soit franchie l'étape suivante dans l'intégration de ces phénomènes au sein de l'harmonieuse théorie de Hutton, et le mérite en revient à un homme qui, comme Hall, avait cherché dans les entrailles de la terre la réponse aux questions qu'il se posait.

George Julius Poulett Scrope était l'image du gentleman britannique devenu membre du Parlement après des études à Harrow, Oxford et Cambridge. En société, c'était un homme plutôt renfermé, mais il se montrait plein de fougue quand il avait une cause à défendre. Les nombreux tracts qu'il avait rédigés sur des problèmes sociaux et politiques lui avaient valu le surnom de « Scrope la brochure ». Mais sa passion, c'était avant tout les volcans. Jeune homme, il avait été témoin, à l'occasion d'un voyage en Europe, d'une série d'éruptions mineures du Vésuve, puis il avait visité l'Etna et, dans les îles Éoliennes, le Stromboli. En 1825, il avait publié son premier livre, *Considerations on Volcanoes*, dans lequel il parvenait à la

Le Krakatoa dégage d'épais nuages de cendre quelque temps avant le paroxysme de l'éruption. Cette terrible éruption, qui eut lieu en 1883 et fit plus de 36000 morts, fut étudiée sous tous ses aspects par des dizaines de savants. Leurs études sont à l'origine de la volcanologie moderne.

conclusion révolutionnaire que, « dans tous ces phénomènes prodigieux, le facteur principal réside incontestablement dans les forces de dilatation de quelque fluide aériforme élastique » – un gaz, dirions-nous à présent – « cherchant à s'échapper du sein d'une masse souterraine de lave ».

Scrope devait apporter d'autres contributions importantes à la science, mais d'avoir montré que les gaz sont la principale force motrice des éruptions volcaniques reste son plus grand titre de gloire. Et il ne doutait absolument pas que, de tous les gaz émis au cours d'une éruption, celui qui jouait le rôle le plus important était la simple vapeur d'eau. Sa thèse était que les roches fondues qui se trouvent à de grandes profondeurs recèlent de grandes quantités d'eau à l'état liquide. Ce matériau en fusion profusément imprégné d'eau, pour lequel Hall emprunta à la chimie le terme de « magma » (désignant une masse pâteuse), exerce une pression sur la couche supérieure et monte lentement vers la surface en passant à travers les failles et les crevasses. Chemin faisant, la pression diminue et l'eau se sépare du magma sous forme de vapeur.

N'importe quel étudiant de physique sait que l'eau se dilate quand elle se transforme en vapeur mais, comme elle ne trouve pas d'issue dans un sous-sol compact, il se crée une tension énorme qui fait que le magma, avec son cortège de vapeur d'eau, monte à la surface et jaillit dans l'atmosphère.

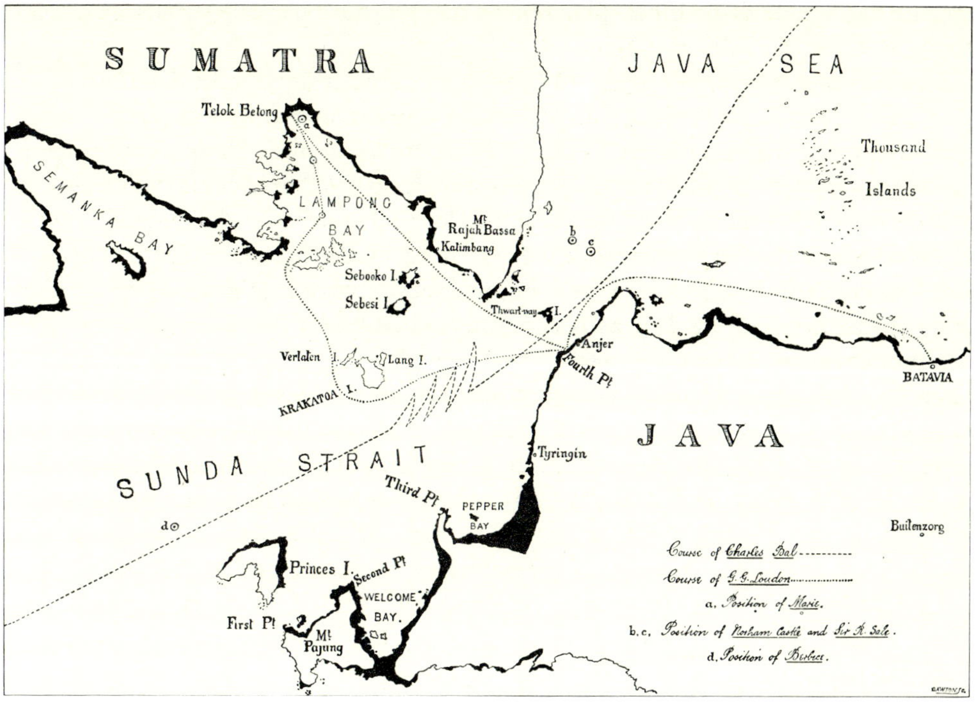

Sur cette carte du siècle dernier, les parties ombrées représentent les régions côtières que dévastèrent d'énormes raz de marée engendrés par l'explosion du Krakatoa. La carte indique également la position des navires qui observèrent le cataclysme et la route qu'ils suivaient.

C'était la première fois qu'on avançait une explication d'ensemble des phénomènes éruptifs. Au début, les autres chercheurs scientifiques n'en tinrent pas compte mais, sans se laisser abattre, Scrope poursuivit ses recherches, dans la mesure où le lui permettaient ses obligations parlementaires, attendant que son idée fasse son chemin dans l'esprit de ses contemporains. C'est ce qui finit par arriver et, à sa mort, en 1876, peu de gens parmi ses collègues auraient encore songé à contester l'essentiel de ses thèses.

On disposait désormais d'une explication juste, encore que schématique, du mode de fonctionnement des volcans, mais aucun chercheur n'avait encore eu l'occasion de la vérifier par l'observation directe. De même, les savants n'avaient pas encore trouvé la possibilité d'appliquer à l'étude d'un volcan en activité leurs méthodes d'analyse de plus en plus fines. Mais, en août 1883, l'occasion se présenta et elle était de taille.

Pendant trois mois, les habitants de Batavia avaient été intrigués par de légers grondements et des bouffées de cendres émanant d'une petite île montagneuse du détroit de la Sonde qui sépare Java de Sumatra et relie l'océan Indien à la mer de Java. Le 26 août, à une heure de l'après-midi, leur curiosité se mua en stupeur quand ils virent se déclencher sur cette île, appelée Krakatoa, l'une des plus prodigieuses éruptions de tous les temps. Les explosions se succédèrent, de plus en plus fortes, et, au bout d'une heure, il y avait sur le détroit un nuage noir de 27 kilomètres de hauteur. A cinq heures de l'après-midi, la première d'une série de grandes vagues, probablement causées par des séismes sous-marins accompagnant l'éruption, s'abattit sur les côtes de Java et de Sumatra. Le fracas des explosions se poursuivit toute la nuit durant. « Plus de la moitié de mes hommes ont eu le tympan éclaté », écrivit le capitaine d'un navire britannique qui se trouvait pourtant à une distance de 40 kilomètres de l'île.

Un autre officier britannique, W.J. Watson, capitaine du *Charles Bal*, nota dans son journal de bord les détails de la traversée de cauchemar qu'il effectua cette nuit-là en passant devant le Krakatoa. Les cendres portées par des vapeurs de soufre suffocantes s'étaient déposées sur le navire et formaient une couche si épaisse qu'elles en menaçaient l'équilibre. La pelle à la main, les membres de l'équipage peinaient sous une pluie de pierres ponces brûlantes pour les rejeter à la mer. Le ciel était sillonné d'éclairs. Aux extrémités des vergues brillaient des lueurs mystérieuses et des flammèches roses couraient dans les agrès. C'est ce qu'on appelle les feux de Saint-Elme, phénomène naturel causé par une surcharge d'électricité statique dans l'atmosphère.

Le lendemain matin, peu avant 10 heures, un calme étrange se fit dans la région. Les malheureux marins et les habitants des îles crurent un moment que leur calvaire était terminé, mais en fait ils n'avaient pas encore vu le pire. Deux minutes après 10 heures, comme si un déclic s'était produit quelque part à l'intérieur du volcan, toute l'île de Krakatoa explosa. Une formidable colonne de pierres et de feu jaillit vers le ciel et disparut à la vue en s'enfonçant dans l'atmosphère chargée de cendres jusqu'à une hauteur estimée à 80 kilomètres. En quelques secondes, la majeure partie d'un cône volcanique haut de 800 mètres se trouva volatilisée.

Simultanément, un raz de marée beaucoup plus important que les précédents partait de l'île pour s'abattre quelques minutes plus tard sur les rivages voisins, entraînant des conséquences catastrophiques. A Merak, près de l'extrémité nord-ouest de Java, la hauteur de cette noire muraille liquide atteignait 40 mètres. La vague déferla sur la ville dans un bruit de tonnerre et, quand elle se retira, plus rien n'indiquait que l'endroit eût jamais été habité. D'autres vagues monstrueuses suivirent et, après leur passage, 36000 habitants du littoral avaient disparu.

Le lendemain, le ciel commença à s'éclaircir et T.H. Lindeman, capitaine du *Gouverneur-Generaal Loudon,* qui longeait la côte javanaise pour se rendre à Batavia, nota: «Tout était d'une triste couleur grise. Les villages et les arbres avaient disparu; on ne voyait même pas de ruines car les vagues avaient tout démoli, engloutissant les habitants, leurs maisons et leurs plantations. C'était véritablement une scène du Jugement dernier.»

Trois semaines plus tard, le gouvernement néerlandais chargea une commission dirigée par R.D.M. Verbeek, ingénieur des mines et géologue, d'enquêter sur les causes de l'éruption. Le 15 octobre, la commission débarqua sur les restes encore fumants de l'île pour effectuer des relevés. Tandis qu'un cartographe dressait les nouveaux contours du littoral, mesurait les reliefs et évaluait les modifications survenues dans le plancher océanique, Verbeek recueillait des échantillons de matériaux de projection, de cendres et de pierres volcaniques. Par la suite, en les analysant chez lui dans son laboratoire, il devait constater qu'ils ne provenaient pas, comme on l'avait supposé tout d'abord, des roches anciennes qui formaient le sommet du cône volcanique désormais disparu, mais d'un magma issu des profondeurs de la terre et récemment solidifié.

Cette découverte posait un problème intéressant: qu'était donc devenu l'ancien cône volcanique s'il n'avait pas été projeté dans les airs? Autre sujet d'étonnement passablement déroutant: les sondages effectués en mer autour de l'île indiquaient que les secousses ayant accompagné l'éruption étaient trop faibles pour avoir pu engendrer les énormes vagues qu'on avait vues.

Ce qui avait dû se passer, se dit alors Verbeek, c'est qu'au moment de l'éruption, le Krakatoa avait éjecté par son ancien cône le contenu de l'immense réservoir de magma se trouvant à sa base et que, une fois ce réservoir vidé, les structures géologiques encaissantes ne pouvant plus soutenir le poids du volcan, celui-ci s'était effondré dans la profonde cavité que le magma avait évacuée. Ainsi, la montagne disparue se trouvait désormais engloutie sous les eaux du détroit de la Sonde et tout ce qui en restait, c'était une dépression en forme de cuvette, que les sismologues appellent une caldera.

Et c'est l'effondrement de cette masse colossale, supposa Verbeek, qui avait dû provoquer les mouvements de l'eau dans la zone environnante. Les équipages des navires se trouvant dans les parages avaient constaté que, juste après l'explosion du Krakatoa et avant l'arrivée de la première des vagues géantes, un courant les avait subitement tirés dans la direction du volcan. L'explication de Verbeek fut que la mer, dans un premier temps, s'était probablement engouffrée dans la chambre d'alimentation du volcan que l'éruption avait vidée. Cette cavité se serait donc trouvée partiellement remplie d'eau de mer, au moment où le cône s'était effondré; et sa masse rocheuse, en tombant, aurait brusquement renvoyé

Les poussières provenant de l'éruption du Krakatoa voyagèrent plusieurs mois dans l'atmosphère. En réfléchissant la lumière du soleil, elles causèrent des phénomènes optiques spectaculaires, tels ces reflets du soleil couchant sur la campagne anglaise représentés au pastel par un artiste de l'époque.

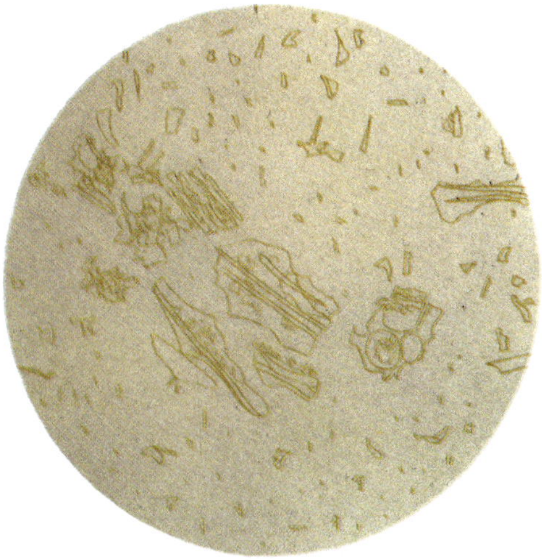

Au microscope, les particules de cendre éjectées par le Krakatoa apparaissent comme les fragments vitreux d'une bulle éclatée. Effectivement elles résultent de l'explosion d'un magma mousseux chargé de gaz.

l'eau dans la mer, engendrant la vague géante. Soucieux de ne pas avancer de conclusions trop hâtives, Verbeek se contenta de présenter cette explication théorique du phénomène comme une simple hypothèse.

Il lui avait suffi d'une connaissance élémentaire des structures terrestres, d'un laboratoire sommairement outillé pour procéder à des analyses chimiques et d'une capacité de raisonnement certes peu commune, pour reconstituer la chronologie du cataclysme et apercevoir l'ordre caché au sein du chaos consécutif. C'est l'île elle-même qui lui avait appris ce qu'il savait, mais le Krakatoa avait encore beaucoup de leçons à donner aux savants qui allaient l'interroger.

Dans l'année qui suivit, la Royal Society en Grande-Bretagne constitua une commission d'étude de ce volcan et rassembla des centaines de documents — comptes rendus, carnets, journaux de bord, mémoires provenant de tous les coins du globe et décrivant les phénomènes inhabituels consécutifs à l'éruption du Krakatoa. La commission, après les avoir dépouillés et classés, publia un rapport de 500 pages qui, pour la première fois, exposait en détail les conséquences mondiales d'une grande éruption. On alla même jusqu'à créer des sous-comités spécialement chargés d'étudier certaines questions de manière tout particulièrement approfondie. L'un d'eux, présidé par le physicien Rollo Russell, concentra son attention sur les cendres rejetées dans l'atmosphère et le chemin qu'elles avaient suivi. Il fut établi ainsi que le nuage de cendres avait fait le tour de la terre en deux semaines, puis bouclé un second tour avant de se dissiper graduellement vers le nord et vers le sud, pour enfin disparaître.

Des spécimens de cendre non contaminée par les poussières du sol avaient été prélevés sur le pont du navire marchand britannique *Arabella* qui se trouvait à 1600 kilomètres à l'ouest du volcan au moment où le nuage était passé au-dessus de lui. Russell, après avoir pesé et mesuré les particules, étudié leur forme et analysé leur composition chimique, se trouva en mesure de confirmer ce que bien des vulcanologues soupçonnaient depuis longtemps déjà, à savoir que les cendres volcaniques n'étaient en fin de compte pas vraiment des cendres. L'examen au microscope révéla qu'il s'agissait de minuscules fragments de lave vitreuse de forme irrégulière et que chacun d'eux était légèrement concave comme s'il provenait d'une petite bulle de verre qui se serait brisée.

Les conclusions de la commission, fondée sur les analyses de Russell et sur diverses études antérieures effectuées par d'autres savants, furent que le magma engagé dans la cheminée du volcan était en partie criblé de bulles gazeuses et qu'au moment de l'éruption, il s'était solidifié sous la forme d'une « mousse de verre » constituée de millions de bulles qui avaient crevé en arrivant à l'air libre, soit du fait de la force de l'explosion, soit à cause du soudain changement de pression au moment de l'entrée en contact avec l'atmosphère. Après avoir été éjectées, les particules les plus lourdes, comme les ponces, étaient retombées rapidement, mais des tonnes de fragments vitreux plus petits avaient flotté pendant des mois dans la stratosphère, ce qui, un peu partout dans le monde, avait donné une coloration bleuâtre ou verdâtre à la lune et au soleil.

Des dizaines d'années plus tard, une autre hypothèse allait être avancée selon laquelle une quantité de cendres beaucoup plus importante qu'on ne l'avait cru tout d'abord s'était échappée de l'atmosphère au cours du premier mois suivant l'éruption et que, de ce fait, les manifestations atmosphériques longuement observées par la suite résulteraient d'une réaction chimique qui se serait produite à grande altitude entre l'ozone atmosphérique et l'anhydride sulfureux adsorbé sur les cendres. Néanmoins, Russell avait vu juste pour l'essentiel en ce qui concerne les cendres et leur interférence avec les rayons lumineux pénétrant dans l'atmosphère de notre planète.

Contrairement à ce qu'avait prévu James Hutton, les travaux de laboratoire s'étaient révélés des plus fructueux. Les recherches occasionnées par l'éruption du Krakatoa avaient apporté aux vulcanologues une masse d'informations sur le fonctionnement des volcans. En outre, cette éruption avait fait une énorme impression sur une société déjà plongée dans la ferveur scientifique caractéristique du XIXe siècle et fait pencher la balance très nettement en faveur de ceux qui voyaient dans le volcanisme un facteur jouant un rôle très général à l'échelle de la planète. Désormais, la volcanologie allait avoir besoin de chercheurs familiarisés avec les théories et les méthodes nouvelles et capables de les appliquer sur le terrain à l'étude et à l'analyse des éruptions futures.

De tous ceux qui firent avancer la science de la volcanologie à l'aube du XXe siècle, aucun ne fut plus persévérant, plus perspicace ni plus héroïque dans ses efforts que Frank Alvord Perret, un Américain d'allure discrète et de santé fragile. A 16 ans, alors qu'il était étudiant au Brooklyn Polytechnic Institute, il avait été particulièrement frappé en constatant que le soleil « luisait comme une boule de cuivre » à la suite de l'éruption du Krakatoa survenue à l'autre bout du monde. En fait ce phénomène n'avait éveillé en lui qu'un intérêt certes intense mais passager pour les volcans, et il n'y avait plus pensé pendant qu'il poursuivait brillamment ses études de physique et de mécanique – études qu'il n'acheva d'ailleurs pas car, pressé de mettre en application les théories qu'il avait apprises, il se fit embaucher sans attendre dans un laboratoire que dirigeait Thomas Edison.

Perret s'y révéla ingénieur aussi remarquable qu'il avait été brillant élève et il ne tarda pas à devenir le collaborateur direct d'Edison. Mais, peu de temps après, il s'installa à son compte à Springfield dans le Massachusetts, et ouvrit une petite entreprise dénommée Elektron Manufacturing Company. Il mit au point et commercialisa un moteur électrique à petite vitesse pour ascenseurs qui obtint rapidement un gros succès sur le marché. En 1900, à l'âge de 33 ans, sa réussite était remarquable, aussi bien en tant que technicien que comme homme d'affaires. Mais il n'en profita pas bien longtemps.

Peu de temps après, en effet, il fut victime d'une dépression nerveuse qui le priva de tous ses moyens et il lui fallut plusieurs années pour s'en remettre. C'est durant sa convalescence qu'il lut le récit de l'éruption de la montagne Pelée. Comme nombre de ses contemporains, Perret était très impressionné par la puissance mystérieuse et fantasque des volcans mais, à l'inverse de la plupart, il se demandait aussi s'il serait capable d'en percer les secrets et de comprendre leur humeur capricieuse. C'est alors qu'il décida tout de go de consacrer sa vie à les étudier.

Il s'attela en 1904 à la tâche qu'il s'était assignée avec son énergie habituelle et offrit ses services à Raffaele Vittorio Matteucci, directeur de l'observatoire du Vésuve. Comme il ne possédait aucune expérience ni connaissance particulière en géologie et moins encore dans le domaine de la volcanologie, il n'exigea aucune rémunération. Lorsque le Vésuve entra en éruption en 1906, la finesse de ses observations et ses aptitudes scientifiques naturelles lui permirent de faire sur cet événement un rapport qui est devenu un classique du genre.

Après le Vésuve, Perret partit étudier le Kilauea aux îles Hawaii, le Sakurajima dans l'archipel japonais et de nombreux autres volcans un peu partout dans le monde. Il ne se maria jamais et n'eut jamais d'autre résidence que les tentes, les abris précaires et les observatoires improvisés qu'il dressait sur les pentes scoriacées des volcans en activité. Chaque fois qu'une grande éruption avait lieu quelque part, ses collègues vulcanologues voyaient immanquablement arriver ce petit homme, droit comme un I, avec sa mèche de cheveux prématurément blanchis et sa barbiche bien taillée, qui les saluait courtoisement et se mettait aussitôt au travail, passant avec entrain d'une fumerolle à une coulée de lave, pour installer ses appareils de mesure rudimentaires et enregistrer ses observations. Quand ses forces le trahissaient, ce qui arrivait souvent, il engageait des hommes de la région pour le porter à travers la montagne sur leur dos.

L'expérience acquise auprès d'Edison et ses connaissances particulières en électricité lui permettaient de concevoir et de fabriquer lui-même ses propres instruments. Son invention favorite était un simple microphone de contact, version légèrement modifiée d'un récepteur téléphonique ordinaire, monté sur une vieille

Le volcan qui surgit dans un champ de maïs

Le 20 février 1943, un paysan du Mexique, Dionisio Pulido, découvrit avec stupeur en sortant de chez lui une crevasse de 24 mètres de long qui s'était ouverte sur son champ de maïs au cours de la nuit. Il en jaillissait des cendres et des pierres chauffées au rouge. Pulido et sa famille aussitôt accourus furent les témoins ébahis d'un phénomène remarquable : la naissance d'un volcan.

La nouvelle de ce qui se passait là-bas atteignit rapidement le village voisin de Paricutín et bientôt un essaim de géologues s'abattit sur cette localité du sud-ouest du Mexique. Le volcan, auquel on donna le nom du village, grandissait à une vitesse étonnante. Dès le lendemain, sa hauteur atteignait 10 mètres et, au bout de la semaine, il s'élevait à 165 mètres. Un an après, on en était à 300 mètres et toute la campagne, à 30 kilomètres à la ronde, était couverte de cendres. Sa croissance devait ensuite se ralentir pour s'arrêter à 412 mètres.

Neuf ans et douze jours après sa naissance, après avoir déversé d'énormes quantités de lave, brusquement le Paricutín se tut. Dionisio Pulido avait perdu son champ, 4500 habitants des villages voisins avaient perdu leurs maisons, mais les savants avaient eu la possibilité rarement accordée d'observer de près la croissance d'un volcan.

Le clocher de l'église est tout ce qui reste du village de San Juan Parangaricutiro, détruit en juin 1944 par l'éruption du Paricutin que l'on voit, fumant, à des kilomètres de là. Ses 4000 habitants avaient pu être évacués à temps.

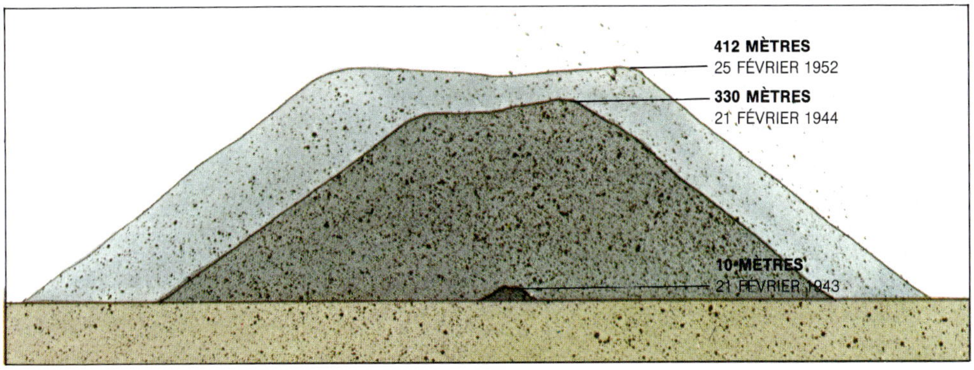

Le Paricutin a eu une croissance rapide mais il n'a pas tardé à s'éteindre. Au cours de ses neuf années d'activité, il a éjecté 3,6 milliards de tonnes de matériaux divers.

boîte de conserve et placé à l'intérieur d'un bidon d'essence vide qu'on enfouissait à deux mètres de profondeur dans le flanc du volcan. Des fils de cuivre reliaient la boîte au poste d'observation de Perret et les moindres vibrations, même celles que pouvaient causer les pas d'un homme déambulant au voisinage de la boîte, étaient enregistrées à l'autre bout de la ligne. Il mit également au point un thermomètre capable de mesurer la température de la lave, un détecteur de gaz et un sismomètre de sa propre conception.

En 1929, apprenant que la Martinique était menacée d'une nouvelle éruption de la montagne Pelée, Perret s'y rendit incontinent et y trouva une population affolée à l'idée de la réapparition de nuées ardentes semblables à celles qui avaient détruit la ville de Saint-Pierre en 1902. On se préparait déjà à évacuer l'île et à transporter la population tout entière en Guyane quand Perret demanda qu'on lui laisse une semaine pour examiner la montagne.

Après avoir déterminé la courbe du cycle éruptif du volcan, il conclut que le pire était passé, qu'il n'y avait plus rien à craindre et que les coulées de lave ou les nuées ardentes qui pourraient encore se produire suivraient l'ancien itinéraire vers la mer, passant par les ruines de Saint-Pierre depuis lors demeuré inhabité. Son rapport fut immédiatement publié en première page du journal de Fort-de-France et causa un vif soulagement dans l'île.

De nos jours, les vulcanologues savent qu'un volcan peut toujours déjouer à la dernière minute les pronostics les mieux établis, mais celui de Perret se trouva vérifié. On vit le dôme de la montagne Pelée grossir de façon menaçante et des nuées fuser de son sommet à l'occasion, mais la montagne n'explosa pas et les nuées empruntèrent les voies déjà tracées pour finir dans la mer sans causer aucun dommage et sans jamais approcher des lieux habités. A l'exception d'un seul toutefois : le poste d'observation mis en place par Perret.

Pour témoigner leur reconnaissance à Perret qui les avait rassurés, les habitants de la Martinique lui avaient construit une petite cabane en bois sur un éperon rocheux situé à proximité du couloir emprunté par les avalanches incandescentes qui dévalent vers la mer. Perret était enchanté de cet observatoire. « Eclairé la nuit par le rougeoiement du cratère, écrit-il, ce poste, à portée de main du couloir d'avalanche, me permettait de procéder commodément à cette étude rapprochée des phénomènes du volcanisme que je jugeais indispensable. » Il y recevait les visites de ses collègues géologues et même, un jour, celle du multimillionnaire américain Vincent Astor, descendu de son yacht avec un groupe d'invités pour venir présenter ses respects au célèbre vulcanologue.

Le 15 avril au soir, Perret reçut une autre visite, beaucoup moins agréable. Pendant toute la journée, il avait observé la lente croissance sur le dôme du volcan d'une aiguille rocheuse semblable à celle qui était apparue en 1902. « Alors que s'achevait le bref crépuscule tropical, raconte-t-il, dans le calme plat qui sépare le vent de jour du vent de nuit, un bruit inhabituel m'attira à la porte de ma cabane. » Le grand obélisque s'était coupé net à la base, laissant une déchirure dans le dôme et, de cette déchirure, surgit soudain la cendre noire fumante d'une nuée ardente. Au même moment, une autre nuée fusa d'un deuxième cratère, plus petit, tout près de l'observatoire de Perret. Les deux avalanches dévalèrent les pentes en se dirigeant droit vers lui.

Sa première réaction fut de fuir sans tarder mais, après un instant de réflexion, il comprit que ce qu'il avait de mieux à faire était encore de rester sur les lieux en espérant que sa position en hauteur sur son éperon lui permetrait de s'en tirer. En danger de périr carbonisé ou asphyxié au passage des nuées, il boucha à la hâte tous les interstices dans les portes et les fenêtres et se prépara à subir l'assaut. « Je me souviens, écrit-il, de m'être senti totalement isolé et rempli de crainte devant les forces irrésistibles de la nature parfaitement indifférentes à ma chétive personne. »

Même en cette heure de péril, Perret ne sut résister à la tentation d'entrouvrir la porte de derrière pour risquer un coup d'œil à l'extérieur. Un spectacle terrifiant s'offrit à sa vue : « Deux colonnes nuageuses de près de 300 mètres de hauteur, dont la vitesse semblait augmenter à chaque instant, se dirigeaient droit sur mon abri. A peine m'étais-je replié à l'intérieur que la tornade s'abattait sur moi. Ce ne fut pas un choc terrible, comme le lecteur pourrait croire, mais l'arrivée, par bouffées, d'un vent tourbillonnant chargé de cendres apportant avec lui des ténèbres que l'on pouvait littéralement palper. L'air poussiéreux pénétrant par chacun des interstices de la cabane était chaud mais non pas brûlant. Je sentis les gaz dessécher ma gorge puis je fus pris de faiblesse. » Heureusement les nuées s'éloignèrent sans tarder, dévalant la pente de chaque côté de la cabane, et Perret put accrocher une lanterne allumée à l'entrée du poste d'observation pour signaler à la police de Saint-Pierre qu'il était sain et sauf.

Il devait confier plus tard que son seul regret était de n'avoir pas eu sous la main un tube à vide pour recueillir des échantillons de gaz au passage des nuées. Le mémoire qu'il rédigea par la suite était riche d'observations sur la nature des nuées ardentes. C'était le point qui intéressait le plus Perret dans l'étude des volcans. Il pensait que, contrairement à la lave et aux matériaux éjectés dans l'atmosphère qui subissent par en dessous la poussée des gaz en expansion, les nuées ardentes portaient en elles-mêmes une bonne part de leur force de propulsion. Selon lui, et la plupart des vulcanologues de nos jours partagent cet avis, une grande partie des gaz explosifs qu'elles contiennent se trouvent au départ en solution au sein du magma et

Le vulcanologue américain Frank Perret à l'écoute d'un volcan à Pouzzoles, sur le golfe de Naples, au début du siècle. Un microphone de son invention lui permet de déceler les changements de tonalité dans les grondements souterrains qui, comme il le supposait, annoncent souvent une éruption.

quand celui-ci, s'échappant du tunnel, commence à se répandre le long du cône, le gaz qu'il contient est libéré sous forme de bulles qui se dilatent. En somme, ce qui anime une nuée ardente, c'est à la fois la force de la pesanteur et la dilatation des gaz en son sein.

Ses contributions dans le domaine de la volcanologie devaient valoir à Perret de nombreuses distinctions avant sa mort survenue en 1940. Entre autres, il avait été fait chevalier de la Légion d'honneur. Mais l'hommage qu'il aurait sans doute le plus apprécié lui fut rendu à titre posthume : les habitants de la Martinique le nommèrent citoyen d'honneur de leur île et lui élevèrent une statue dans la ville de Saint-Pierre enfin reconstruite.

Le mathématicien français Henri Poincaré affirmait que la science se construit avec des faits comme on construit une maison avec des pierres. Et Perret, animé par la passion inlassable que lui inspiraient les volcans, avait réuni plus de faits et d'observations que tout autre vulcanologue de son temps. Mais Poincaré ajoutait qu'une accumulation de faits n'est pas plus une science qu'un tas de pierres n'est une maison. Les faits et les observations exigent des théories, des systèmes, des hypothèses pour leur donner cohérence.

Vers le milieu du XXe siècle, les vulcanologues se trouvèrent de plus en plus embarrassés pour expliquer les faits observés. Car si certains d'entre eux entraient dans le cadre des théories existantes, d'autres mettaient en cause de plus en plus nettement les schémas habituels.

Perret, qui au cours de ses pérégrinations s'était rendu à Hawaii pour en examiner les volcans, avait constaté qu'ils différaient essentiellement de ceux qu'il connaissait le mieux comme le Vésuve ou la montagne Pelée. Si leurs éruptions se déchaînaient avec beaucoup moins de violence, en revanche les effusions de lave se révélaient beaucoup plus abondantes. Nul doute qu'il n'ait été également au courant du comportement encore plus singulier des volcans d'Islande.

L'Islande offrait aux géologues un aspect totalement différent du volcanisme. Cette île de 100000 kilomètres carrés, presque entièrement composée de basalte noir piqué çà et là d'herbages subarctiques et de conifères rabougris, est striée de grandes fissures généralement parallèles et comme tracées au couteau. Or, c'est à partir d'une de ces fissures existantes ou d'une fissure nouvelle que se font souvent les éruptions volcaniques en Islande et non, comme c'est habituellement le cas ailleurs, à partir du sommet d'une montagne. Bien qu'ils fussent incapables de l'expliquer, les géologues connaissaient cette particularité des volcans islandais depuis l'éruption du Laki en 1783.

Cette année-là, une série de fissures de 24 kilomètres de longueur totale était soudainement apparue dans les premiers jours de juin près de la côte sud de l'île. Après un prélude explosif accompagné d'un abondant dégagement de cendres, les failles avaient commencé à dégorger de la lave basaltique. L'écoulement s'était poursuivi par à-coups pendant toute la durée de l'été, à mesure que s'ouvraient de nouvelles failles dans la même région. En août, la lave nouvelle recouvrait une zone de 585 kilomètres carrés. L'éruption prit fin en février 1784. Entre-temps, l'atmosphère autour de l'île avait été obscurcie par une brume sulfureuse bleuâtre qui avait empoisonné les cultures et fait périr plus de la moitié du cheptel. Pire encore, aveuglés par cette brume, les pêcheurs d'Islande n'avaient pu, en dépit de leur intrépidité naturelle, prendre la mer. La famine, cet hiver-là, fit 10000 victimes sur les 49000 habitants de l'île.

Dans l'histoire de notre planète, on a constaté bien d'autres épanchements de lave de ce genre, non accompagnés de phénomènes explosifs, comme devaient le découvrir les vulcanologues durant la première moitié du XXe siècle. L'un d'eux est à l'origine de la formation, il y a 100 millions d'années, du plateau du Deccan qui s'étale sur 500000 kilomètres carrés dans le sud-ouest de l'Inde. Un autre, qui se produisit il y a 25 millions d'années, créa le plateau du fleuve Columbia qui couvre 220000 kilomètres carrés environ dans le nord-ouest des États-Unis. En 1947 eut lieu en Islande une éruption fissurale spectaculaire du volcan Hekla qui fut l'occasion d'intenses recherches et après laquelle il fut impossible aux théoriciens d'éluder plus longtemps la question posée : pourquoi les volcans d'Islande offraient-ils aux observateurs un comportement si différent de ceux que l'on trouve en Méditerranée et pourquoi ces derniers étaient-ils à leur tour si différents de ceux de Hawaii ? La différence, comme ils allaient bientôt l'apprendre, résidait dans le degré de viscosité de la lave.

La viscosité d'un fluide est une propriété qui dépend de ses frottements internes. Les fluides les plus visqueux, comme le goudron, sont dotés d'un fort coefficient de frottement interne qui fait qu'ils s'écoulent très lentement. Les moins visqueux, comme l'eau, coulent facilement parce que les molécules qui les composent se déplacent les unes par rapport aux autres sans rencontrer pratiquement la moindre résistance. Le magma quant à lui, contient surtout de la silice. Les géologues savaient que la silice entre pour plus de la moitié dans la composition de l'écorce terrestre. Des recherches poussées montrèrent que c'est la proportion de silice dans le magma qui détermine d'une manière générale son degré de viscosité. Plus elle est élevée, plus le magma est visqueux.

Quand cette proportion atteint ou dépasse 70 p. cent, le magma présente une épaisse consistance pâteuse. Comme la roche qui en résulte contient une grande quantité de feldspath et de silice, on dit qu'il est felsique. Si la présence de la silice est inférieure à 50 p. cent, il est moins visqueux, donc plus fluide, et on le dit alors mafique, à cause de la teneur en magnésium et en fer de la roche qui en résulte. La viscosité dépend aussi des variations de température et de la présence dans le magma de gaz ou de solides, par exemple, de gros cristaux ou de fragments arrachés aux roches environnantes.

Le fait de savoir que le magma n'a pas toujours la même viscosité permet de comprendre pourquoi certains volcans, notamment ceux de Hawaii et les plus anciens volcans méditerranéens, émettent d'énormes quantités de gaz sans pour autant connaître la phase explosive paroxystique de volcans tels que le Krakatoa ou la montagne Pelée. Certains d'entre eux, comme le Stromboli, bouillonnent et crachotent. D'autres, comme le Kilauea, se contentent de déverser des coulées de lave. Ce qu'il y a de commun à tous ces volcans relativement inoffensifs, c'est leur magma à faible teneur en silice, de type mafique. Sa viscosité est si faible que, lorsque les gaz s'en séparent, les bulles peuvent le traverser à une allure régulière pour s'échapper dans l'atmosphère.

En revanche, les volcans du type explosif comme le Vésuve, le Tambora, le Krakatoa ou la montagne Pelée ont pour caractéristique commune un magma felsique dont le comportement est complètement différent. Quand ce magma résistant et visqueux parvient à la surface, il tend à boucher la cheminée du volcan. Il se solidifie à une température moins élevée que le magma mafique, mais il forme parfois une croûte – ce que les géologues appellent un dôme – qui couvre la gueule du volcan. Les gaz au-dessous se trouvent alors emprisonnés et la pression grandit au point de soulever les flancs de la montagne. De manière absolument inévitable arrive alors le moment où le dôme éclate et où le magma, sous forme solide, liquide ou semi-liquide, est projeté dans les airs, mélangé à de vieilles roches et à d'importantes quantités de gaz comprimés.

Mais, même après avoir compris comment fonctionnaient les différents types de volcans, les hommes de science ne s'expliquaient pas leur répartition géographique. Sur les 600 volcans en activité qu'ils avaient dénombrés, presque tous étaient du type explosif et s'alignaient le long d'étroites bandes longitudinales, comme celle plus ou moins circulaire qui fait le tour du Pacifique et qu'on a appelée la « Ceinture de Feu » ou celle qui s'étire de la Méditerranée septentrionale à l'Himalaya en passant par l'Asie Mineure. Les vulcanologues voyaient bien en quoi les volcans islandais et hawaiiens différaient des autres, mais ne comprenaient pas la raison de ces exceptions situées dans des lieux isolés.

La grande variété des roches souterraines

Les roches ignées (du latin *ignis*, « feu ») représentent les diverses combinaisons minérales qui se sont formées sous l'action de la chaleur dans les profondeurs de la terre et qui se sont ensuite solidifiées en se refroidissant. Il en existe deux types principaux : les volcaniques, qui parviennent à la surface du sol à la suite d'une éruption, et les plutoniques (de Pluton, le dieu romain des enfers) qui se sont refroidies sous terre et ont formé des filons ou des intrusions plus massives appelées batholithes.

Pour ces deux types de roches, la diversité des textures et des compositions est presque infinie. Elle dépend de la nature du magma, de l'inclusion de roches plus anciennes qui ont été fondues et absorbées par la lave montante et de la vitesse de refroidissement. Quand le magma se refroidit rapidement, les cristaux qui se forment sont petits ; si le refroidissement est lent, ils sont plus grands et plus grossiers.

Les péridotites sont des roches plutoniques formées au plus profond de la terre ; elles se refroidissent très lentement et sont, par conséquent, de couleur sombre et à très gros grain. Comme elles n'atteignent jamais la surface à l'état liquide, elles n'ont pas d'équivalent volcanique. Pourtant d'autres roches existent aussi bien sous forme plutonique que volcanique.

Le basalte et le gabbro, par exemple, ont pour origine le même genre de magma, mais le premier, volcanique, cristallise beaucoup plus vite et a donc une texture plus fine que le second, son équivalent plutonique. De même, l'andésite, volcanique, a un grain plus fin que la diorite, plutonique, bien que l'une et l'autre proviennent d'un même magma à 60 % de silice. A l'inverse, le granite, qui est à la base de nombre de volcans dont les chambres d'alimentation étaient remplies d'un magma riche en silice et très visqueux, est une pierre plus rugueuse que la rhyolite qui a la même composition, mais qui s'est refroidie à l'air libre.

Il arrive que la rhyolite se refroidisse si vite que les cristaux n'ont pas le temps de se former. On obtient alors une belle pierre noire et luisante, l'obsidienne, dont on se sert depuis longtemps en joaillerie.

ROCHES IGNÉES PLUTONIQUES

PÉRIDODITE

GABBRO

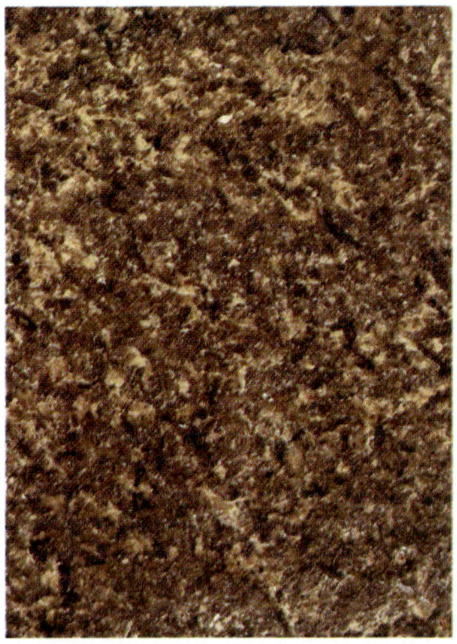

DIORITE

GRANITE

ROCHES IGNÉES VOLCANIQUES

BASALTE

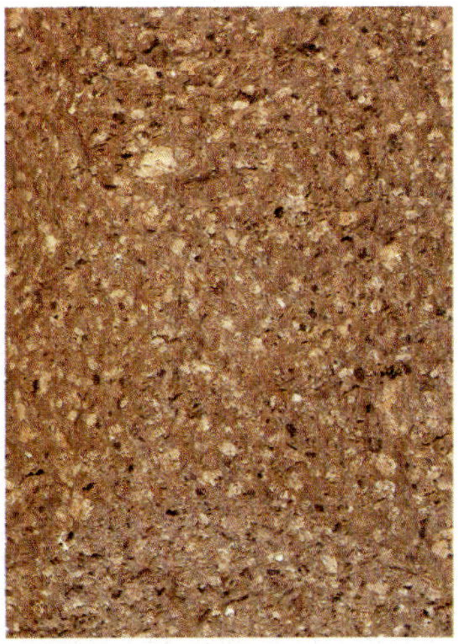

ANDÉSITE

RHYOLITE

OBSIDIENNE

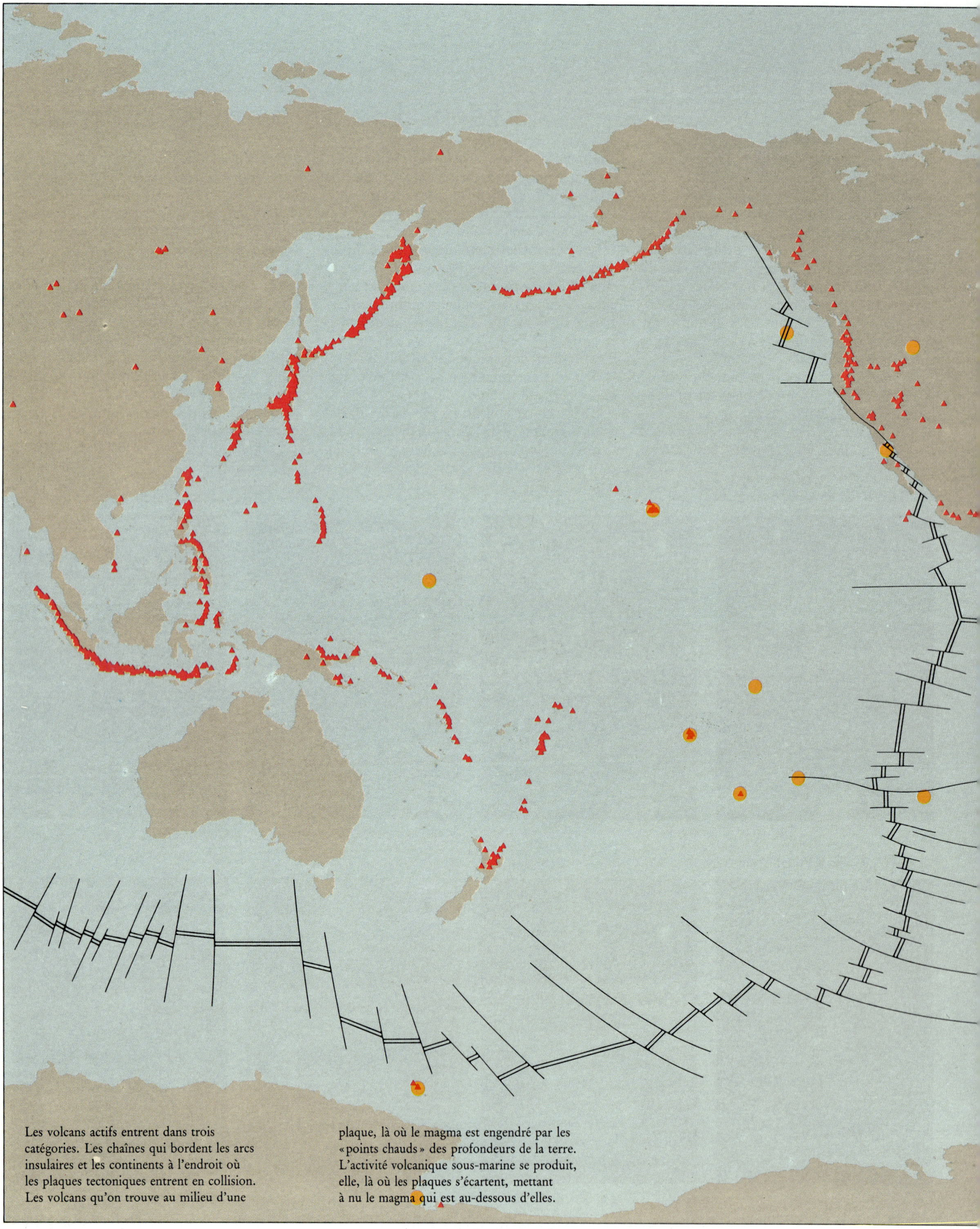

Les volcans actifs entrent dans trois catégories. Les chaînes qui bordent les arcs insulaires et les continents à l'endroit où les plaques tectoniques entrent en collision. Les volcans qu'on trouve au milieu d'une plaque, là où le magma est engendré par les «points chauds» des profondeurs de la terre. L'activité volcanique sous-marine se produit, elle, là où les plaques s'écartent, mettant à nu le magma qui est au-dessous d'elles.

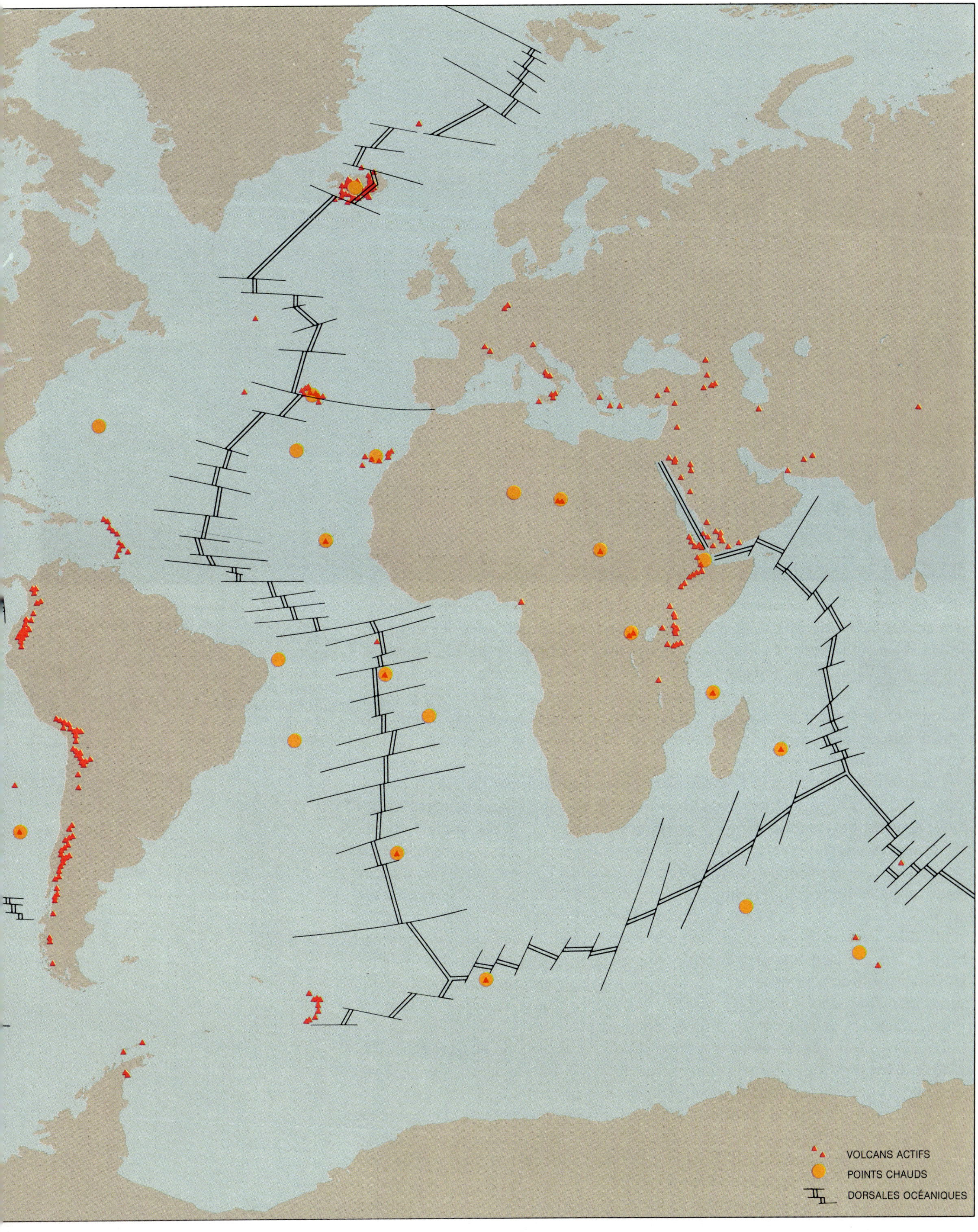
VOLCANS ACTIFS
POINTS CHAUDS
DORSALES OCÉANIQUES

Un nuage de cendre s'élève au-dessus de l'île de Surtsey qui a surgi des flots au large de l'Islande en 1963 à la suite d'une éruption sous-marine. Son apparition témoigne de la prodigieuse activité volcanique qui se déroule au fond de l'Atlantique, le long d'une bande médiane de 20000 kilomètres de longueur formée par le lent écartement de deux plaques tectoniques.

La réponse à leurs interrogations fut trouvée de manière soudaine vers le milieu des années soixante, à la suite d'une controverse scientifique acharnée évoquant irrésistiblement la querelle qui avait opposé les neptuniens et les plutoniens au cours du XVIIIe siècle. Quand les choses se décantèrent, quelques années plus tard, on vit se dégager un cadre plus large au sein duquel les mystères de la volcanologie et de toutes les sciences de la terre s'éclairaient avec une luminosité jamais atteinte auparavant ; cette nouvelle théorie géologique de la terre reçut le nom de tectonique des plaques.

Elle décrivait un système à l'échelle planétaire ressemblant par bien des aspects à celui qu'avait envisagé Hutton, mais comportant des approfondissements et des compléments qui permettaient de prendre en compte diverses anomalies que l'ancienne conception s'était trouvée bien en peine d'expliquer. D'après la théorie de la tectonique des plaques, la croûte terrestre se divise en sept plaques principales dont certaines supportent les continents et qui toutes sont en mouvement. Leurs sutures dessinent à la surface de notre planète de grandes courbes dentelées semblables aux craquelures d'une coquille d'œuf. Elles se déplacent les unes par rapport aux autres de manière variable, soit qu'elles se chevauchent, soit qu'elles s'écartent, soit qu'elles coulissent. Lorsqu'elles se heurtent, on constate généralement que l'une d'elles passe au-dessous de l'autre, plonge et forme ce que les vulcanologues appellent une zone de subduction.

La carte des zones de subduction que postule la théorie de la tectonique des plaques livra alors son secret : on constata qu'elle coïncidait exactement avec la carte des volcans de type explosif. Il apparaissait qu'en s'enfonçant les plaques de 100 à 150 kilomètres d'épaisseur fondaient à mesure qu'elles accédaient à des zones de plus en plus chaudes du manteau supérieur. Le magma engendré par ce processus se frayait un passage en direction de la surface, formant ainsi des ceintures volcaniques à proximité des zones de subduction.

La tectonique des plaques permettait même d'expliquer l'anomalie des volcans hawaiiens dont les paisibles éruptions se produisent loin de toute zone de subduction et d'ailleurs loin de toute bordure de plaque. Les vulcanologues ne tardèrent pas à postuler l'existence d'un « point chaud » occupant une position fixe située très au-dessous de la plaque du Pacifique et à partir duquel des matériaux en fusion montent vers la surface. La plaque se déplaçant lentement en direction du nord-ouest, les volcans formant les îles Hawaii apparaissent les uns après les autres le long d'une ligne orientée nord-ouest sud-est, les plus jeunes, encore en activité, se trouvant plus particulièrement situés au sud-est.

Mais si, comme le suppose la tectonique des plaques, de nombreuses sections de l'écorce terrestre sont massivement absorbées par subduction, on peut se demander où elles se sont formées ? La réponse à cette question apporta d'une part l'argument décisif qui trancha en faveur de la théorie des plaques et d'autre part une étonnante révélation sur la nature du volcanisme.

Les volcans de type explosif ont été de tous temps ceux auxquels l'homme s'est trouvé confronté. Tout au long de son histoire, ils ont obscurci son ciel, enseveli ses cités et nourri ses mythes. L'homme, à son tour, a exploité leurs richesses minérales et, avec défi, fait paître ses troupeaux sur leurs pentes instables. Mais, en dressant la carte des fonds océaniques, les chercheurs se sont aperçus dans le courant des années cinquante que ces grandes montagnes tonnantes ne représentaient que la partie visible de l'activité volcanique terrestre.

Sous les mers, les océanographes ont découvert un étonnant système montagneux, les dorsales océaniques, formant un réseau de plus de 60000 kilomètres parcouru sur toute sa longueur par des fissures volcaniques marquant les frontières entre les plaques tectoniques qui s'écartent les unes des autres. Dès lors, l'étrange comportement des volcans d'Islande devient compréhensible. L'Islande est l'un des rares endroits du globe où une dorsale médio-océanique peut être observée à la surface. De ces longues déchirures au sein de l'écorce terrestre, un magma basaltique s'épanche périodiquement, mais le processus éruptif s'accomplit généralement de façon calme et régulière, comme si l'on injectait du ciment dans un moule. D'ailleurs, les géologues n'ont pas tardé à assimiler ce magma gris et uniforme à du ciment venant des profondeurs de la terre en quantités énormes pour remplir le vide laissé par l'écartement des plaques tectoniques.

Étant donné les propriétés antagonistes de l'eau et du feu, on pourrait croire que l'ouverture de fissures volcaniques au fond des océans serait susceptible de provoquer de violentes commotions, mais il n'en est rien.

Nulle part l'harmonieuse conception de la planète Terre n'est mieux mise en évidence que dans la rencontre du magma brûlant et de l'eau claire le long des fissures médio-océaniques. Tandis que la lave chaude coule de ces fissures, la pression de l'eau au-dessus est telle que les gaz enfermés dans le magma, dont la libération, en d'autres circonstances, provoquerait de formidables explosions, y demeurent en solution. Le magma se solidifie immédiatement au contact de l'eau et se débite en une multitude de lingots en forme de coussinets, dits *pillow-lavas*, qui s'empilent le long des fissures. Telles sont les pierres dont est pavé le fond des océans. Elles migrent lentement autour de la terre en se couvrant progressivement de sédiments jusqu'au jour où, des millions d'années plus tard, elles sont de nouveau aspirées à l'intérieur du globe par le mécanisme de la subduction. Et pendant tout ce temps, de nouveaux pavés se forment dans les fissures, renouvelant la surface du globe selon un processus qui se poursuit sans relâche dans la silencieuse fabrique volcanique du fond des mers.

LES BOUILLONNEMENTS DE L'ENFER

Au début du siècle dernier, des trappeurs prétendirent avoir découvert, tout là-haut dans les montagnes Rocheuses, un « endroit où l'on voit bouillonner l'enfer ». Personne ne les crut jusqu'au jour où des explorateurs confirmèrent qu'on voyait effectivement sur le plateau de Yellowstone des jets d'eau bouillante et des cratères de boue fumants. Quelques années plus tard, Yellowstone attirait déjà des visiteurs du monde entier venus admirer ces phénomènes paravolcaniques, fruits du mariage de l'eau et du feu à l'intérieur de la Terre.

Ces phénomènes, s'ils sont plus nombreux et variés à Yellowstone qu'ailleurs, s'observent cependant en divers points du globe et ne valent pas seulement par leur côté spectaculaire. Là où des sources chaudes bouillonnent à longueur d'année apparaissent des écosystèmes tout à fait remarquables, même si la neige recouvre la terre tout autour. Les hommes qui jadis s'interrogeaient avec crainte sur l'origine de ces eaux cherchent aujourd'hui à les exploiter.

Nulle part cette recherche n'est aussi liée à la vie de tous les jours qu'en Islande où, parmi les innombrables coulées de lave qui ont façonné le paysage, abondent les geysers et les sources chaudes. Au IXe siècle déjà, les premiers colons avaient su mettre à profit les eaux thermales en les utilisant dans leurs buanderies et en s'en servant pour irriguer leurs champs, de manière à protéger leurs récoltes contre les gelées estivales qui ne sont pas rares à cette latitude.

Plus récemment, ces eaux ont été amenées jusque dans les villes par des canalisations calorifugées pour servir au chauffage des maisons et des serres. Et, dans ce pays dépourvu de tout combustible fossile, l'exploitation des émanations thermales pour la production d'électricité *(pages 96-97)* a fait naître de grands espoirs.

L'eau thermale y sert également à alimenter des centaines de piscines et le contraste est frappant entre les bienfaits qu'on en retire et les dangers qui président à sa formation, car la marmite où cette eau bout est celle-là même qui, par de fréquents débordements de lave en fusion, dévaste les terres et détruit les habitations.

La coloration de l'eau de la grande Source Prismatique de Yellowstone (112 mètres de diamètre) est due aux différentes algues qui croissent à des températures variées : bleu turquoise, là où règne une température élevée, brun rougeâtre, là où ruisselle une eau beaucoup moins chaude.

Une gigantesque marmite souterraine

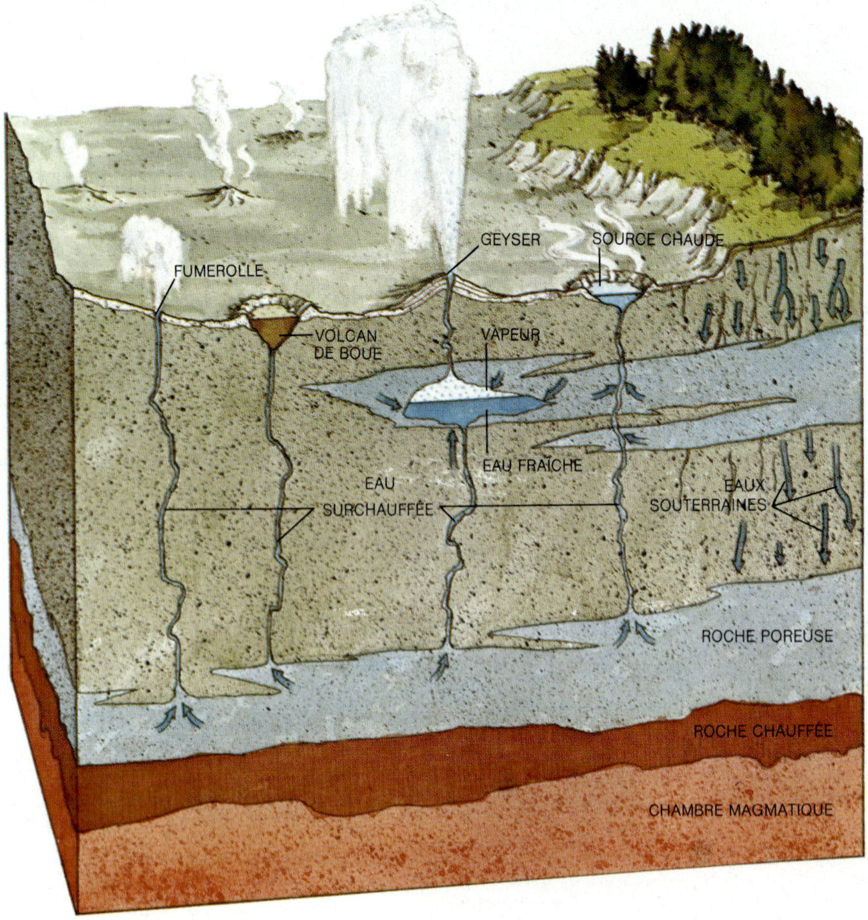

Les geysers et les sources chaudes proviennent d'une sorte de gigantesque marmite à pression souterraine remplie d'eau et chauffée par le magma. Les eaux pluviales s'infiltrant dans le sol atteignent une couche poreuse qui s'imbibe comme une éponge. La chaleur d'un réservoir de magma, situé quelques kilomètres plus bas, se transmet par conduction jusqu'à la couche perméable en passant par les roches intermédiaires.

La température de l'eau dans cette couche s'élève alors et peut atteindre 260°C mais elle ne bout pas, en raison de la pression qu'exercent sur elle les roches sus-jacentes. L'eau surchauffée, plus légère qu'au départ, remonte donc vers la surface où elle réapparaît sous des formes diverses qui dépendent de la nature du terrain qu'elle a traversé.

Si elle n'a rencontré aucun obstacle, elle entre en ébullition dès que la pression a suffisamment diminué et ressort sous forme de vapeur, de fumerolle. Si elle a rencontré un nappe d'eau fraîche, elle n'entre pas en ébullition et ressort sous la forme d'une source chaude. Si la source s'engorge parce que les gaz acides en solution dans l'eau ont rongé les roches qui l'entourent, elle se transforme en un volcan de boue.

En ce qui concerne le geyser, la séquence de sa formation est plus complexe. L'eau surchauffée doit d'abord passer par une poche d'eau souterraine où la pression est suffisamment forte pour empêcher l'ébullition. Son arrivée fait monter la température à l'intérieur de la poche et déclenche, malgré la pression, une vaporisation partielle. La vapeur s'échappe alors vers le haut, entraînant une certaine quantité d'eau à l'état liquide, ce qui réduit la pression.

Alors de nouveau l'eau surchauffée se vaporise, expulsant le reste de l'eau souterraine. Le jaillissement peut durer plusieurs heures. Quand c'est fini, la poche se remplit une nouvelle fois — par le haut, avec les eaux d'infiltration, par le bas, avec l'eau surchauffée —, et le cycle recommence.

Dans le parc national de Yellowstone, le Vieux Fidèle entre en action toutes les 70 minutes environ, projetant de l'eau et de la vapeur à 40 mètres de hauteur. Le jaillissement dure de deux à cinq minutes.

La boue du volcan de Rotorua, en Nouvelle-Zélande, se compose de fines particules en suspension dans l'eau chaude. Les débordements du cratère entraînent la formation d'un cône de boue séchée.

Les minéraux dissous dans l'eau chaude se sont déposés tout autour de la source thermale de Rotorua, Nouvelle-Zélande, créant un rebord où les algues font de multiples taches vertes.

Cette grande cascade pétrifiée sur le flanc d'une colline en Turquie, à Pamukkale, est faite de travertin. Dissoute par le passage de l'eau surchauffée à travers un sous-sol calcaire, la roche se dépose à la surface quand l'eau se refroidit. La blancheur naturelle du travertin peut être modifiée par des impuretés.

Préparer un repas chaud à Beppu est un jeu d'enfant. N'importe quelle source au bord de la route permet de cuire un œuf. Les touristes de la ville réduisent leurs frais en faisant leur cuisine de cette manière.

Les eaux bienfaisantes de Beppu, au Japon

Les sources chaudes disséminées dans les îles volcaniques de l'archipel nippon sont depuis longtemps sources de plaisir pour les Japonais comme pour leurs visiteurs. La tradition des bains collectifs, qui tire son origine d'anciens rites bouddhiques de purification, a survécu à l'introduction de l'eau chaude courante chez les particuliers. Chaque ville ou presque possède son établissement de bains et, là où existent des sources thermales, il y a des auberges ou des piscines où les gens aiment à se détendre.

Nulle part au Japon ces eaux ne jouent un rôle plus important qu'à Beppu, ville de 146 000 habitants située à 800 kilomètres au sud-ouest de Tokyo, sur la mer Intérieure. Elle possède 4 000 sources thermales qui attirent chaque année 12 millions de visiteurs — Japonais et étrangers. Ces sources font vivre la ville. Elles existent depuis l'an 867, date à laquelle un champ hydrothermal s'est formé à 20 mètres au-dessous de Beppu à la suite de l'éruption du Tsurumi, volcan aujourd'hui éteint qui domine la ville.

Les touristes qui affluent à Beppu se répartissent dans plus de 850 établissements qui vont de l'auberge traditionnelle où l'on se baigne dans des baquets en bois à l'hôtel de première catégorie doté de vastes piscines carrelées. Mais les eaux de Beppu servent à bien d'autres usages. Elles climatisent aussi bien les cages du zoo que les serres qui abritent les plantes et les fleurs délicates. Un hôpital moderne de la ville les utilise pour le traitement de l'arthrite et des rhumatismes.

Ce ne sont pas les cheminées d'usine qui fument à Beppu, mais les sources chaudes dont le débit est de 40 millions de litres par jour. La femme ramène son linge lavé dans une blanchisserie alimentée par une de ces sources.

L'« Enfer de la mare sanglante », une source célèbre de Beppu, doit son nom à la couleur de ses eaux ferrugineuses et au fait que des gens s'y jetaient pour se suicider. De nos jours, une barrière empêche les visiteurs de trop s'en approcher.

Les bains de la Jungle, le plus vaste établissement thermal du monde, couvrent 6400 mètres carrés. Les bassins, peu profonds, sont reliés les uns aux autres. Les plantes prospèrent dans cette atmosphère chaude et humide.

La géothermie, source d'énergie

Dante imaginait que les fumerolles visibles en Toscane marquaient l'entrée de l'Enfer. Six siècles plus tard, lesdites fumerolles alimentèrent une machine à vapeur et, en 1904, un générateur actionné par cette machine produisit de l'énergie géothermique, c'est-à-dire de l'électricité ayant pour origine la chaleur interne de la Terre.

La géothermie recèle des potentialités énergétiques énormes. Il faudrait 2000 fois la quantité de charbon existant sur notre planète pour produire autant de chaleur qu'il y en a dans les dix premiers kilomètres de l'écorce terrestre. Mais cette chaleur est en majeure partie emmagasinée dans des roches sèches et son utilisation est difficile. Les premières centrales géothermiques ont donc été créées dans des zones hydrothermales actives (en Nouvelle-Zélande, au Japon, en Islande) où l'eau chaude fournit de la vapeur. Les progrès de la technique permettent désormais d'exploiter des zones jusqu'ici réputées inaccessibles ; l'utilisation de cette source d'énergie pratiquement inépuisable peut être envisagée partout.

La plus grande installation géothermique, baptisée Les Geysers, se trouve en Californie, à 145 kilomètres au nord de San Francisco. En 1960, elle se composait d'une seule centrale ; aujourd'hui, elle couvre près de 40 kilomètres carrés et comprend plus de 200 puits de vapeur et 15 centrales d'une capacité de 910 MW — de quoi alimenter en électricité une ville de un million d'habitants.

La vapeur s'élève des puits et des tours de refroidissement du complexe géothermique des Geysers, en Californie du nord. Jadis, les eaux de la région n'intéressaient que les curistes.

Dans les centrales géothermiques des Geysers, la vapeur sous pression monte des puits forés et arrive dans un séparateur centrifuge qui élimine les gouttelettes d'eau et les impuretés. Elle est ensuite dirigée sur les aubes d'une turbine qui actionne un générateur d'électricité. La vapeur utilisée se transforme en eau évacuée vers des tours où elle s'évapore partiellement. Ce qui reste sert à refroidir les machines avant d'être refoulé sous terre. Des forages sont sans cesse effectués pour trouver de nouvelles sources de vapeur.

TOUR DE
FORAGE
TOUR DE REFROIDISSEMENT
GÉNÉRATEUR
TURBINE
SÉPARATEUR
PUITS DE VAPEUR
ZONE DE
CHALEUR INTENSE
COUCHE PERMÉABLE
CHAMBRE MAGMATIQUE

VIE ET MORT AU PIED DU VÉSUVE

A l'échelle des temps géologiques, le Vésuve est une montagne toute jeune qui, en tant que volcan, n'a rien de très remarquable. Il existe depuis 17000 ans à peine et culmine à 1270 mètres seulement au-dessus de la baie de Naples. Pourtant, c'est le plus célèbre des volcans. Son histoire est intimement liée à celle des hommes depuis au moins 3000 ans. Deux millions d'entre eux vivent à son pied, ce qui représente la population la plus nombreuse qui se soit jamais établie dans le voisinage immédiat d'un cratère en activité. Aucun autre volcan n'occupe une telle place dans l'Histoire et n'illustre de façon aussi significative les malheurs et les bienfaits auxquels peuvent s'attendre les hommes qui choisissent de s'implanter sur les flancs d'une montagne de feu.

Le Vésuve offre encore autre chose d'exceptionnel : il n'a jamais suscité les légendes, les mythes ou les tabous qui entourent tant d'autres volcans. Avant la destruction de Pompéi et d'Herculanum en l'an 79 de notre ère, et longtemps après, il s'est tenu si tranquille qu'il semble avoir été ignoré des dieux de l'Antiquité, puis des chroniqueurs du Moyen Âge. La célébrité mondiale ne lui est venue qu'aux XVIIIe et XIXe siècles, quand les archéologues ont mis au jour les restes remarquablement préservés de cités disparues. Et à son réveil, qui survint vers la même époque, les géologues se servirent de lui comme d'un laboratoire géant pour faire progresser la vulcanologie alors à ses débuts.

Le Vésuve, bien sûr, n'a pas été le seul volcan à étendre son ombre sur la Méditerranée, berceau de notre civilisation. Il en est une série d'autres, tous insulaires — Stromboli, Ischia, Vulcano, Vulcanello, Santorin et Etna — qui, à toutes les époques, ont imprimé leur marque sur les diverses civilisations qui fleurissaient sur le pourtour du bassin méditerranéen. Phéniciens, Crétois, Mycéniens, Égyptiens et, plus tard enfin, Grecs et Romains, ont tous contribué à leur façon à la connaissance populaire des volcans en cherchant à apaiser, à comprendre et parfois à fuir ces cônes embrasés qui se profilaient sur le bleu éclatant de la mer de manière parfaitement inexplicable.

Plus de 150 fois au cours des temps historiques, on a vu l'un ou l'autre de ces volcans entrer en éruption, provoquant la panique et causant de nombreuses pertes en vies humaines. Mais aucun n'a explosé avec autant de violence ni dévasté une si grande étendue que celui qui occupait la majeure partie de l'île que les Anciens appelaient Théra, dans la mer Égée. Les savants estiment que son éruption, survenue vers l'an 1450 av. J.-C., constitue l'un des phénomènes naturels les plus destructeurs de l'histoire de notre planète.

De nos jours, l'île de Thira, ou Santorin, située à 200 kilomètres de l'extrémité méridionale de la Grèce, se présente sous la forme d'un croissant rocailleux entourant quatre îles plus petites qui sont toutes des fragments de l'antique Théra,

Plusieurs semaines après une éruption en 1944, le Vésuve continue d'émettre d'épais nuages de cendre dans le ciel de Naples. Le volcan est sorti de son sommeil plus de 50 fois depuis son éruption historique de l'an 79 qui détruisit Pompéi. Les paysans sont toujours revenus cultiver son sol fertile.

telle qu'elle existait avant que le volcan n'explose et ne s'effondre dans son propre cratère pour former la profonde rade centrale, ou caldera, qui sépare aujourd'hui les restes de l'île primitive. Les vulcanologues estiment que 60 kilomètres cubes de matériaux furent projetés dans l'atmosphère, que l'explosion fut entendue jusqu'en Scandinavie, en Asie et en Afrique, et que les ondes de choc renversèrent des édifices en Crète et dans d'autres îles de la mer Égée sur un rayon de 160 kilomètres. Pendant plusieurs jours, le ciel fut obscurci par des nuages de cendres noires sur toute l'étendue du bassin méditerranéen. L'explosion déclencha une succession de vagues monstrueuses, atteignant parfois 90 mètres de hauteur, qui dévastèrent les côtes et l'intérieur de la Crète et du Péloponnèse. On s'est demandé si ce n'est pas à ce cataclysme qu'il faut attribuer la soudaine et mystérieuse disparition de l'antique civilisation minoenne en Crète *(voir page 102).*

On ignore comment les Crétois, les Mycéniens et autres peuples très anciens du bassin méditerranéen interprétaient l'existence des volcans, mais les Grecs et les Romains, eux, n'hésitèrent pas à avancer des explications qui, par ailleurs, ne concordaient pas toujours. Pour le poète grec Pindare, le «terrible flot de feu» coulant de l'Etna était causé par les convulsions du dragon Typhon (un monstre à cent têtes et à la voix tonnante, dont les yeux lançaient des flammes) qui avait été emprisonné par Zeus dans les entrailles de la montagne. Mais l'opinion générale voyait plutôt dans les volcans les cheminées des énormes forges souterraines où travaillait, dans le cas de Vulcano et de l'Etna, le dieu du feu que les Grecs appelaient Héphaïstos et que les Romains nommaient Vulcain.

C'était un dieu couvert de suie qui façonnait des armes pour ses pairs. Il avait forgé le bouclier d'Achille, les flèches d'Apollon et de Diane ainsi que la cuirasse d'Hercule. Les Romains donnèrent son nom à l'île de Vulcano que les Grecs appelaient Hiera et c'est de là que vient le mot «volcan».

Mais cette île, à leurs yeux, avait moins d'importance que l'Etna dont le sommet enneigé culminant à 3295 mètres est visible de loin et en comparaison duquel Vulcano a l'air d'un petit tas de scories complètement insignifiant. Les écrivains de l'Antiquité ont longuement décrit l'Etna, certains avec assez d'indépendance d'esprit pour railler ceux qui expliquaient les éruptions par les caprices d'un dieu ou d'un monstre quelconque. Le poète et philosophe romain Lucrèce soutenait que l'Etna était creux et qu'à l'intérieur il y avait un vent qui, après avoir fait rage et s'être ainsi échauffé, s'ouvrait un chemin vers le haut en projetant «des pierres d'un poids prodigieux et des flots de fumée noirs comme de la poix».

A ces tentatives d'explication rationnelle, les Siciliens sont longtemps restés imperméables. Ils ont cru pendant des siècles que le cratère de l'Etna était littéralement la porte de l'Enfer, ce qui se comprend, étant donné que les éruptions se succédaient avec une fréquence consternante et que, périodiquement, des torrents de lave engloutissaient leurs villages. Mais cela n'empêcha pas d'entreprenants montagnards, aux XVIIIe et XIXe siècles, de conduire les touristes aventureux jusqu'au bord même de la fournaise.

L'ascension se faisait habituellement à dos de mule et manquait totalement de confort, non seulement parce que l'on passait d'un climat quasiment subtropical à des températures presque glaciales, mais aussi parce que, si l'on cherchait en chemin le vivre et le couvert, on était à la merci d'indigènes revêches, comme le raconte en 1878 un universitaire anglais du nom de George Rodwell. «Après maintes recherches, écrit-il, on nous dirigea vers l'unique auberge dont pouvait se targuer le village d'Aderno. Une horrible vieille apparut qui nous montra, de manière fort incivile, la seule chambre que les occupants acceptaient de mettre à notre disposition. Il y avait des semaines qu'elle n'avait été balayée et, pour ce qui est de la nourriture, il n'y avait ni pain ni viande ni vin ni macaronis ni fruits ni beurre et nul ne proposa de nous en procurer.»

Mais, si les pentes de l'Etna étaient alors habitées par une population insulaire maussade et butée, il en allait tout autrement pour le Vésuve qui, bien avant l'époque de la Rome impériale, avait attiré de façon régulière une population variée

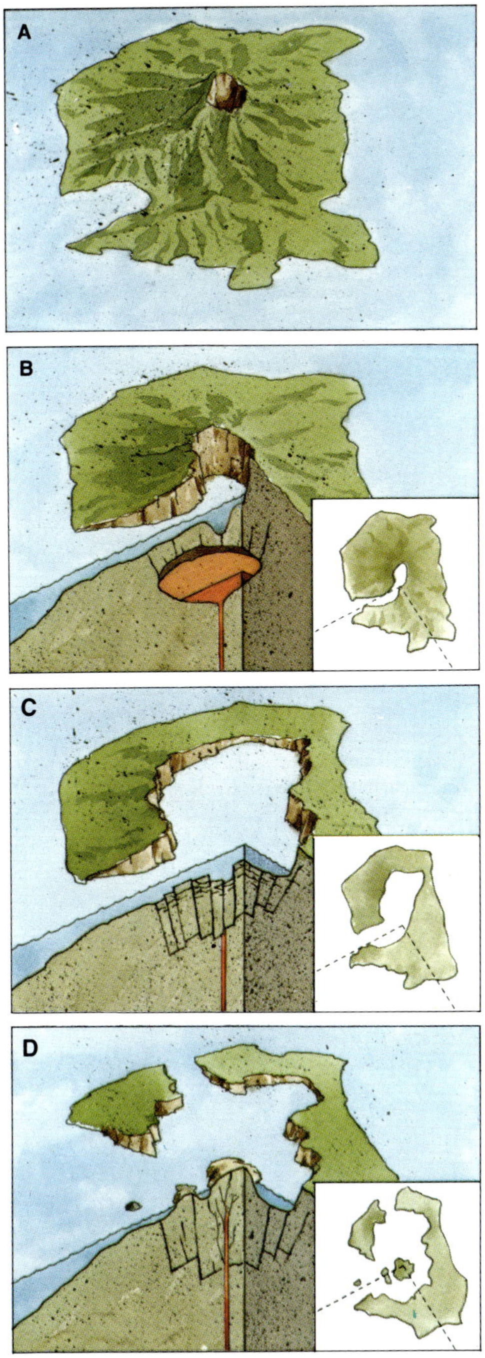

Une série de dessins reconstitue l'éruption du volcan de l'île de Théra, dans la mer Égée. Avant l'éruption *(A)*, le volcan s'élevait à plus de 1500 mètres d'altitude. Son explosion s'est traduite par le rejet dans l'atmosphère de 60 kilomètres cubes de matériaux. La chambre d'alimentation s'étant vidée *(B)*, le volcan s'est effondré dans la mer, formant une caldeira *(C)*. Les parties restées au-dessus du niveau de la mer, augmentées par des coulées de lave *(D)*, forment aujourd'hui l'archipel de Santorin.

et favorisé un mode de vie de plus en plus orienté vers le goût de la mollesse et la recherche hédoniste des plaisirs. Les plus anciens habitants de la région que l'on connaisse étaient les Osques — une population pastorale primitive dont le mode de vie commença à changer près de 800 ans av. J.-C. avec l'arrivée de commerçants et de colons grecs. Les nouveaux venus furent enchantés par la douceur du climat. Ils appréciaient les mouillages abrités de la baie de Naples et la campagne verdoyante qui s'étalait au pied du Vésuve. Le volcan en sommeil, dont la hauteur atteignait à l'époque 1800 mètres environ, était couronné par une plaine encadrée d'une abondante végétation. Des forêts giboyeuses grimpaient presque jusqu'au sommet et le sol alentour était incroyablement fertile, grâce aux cendres riches en sels minéraux qui s'y étaient déposées à une époque reculée. Dans ce paysage riant, les vergers prospéraient, offrant une profusion de pommes, de poires, de figues, de cerises, de melons, d'amandes et de grenades. On pouvait recueillir deux ou trois récoltes annuelles de blé, d'orge, de millet et autres céréales, et partout poussaient à foison les légumes et la vigne.

Les nouveaux venus établirent bientôt avec les autochtones des relations amènes et créèrent des comptoirs commerciaux le long de la côte. Des villages, qui devinrent plus tard des villes, surgirent non loin du site actuel de Naples. Herculanum fut construit sur le rivage, au pied de la montagne, et Pompéi sur une langue basaltique dominant un cours d'eau navigable, le Sarno. Au fil des siècles, ces villes devinrent des centres religieux et artistiques prospères. Leur richesse attira les pillards et, au Ve siècle avant notre ère, les Samnites, venus du nord, réussirent à conquérir tous les établissements situés sur le pourtour de la baie. Mais à leur tour les nouveaux occupants se laissèrent séduire par la culture grecque et les plaisirs de l'existence sur les flancs hospitaliers du Vésuve.

Après la conquête par Rome du sud de l'Italie en 88 av. J.-C., le latin devint la langue officielle de la région et Pompéi un joyau de la couronne impériale. La ville avait son propre conseil et l'on y construisit de vastes édifices publics, notamment des thermes, un forum et un temple dédié à Jupiter. Son commerce prospérait, grâce à la prodigalité de la nature, et elle devint en outre un lieu de villégiature très recherché. La montagne était superbe, le climat salubre et la brise marine tempérait par sa fraîcheur la chaleur des étés. Caïus Quintus Balbus, un spéculateur romain immensément riche, y fit construire un amphithéâtre pouvant accueillir jusqu'à 16000 spectateurs, c'est-à-dire toute la population de la ville plus les visiteurs, et y organisa des combats de gladiateurs. D'autres riches Romains se firent bâtir des villas luxueuses et engagèrent des artistes pour les décorer de fresques somptueuses et de gracieuses sculptures.

Ces conditions idylliques subirent deux interruptions au cours des 150 années qui précédèrent le réveil du Vésuve de son sommeil millénaire. En 73 av. J.-C., Spartacus, un esclave gladiateur originaire de Thrace, s'évada de son cantonnement avec 70 compagnons et, fuyant les soldats de Clodius Glabrus, il se réfugia au sommet du Vésuve. Glabrus crut alors l'avoir pris au piège, mais Spartacus et ses hommes, dévalant les pentes abruptes, fondirent par surprise sur leurs poursuivants et les mirent en déroute. Par la suite, Spartacus leva une armée d'esclaves rebelles et resta maître pendant deux ans d'une bonne partie de l'Italie du sud avant de succomber sous le nombre de ses opposants.

La deuxième interruption eut lieu au siècle suivant, en l'an 62 de notre ère. Elle eut pour cause directe, bien que personne n'en sût rien à l'époque, les forces à l'œuvre sous la montagne majestueuse qui dominait la baie. Un violent tremblement de terre ébranla la région, causant de graves dégâts à Herculanum et à Pompéi. La plupart des édifices publics et un grand nombre d'habitations furent complètement détruits. Le Sénat romain et l'empereur Néron apportèrent leur concours à l'œuvre de reconstruction, leur but étant non seulement de rebâtir deux cités chères à tant de hauts personnages, mais aussi d'effacer tout ce qui témoignait encore de leur passé préromain.

Au cours des 17 années qui suivirent, on éleva sur les décombres de nouveaux

L'énigme de l'Atlantide

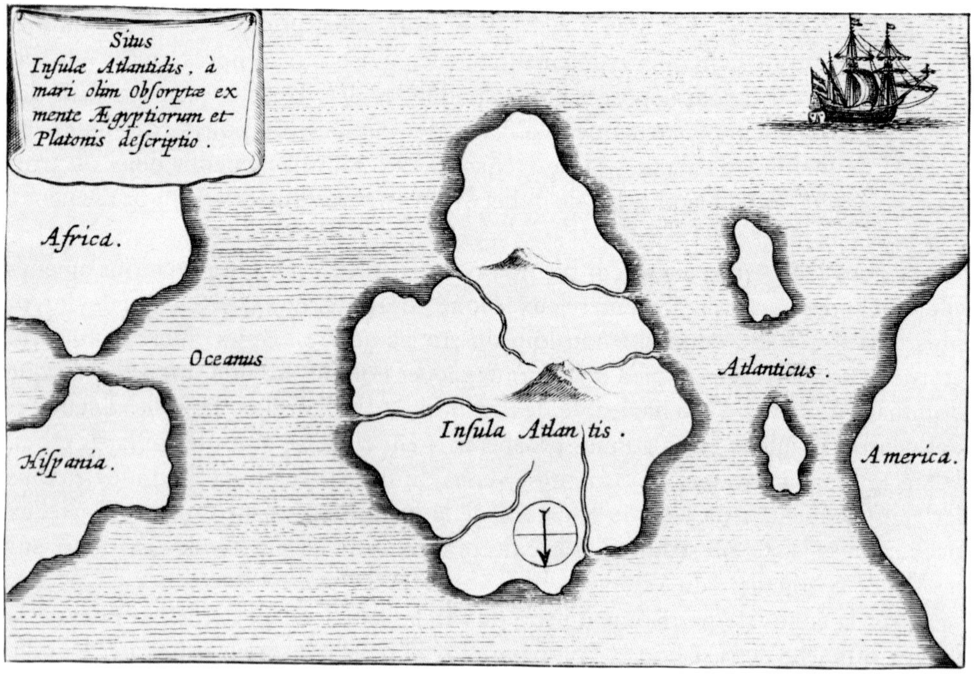

Une gravure allemande du XVIIe siècle montre une île de la taille d'un continent entre l'Afrique et l'Amérique du Nord (le nord et le sud étant inversés sur cette carte). Il s'agit de la fabuleuse Atlantide dont parle Platon, engloutie à la suite d'un cataclysme. On la situait généralement dans l'Atlantique, mais aucune trace d'un tel cataclysme n'a été trouvée dans cet océan.

Selon une légende égyptienne rapportée par Platon il y a près de 2400 ans, il existait jadis un puissant empire insulaire, l'Atlantide, qui fut détruit en une nuit et un jour par un tremblement de terre et un raz de marée. De récentes découvertes archéologiques donnent à penser qu'on en a retrouvé les traces, enfouies sous les cendres d'une formidable éruption volcanique.

Si l'on en croit Platon, les habitants de l'Atlantide étaient très civilisés et « réputés dans toute l'Europe et l'Asie pour la beauté de leur corps et leur perfection morale ». Pendant des siècles on s'est demandé où se trouvait cette île et à la suite de quelle catastrophe elle avait disparu, engloutie sous les flots d'une mer inconnue.

Les indications de Platon étaient vagues. Elles conduisirent les uns à situer l'Atlantide au milieu de l'Atlantique, les autres en mer du Nord ou dans le bassin occidental de la Méditerranée. Toutes ces suppositions finirent par être rejetées pour une raison ou une autre mais, en 1956, un sismologue grec, Angelos Galanopoulos, émit l'hypothèse qu'il s'agissait de l'île de Théra (Santorin), au nord de la Crète, ravagée vers 1450 av. J.-C. par une extraordinaire éruption volcanique.

L'éruption donna lieu à d'énormes dégagements de cendres et à un tsunami, ce qui pourrait expliquer les récits bibliques de la plaie des ténèbres qui s'abattit sur l'Égypte ou du partage des eaux de la mer Rouge par Moïse. Après l'éruption, le volcan s'effondra, entraînant dans la mer presque toute l'île. Or, sous l'épaisse couche de ponce qui recouvre ce qui reste de Théra, on a récemment trouvé des poteries et des bouts de bois datant du XVe siècle av. J.-C. Les fouilles en cours ont confirmé l'existence sur l'île d'une cité royale qui fut détruite par le volcan et qui appartenait à la civilisation minoenne, centrée sur l'île de Crète. C'est justement à cette époque que cette ancienne civilisation commença subitement à décliner, peut-être à la suite des dévastations qui avaient été causées par le volcan de l'île de Théra dans toute la zone égéenne.

La thèse de Galanopoulos ne s'appuie pas seulement sur la découverte d'objets manufacturés mais sur une intéressante arithmétique. Platon disait que l'Atlantide mesurait 550 kilomètres sur 370, superficie qui dépasse largement celle de la Grèce dans son ensemble, et il faisait remonter sa disparition à quelque 9000 ans avant l'apogée d'Athènes, ce qui est manifestement incompatible avec le degré de civilisation qu'il prête à ses habitants. Étant donné que la légende a son origine chez les Égyptiens, Galanopoulos évoque la possibilité d'une erreur de traduction. En divisant par 10 les chiffres donnés par Platon, il aboutit à une superficie égale à celle de Théra et à une date qui coïncide presque exactement avec celle de l'éruption volcanique.

temples, des thermes grandioses, des maisons, des tavernes et des théâtres. L'alerte de l'an 62 était déjà oubliée quand, en 79, vers le milieu du mois d'août, la terre se mit à trembler de nouveau. Nul ne comprit alors que le premier séisme était le signe que le Vésuve sortait de son sommeil et que le second annonçait une catastrophe imminente. Mais on n'eut guère le temps d'y réfléchir.

Le 24 août au matin, toute la campagne au pied de la montagne fut de nouveau violemment secouée. Puis éclata, dans le fracas des murailles qui s'effondrent, une détonation à crever le tympan. C'était le sommet du Vésuve, le refuge de Spartacus, qui s'ouvrait, libérant un énorme nuage de cendres incandescentes zébré d'éclairs qui monta droit dans le ciel bleu à une vitesse incroyable. Les habitants de Pompéi sortis dans les rues furent bombardés par une pluie de lapilli et de ponces, puis pris sous une tornade de cendres fines et tout devint noir comme dans une tombe. Herculanum, à 15 kilomètres de là sur le rivage, fut submergé par un fleuve de boue chargé de ponces blanches, grises et vertes.

A Misène, située à l'extrémité occidentale de la baie de Naples, était ancrée au moment de l'éruption une flotte romaine commandée par Caius Plinius Secundus. L'officier qui était aussi un naturaliste et un écrivain — nous le connaissons sous le nom de Pline l'Ancien — fit franchir la baie à ses galères pour observer de près l'éruption et porter secours aux victimes autant qu'il le pouvait. Il devait périr asphyxié par les cendres et les gaz après avoir mis pied à terre au sud de Pompéi et c'est à sa mort que nous devons le seul témoignage de première main sur la catastrophe, celui de son neveu, Pline le Jeune, qui, dans deux lettres adressées à l'historien Tacite, raconte comment les choses se sont passées. Ces lettres contiennent la première description connue d'une éruption volcanique. Elles ont été d'une aide inappréciable aux vulcanologues et aux autres savants qui étudièrent par la suite les événements de cette journée fatidique.

Le jeune homme, alors âgé de 17 ans, était resté à Misène en compagnie de sa mère quand son oncle était parti de l'autre côté de la baie. Puisant dans les récits des survivants de cette malheureuse expédition, il raconte que ce dernier n'avait pu débarquer près de la montagne car « déjà les bateaux recevaient de la cendre, plus chaude et plus épaisse à mesure qu'ils approchaient, et aussi des fragments de pierre ponce et des cailloux noircis, brûlés, effrités par le feu, et déjà des éboulements de rochers interdisaient l'accès au rivage ». Les habitants d'Herculanum et de Pompéi fuyaient affolés, les premiers en direction de Naples, à 8 kilomètres au nord-ouest, et les autres vers Stabies, à 6 kilomètres au sud-est. Certains s'étaient attaché un oreiller autour de la tête pour se protéger. Ces scènes se reproduisirent quand les ténèbres étouffantes atteignirent Misène et Stabies où Pline l'Ancien avait finalement réussi à débarquer.

Il décida de passer la nuit là-bas pour rassurer la population. Il se fit porter au bain, puis dîna. « Pendant ce temps, raconte son neveu, le sommet du Vésuve brillait sur plusieurs points de larges flammes et de grandes colonnes de feu dont la rougeur et l'éclat étaient avivés par l'obscurité de la nuit. Mon oncle, pour calmer les craintes de ses compagnons, répétait que c'étaient des foyers laissés allumés par des paysans dans leur fuite hâtive ou des villas abandonnées brûlant dans la solitude. Après quoi il se livra au repos. »

Pendant son sommeil, des tremblements de terre « agitaient les maisons qui semblaient arrachées à leurs fondations » et ceux qui se hasardaient dehors étaient bombardés de pierres ponces. Les compagnons du commandant le réveillèrent à l'aube, ou ce qui en tenait lieu car « autour d'eux régnaient les ténèbres les plus épaisses qu'atténuaient seulement les feux et des lumières de toute sorte.

« On résolut d'aller sur le rivage et de voir de près s'il était maintenant possible de prendre la mer, mais elle était encore grosse et redoutable. » C'est à ce moment, semble-t-il, que le vieil homme commença à se sentir mal, car le récit continue ainsi : « On étendit un linge sur lequel mon oncle se coucha ; il demanda à plusieurs reprises de l'eau fraîche et en but ; ensuite les flammes et l'odeur de soufre qui les précédait mirent tout le monde en fuite et obligèrent mon oncle à se lever. Il se leva,

appuyé sur deux esclaves, et retomba mort au même instant. J'imagine que l'air épaissi par la cendre avait obstrué sa respiration et fermé son larynx qu'il avait naturellement délicat, étroit et souvent oppressé. » Les autres membres de l'expédition remontèrent sur leurs bateaux en toute hâte et quelques-uns au moins purent se tirer d'affaire et rapporter ce qui s'était passé.

La destruction de Pompéi vue par John Martin, peintre du XIXe siècle. Au premier plan, des centurions se protègent de leur bouclier contre la pluie de cendre chaude et de pierre ponce. Derrière, de nombreux bateaux fuient sur une mer démontée tandis que croulent les murs de la ville.

Entre-temps, le neveu du commandant avait décidé de quitter Misène avec sa mère — Misène « où déjà les bâtiments vacillaient et où la mer semblait refoulée sur elle-même et comme chassée du rivage par l'ébranlement de la terre ». « Une épaisse nuée noire arrivait derrière nous, poursuit le jeune Pline, se répandant sur le sol comme une inondation. Les ténèbres s'épaissirent encore. On n'eût pas dit seulement une nuit sans lune et chargée de nuages, mais l'obscurité d'une chambre fermée, toute lumière éteinte. On entendait les gémissements des femmes, les plaintes des enfants, les cris des hommes. » Le jeune homme tira sa mère à l'écart du chemin pour lui éviter d'être piétinée et attendit là, soutenu par la pensée, dit-il, que s'il périssait, le monde entier périrait avec lui. Enfin un pâle soleil revint, offrant à sa vue encore troublée un paysage bouleversé, « couvert d'une cendre épaisse comme d'une couche de neige. »

Le Vésuve et la campagne environnante étaient méconnaissables. La paroi nord du volcan était toujours debout, mais une grande partie de la face ouest s'était volatilisée ou effondrée dans le cratère géant au-dessus duquel se dressait désormais un nouveau cône — le Vésuve ressuscité. Herculanum avait disparu sous 14 à 20 mètres de boue chargée de ponces, et Pompéi sous six mètres de cendres.

On ne sait au juste combien il y eut de morts ; les Romains n'avaient pas procédé à l'époque au recensement de la population. Il est probable que la plupart des habitants d'Herculanum purent fuir à temps la coulée de boue dont la progression était relativement lente. Mais, à Pompéi, 2000 habitants au moins trouvèrent la mort sous la soudaine avalanche de cendres brûlantes. Quoi qu'il en soit, les deux villes furent abandonnées.

Néanmoins, leurs noms continuèrent de figurer pendant tout le Moyen Âge sur les cartes de l'époque, lesquelles n'étaient que des copies de cartes dressées par les anciennes légions romaines. Mais les villes elles-mêmes furent complètement oubliées tandis que sombrait l'Empire romain et que la région de Naples passait successivement sous le pouvoir des Goths, des Byzantins, des Normands, des Lombards, de Charles d'Anjou et de divers vice-rois des maisons d'Aragon et de Habsbourg. Une ville nouvelle, Resina, fut construite à l'emplacement de la cité d'Herculanum et la vigne poussa sur celui de Pompéi.

Mais, tous les siècles à peu près, le volcan se réveillait brusquement, projetant à chaque fois d'énormes quantités de cendres et des torrents de boue et de lave. On n'a que peu de détails sur son activité durant le millénaire qui suivit le cataclysme de l'an 79, mais les vulcanologues, après étude des documents existants ainsi que des couches de lave et de cendres, sont arrivés à la conclusion que de violentes éruptions se sont produites en 203, en 472, en 512 (année où Théodoric le Grand, roi des Ostrogoths, exempta de taxes les localités sinistrées), en 685, en 787, puis de nouveau et à cinq reprises entre 968 et 1037, après quoi le volcan tomba dans un sommeil de près de six siècles. Le réveil qui suivit marque le début d'une période qui s'étend jusqu'à nos jours et durant laquelle le Vésuve n'a jamais cessé de constituer une menace pour les villageois des environs.

Ceux-là avaient toujours accepté avec fatalisme les colères périodiques de leur volcan, comme ils avaient accepté les innombrables souverains qui s'étaient succédé dans la région où ils s'étaient implantés. Rarement une population s'est trouvée, en raison de son inconscience, si peu préparée à une catastrophe que celle qui fut victime de l'éruption de 1631, et rarement le courroux du Vésuve s'était exprimé avec autant de violence. Le réveil du volcan, après une longue période de léthargie au cours de laquelle la forêt avait eu le temps de repousser jusqu'à son sommet, fut peut-être encore plus terrible qu'en l'an 79.

Son cratère, d'après un prélat qui l'avait inspecté quelques mois avant l'éruption, faisait 8000 mètres de circonférence et 1800 de profondeur. Au fond, il y avait une prairie où paissait le bétail et des bois broussailleux abritant des sangliers. Au centre de la prairie s'étendait une dépression rocailleuse que l'on pouvait atteindre par un étroit sentier en lacets. L'endroit était dépourvu de végétation et contenait trois mares. Dans la première, l'eau était chaude et insipide ; dans la deuxième, elle était chaude et amère, et celle de la troisième était inexplicablement fraîche, mais plus salée que l'eau de mer. C'était la bouche du volcan.

Cette année-là, quand vint l'été, le sol se mit à trembler autour du Vésuve, les secousses devenant de plus en plus violentes jour après jour. Début décembre, tout le cratère se remplit d'un liquide bouillonnant mais, comme cela arrive souvent, l'avertissement ne fut pas entendu.

Le 16 décembre, à 7 heures du matin, il y eut une série d'explosions avec projection de cendres et l'obscurité se fit presque aussitôt. Le lendemain, juste avant midi, deux énormes fissures apparurent sur la face sud-ouest de la montagne et il en sortit des flots de lave incandescente. Le soir, il y eut des coulées de boue chaude et une nouvelle effusion de lave sur la face sud. Six villages furent détruits par la lave et neuf par la boue avant que revienne le calme, le 18 décembre. A Naples, on enfonçait jusqu'aux genoux dans la cendre. Nombre de villageois s'étaient attardés pour tenter de sauver leur bétail et leurs biens ; plus de 4000 périrent, ainsi que 6000 animaux domestiques.

Pour la postérité, le vice-roi de Naples fit apposer à Portici, au sud de la ville, une plaque commémorative sur laquelle on lisait : « Enfants et enfants de nos enfants, écoutez ! Après cette dernière catastrophe, je vous avertis afin que vous ne soyez pas pris au dépourvu. Tôt ou tard, cette montagne s'embrase, mais auparavant il y a des rumeurs sourdes et des grondements et la terre tremble. On voit jaillir

Le Vésuve, avant et après l'éruption de 1631, d'après une gravure de l'époque. La lave engloutit les villages blottis au pied du volcan et du mont Somma jusqu'à l'intervention de saint Janvier, patron de Naples, qui arrête l'éruption au moyen de sa cape.

de la fumée, des flammes et des éclairs, l'air tremble et mugit. Fuyez quand il est encore temps car la montagne va éclater et déverser un torrent de feu qui dévalera et coupera toute issue à ceux qui auront tardé. Si vous ne faites aucun cas d'elle et si vos biens et vos effets sont plus précieux à vos yeux que la vie, alors elle vous punira de votre témérité et de votre cupidité. Ne vous souciez pas de votre foyer ni de votre maison, fuyez sans hésiter. Anno Domini 1632 du règne de Philippe IV. Emmanuele Fonseca, vice-roi. »

Par un hasard de l'histoire, c'est précisément cette catastrophe qui allait mettre les Napolitains sur la piste des trésors oubliés de l'Antiquité depuis si longtemps enfouis sous leurs pieds. L'éruption de 1631 avait entre autres détruit Resina, construite sur les couches de débris volcaniques qui dissimulaient Herculanum. Les vignobles, les vergers et les jardins qui fleurissaient sur les cendres fertiles recouvrant Pompéi avaient été dévastés eux aussi, et c'est au cours de la longue période de reconstruction et d'assainissement des sols que des ouvriers occupés à des travaux de voirie mirent au jour les premiers vestiges.

Au départ, ils trouvèrent quelques pièces de monnaie romaines qu'ils s'approprièrent mais, le bruit s'étant répandu qu'un trésor était dissimulé quelque part, des Napolitains se mirent à fouiller la région et effectuèrent d'autres trouvailles : des pierres portant l'inscription « Pompeii » et divers objets métalliques rouillés, notamment un trousseau de clefs. Les autorités n'y prêtèrent pas attention. Leur intérêt ne s'éveilla qu'au XVIIIe siècle quand un puisatier découvrit par hasard ce qui ressemblait à un important dépôt de marbre et d'albâtre.

A cette époque, Naples était gouvernée par les Autrichiens et un certain prince d'Elbœuf, commandant de la garde, engagea des ouvriers pour extraire ces matériaux dont il voulait se servir pour la construction d'une villa. On trouva trois ravissantes statues de femmes qui devaient par la suite susciter la plus vive admiration de la part de la jeune épouse de Charles III de Bourbon, lequel venait d'accéder au trône de Naples à l'âge de 19 ans, l'Espagne étant parvenue entre-temps à chasser la maison d'Autriche du Sud de l'Italie.

La reine persuada son époux de reprendre les fouilles et une inscription trouvée montra alors que l'on avait finalement découvert, après plus de 1600 ans, le site d'Herculanum. C'est ainsi que débutèrent en 1738 les fouilles systématiques qui allaient se poursuivre jusqu'à nos jours et faire la célébrité du Vésuve.

Pendant longtemps, ces fouilles furent conduites sans méthode et avant tout plus dans un esprit de lucre que dans un but scientifique. En 1808, Caroline Bonaparte, sœur de Napoléon et épouse de Murat, roi de Naples, se rendait souvent sur le chantier des fouilles et se montrait si généreuse de ses ducats envers ceux qui découvraient des bagues, des pièces de monnaie ou des statues que les ouvriers prirent l'habitude d'enfouir sous terre leurs trouvailles pour ne les ressortir que lorsqu'elle passait par-là.

Sir William Hamilton, qui représenta l'Angleterre à Naples de 1764 à 1800 et qui s'intéressait à l'archéologie en dilettante, se fit une petite fortune en vendant des objets anciens au British Museum, ce qui lui permit de régler les dettes de jeu de son neveu, Charles Greville, qui lui céda en échange sa maîtresse, Emma Lyon, dont il fit sa femme. C'est cette Lady Hamilton qui allait devenir la maîtresse de l'amiral Nelson, le héros de Trafalgar, et voilà comment, par un effet inattendu de son intérêt pour l'archéologie, Hamilton est entré dans l'Histoire comme l'un des plus célèbres maris trompés.

Les ingénieurs et les contremaîtres qui dirigeaient les fouilles pour le compte des divers souverains de Naples contribuaient au désordre en ordonnant de rejeter les gravats dans les rues et les maisons après les avoir passés au crible. Malgré cela, tout le monde s'intéressait à Pompéi (qui reçut entre autres la visite de Goethe et celle de la reine Victoria) et les fouilles n'étaient jamais longtemps interrompues quelle que fût la souveraineté s'exerçant sur Naples.

De fait, il fallut attendre la nomination en 1860 de Guiseppe Fiorelli par Victor-Emmanuel II, au cours de l'unification de l'Italie, pour que l'on mette enfin de l'ordre et de la méthode dans cette grande entreprise. Fiorelli, âgé de 37 ans, fit construire un petit chemin de fer pour évacuer les gravats et s'abstint de procéder à de nouvelles fouilles tant qu'il n'aurait pas dégagé les constructions et les voies que ses prédécesseurs avaient obstruées. Il fit poser des toitures pour abriter certaines fresques exposées aux intempéries et dresser des cartes sur lesquelles figuraient le tracé probable des rues qui n'avaient pas encore été trouvées. Les zones inexplorées furent divisées en secteurs de façon que les fouilles pussent désormais être menées avec rigueur et méthode.

Quand le travail sérieux commença, on s'aperçut que la couche de cendre privée d'air avait dans une large mesure préservé Pompéi de l'usure du temps. Dans un four de boulanger, on trouva des miches de pain noircies vieilles de 18 siècles. Les peintures murales avaient gardé tout leur éclat. Les corps des victimes de l'éruption s'étaient décomposés durant les dernières semaines consécutives à leur ensevelisse-

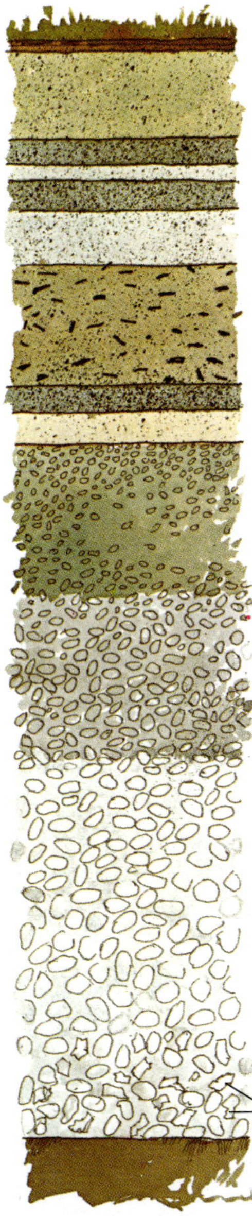

Cette coupe de terrain de 3,60 mètres d'épaisseur, mise à nu pendant les fouilles de Pompéi, raconte l'éruption de l'an 79. Les épaisseurs successives de pierre ponce, de sable volcanique, de lapilli et de cendre confirment aux yeux des géologues la séquence des événements décrits par Pline le Jeune.

ment, mais en laissant leur marque sur la cendre compactée, de sorte qu'en injectant du plâtre liquide dans ces moules parfaits, on les restituait dans leur saisissante vérité, tels que la mort les avait surpris.

Les conceptions de Fiorelli présidèrent à la suite des travaux de restauration et Pompéi finit par retrouver en maints endroits l'aspect qui avait sans doute été le sien au matin de la grande éruption : on y trouvait les comptoirs où les consommateurs mangeaient debout, les passages surélevés permettant aux piétons de traverser les rues sans se crotter, les thermes luxueux où les gens fortunés venaient se détendre et les peintures murales exaltant la beauté du corps nu (parfois représenté dans des postures obscènes).

Le Vésuve avait préservé non seulement l'aspect physique de Pompéi, mais aussi quantité d'indices concernant l'organisation sociale de ses habitants, le système politique selon lequel ils étaient régis, leur manière de se vêtir, leurs métiers, leurs activités intellectuelles, leurs divertissements et leurs goûts. La ville avait connu au cours des dernières années de son existence une prospérité extraordinaire qu'elle devait à son commerce maritime et à l'injection continuelle d'argent frais de la part de milliers de riches Romains qui y venaient en villégiature et utilisaient les services de la main-d'œuvre et des fournisseurs locaux. C'est ainsi que nombre de plébéiens s'engraissèrent et finirent par former une société bruyante et vulgaire de nouveaux riches qui, eux aussi, possédaient des villas et menaient grand train, au grand dam des aristocratiques visiteurs.

La ville comptait 118 estaminets ainsi que des auberges où les marchands venant des confins de l'Empire trouvaient le vivre et le couvert. Certains établissements étaient des tripots et on y trouvait souvent des prostituées. Sur les murs d'un *thermopolium* (taverne où l'on servait du vin chaud), on a trouvé inscrits des noms de femmes. Peut-être y avait-il parmi elles de ces danseuses andalouses dont Martial nous dit qu'elles « balançaient leurs hanches avec une infinie lubricité » ou qui, selon Pline le Jeune, se livraient à « des bouffonneries autour des tables ». Sur les murs de la ville, il y avait d'autres graffiti. L'un d'eux disait : « Maudit sois-tu, propriétaire ; tu vends de l'eau, mais toi tu bois du vin pur. » Un autre, d'un amant déçu : « Lucilia vend son corps. » Et celui-ci encore, d'une certaine Livia, également déçue et qui tient à publier son sentiment sur un certain Alexandre : « Crois-tu que je me chagrinerais si tu tombais mort demain ? »

Les boulangers tout comme les foulons étaient parmi les commerçants les plus occupés de Pompéi. La ville comptait non moins de dix boulangeries, chacune produisant sa propre farine à l'aide de grossières meules de pierre que tournait sans relâche une mule ou un esclave, et une douzaine d'ateliers de foulons où l'on faisait rétrécir et blanchir les lourdes étoffes de laine dans lesquelles étaient taillées les toges de l'époque. La laine était ensuite lavée et foulée dans des cuves remplies d'eau, puis séchée au soleil et repassée au moyen d'un appareil ressemblant à une ancienne presse d'imprimerie.

Les révélations apportées par les fouilles de Pompéi eurent d'emblée un profond retentissement sur l'art, la littérature, l'histoire, l'architecture et la mode dans divers pays d'Europe. Les gravures de Piranèse représentant des scènes de Pompéi et d'Herculanum influencèrent les célèbres architectes écossais Robert et James Adam. Le non moins célèbre céramiste anglais Josiah Wedgwood fut inspiré par les formes et les coloris des urnes grecques découvertes dans les cités mortes. Au début du XIXe siècle, le style pompéien devint la règle dans les arts décoratifs. Sur les murs et les plafonds des maisons, on voyait proliférer les médaillons et les motifs en stuc dans ce style. Les peintres et les sculpteurs de toute l'Europe allaient faire leur pèlerinage à Pompéi dont la suprématie ne se discutait pas.

Le Vésuve vit alors son prestige grandir avec la multiplication des ouvrages, des gravures, des peintures et des articles de journaux inspirés par les fouilles. Mais le volcan savait aussi faire entendre directement sa voix. Entre 1766 et 1794, il se manifesta au cours de neuf éruptions importantes qui détruisirent un grand nombre de villages et firent des victimes par centaines. Durant cette période, le ciel

Les trésors de Pompéi

En l'an 79 de notre ère, Pompéi fut si bien enfouie sous six mètres de matériaux volcaniques que ses vestiges restèrent à l'abri des ravages du temps pendant près de seize siècles. La profusion d'objets façonnés que les fouilles ont livrés au cours des 200 dernières années permet de dresser un tableau remarquablement détaillé de la vie quotidienne dans une cité marchande de la Rome antique. Pompéi a laissé à la postérité des témoignages attachants, souvent très beaux et parfois saugrenus, du mode d'existence de ses habitants.

L'extraordinaire diversité des trésors mis au jour montre que l'art était partout présent à Pompéi. Souvent, presque tous les murs d'une maison étaient décorés de scènes mythologiques ou de portraits de la famille qui l'habitait. Des mosaïques, pleines de couleurs et de détails montrant des paysages, des scènes de bataille ou de théâtre, étaient cimentées sur le sol. Des amours et des nymphes s'ébattaient sur des pièces d'argenterie importées du Proche-Orient. Les ustensiles de la vie quotidienne, tels que poêles ou lampes à huile, s'ornaient de multiples détails attestant un art consommé.

Des statues embellissaient les jardins. Souvent elles représentaient Dionysos, le dieu grec de la vigne et du théâtre. Dans les lieux publics, les fontaines s'ornaient de visages grimaçants. Le forum, une des merveilles architecturales de l'empire romain, était entouré de plus de 70 sculptures en bronze ou en marbre dont beaucoup immortalisaient des bienfaiteurs de la ville.

Pour abondante qu'ait été la moisson d'objets d'art et de témoignages historiques déjà récoltée à Pompéi, nul ne sait quelle sera en fin de compte sa véritable ampleur car les deux tiers de la ville n'ont pas encore été fouillés et sont toujours enfouis sous un épais linceul de cendre et de pierre.

Ce casque de bronze, orné d'un aigle, avec grilles rabattables pour protéger les yeux, était utilisé par les gladiateurs.

La découverte en 1863 de cette lampe à huile, ouvragée d'un décor de feuilles de lotus, souleva l'admiration générale.

Des feuilles de lierre décorent ce cratère d'argent. L'argenterie était prisée à Pompéi. Dans une villa, on a trouvé un service de 118 pièces.

Des poignées en forme de main et des pieds griffus apportent une note de fantaisie à ce poêle portatif en bronze.

Des habitants de Pompéi, cherchant à fuir, sont tombés au pied du mur de la ville et la cendre durcie a préservé à jamais leur image. Des scènes de ce genre ont été recrées avec minutie en versant du plâtre dans les cavités laissées par les corps décomposés des victimes.

napolitain semble n'avoir jamais été débarrassé de ses fumées et le sol dans le voisinage du volcan n'arrêtait pas de trembler.

Un certain nombre d'esprits réfléchis, parmi lesquels Sir William Hamilton, essayèrent alors de comprendre le comportement du volcan. L'histoire politique retiendra sans doute de lui qu'il n'a été qu'un diplomate de second plan, sans éclat particulier, dont la femme s'était entichée d'un amiral, mais aux yeux des vulcanologues il fut un bon observateur.

Hamilton était intrigué par l'attitude des paysans de la région, si nombreux à rester accrochés à leur terre malgré le danger. « La nature agit avec lenteur, écrit-il. Chaque paysan se dit que l'éruption ne se produira pas de son vivant ou que, si cela arrivait, son saint patron détournerait de ses terres la lave destructrice ; et c'est un fait que la grande fertilité du sol au voisinage des volcans incite les gens à s'y fixer. »

Le saint auquel il fait allusion est saint Janvier, patron de Naples. Lorsque le Vésuve entre en éruption, les Napolitains ne manquent pas d'exiger de leur cardinal que son effigie soit menée en procession à travers la ville. Les scientifiques ont tout lieu de se féliciter de cette coutume car les éruptions du Vésuve au Moyen Âge ne sont souvent connues que grâce aux inscriptions portées sur les registres ecclésiastiques où sont consignées les dates auxquelles saint Janvier a été promené en grande pompe dans les rues.

Lors de l'éruption de 1767, Hamilton put voir de sa fenêtre que les « projections de scories, de cendres et de pierres ponces » avaient entraîné la formation d'un cône adventif à l'intérieur du cratère principal et que son sommet dépassait le rebord du cratère. « J'avais vu grandir cette petite montagne, écrit-il, et, en faisant des dessins de temps en temps, je pouvais suivre sa croissance dans les moindres détails. Je n'ai aucun doute que le Vésuve tout entier s'est formé de cette manière. »

Hamilton voulut observer le phénomène de plus près en montant au sommet de la montagne. Ce n'était pas sans danger et il fut heureux de s'en tirer indemne. « La montagne se fendit, raconte-t-il, et de cette nouvelle bouche jaillit à grand bruit un flot de feu liquide qui coula droit vers nous. Des nuages de fumée noire et de cendre causaient une obscurité presque totale. Mon guide se sauva à toutes jambes et je dois reconnaître que je ne me sentais pas à mon aise. Je le suivis sans m'attarder et nous parcourûmes en courant près de cinq kilomètres sans nous arrêter. Le sol continuait de trembler sous nos pieds. Les pierres ponces qui tombaient sur nous comme de la grêle étaient d'une taille propre à causer une sensation désagréable à l'endroit où elles nous atteignaient. »

Hamilton vécut 36 ans à Naples et fit plus de 200 excursions sur le Vésuve. Développant ses premières remarques sur le cône de scories qui grandissait à

Ensevelie sous des coulées de boue lors de l'éruption du Vésuve en 79, l'antique Herculanum, tout comme Pompéi, resta longtemps oubliée. Cette rue s'arrête net au-dessous du village d'Ercolano dont on aperçoit les antennes de télévision. Les fouilles furent interrompues parce qu'elles menaçaient les maisons du village.

l'intérieur du cratère, il émit l'hypothèse que la montagne tout entière et, en fait, tous les volcans de la Méditerranée avaient surgi du fond de la mer à la suite d'éruptions successives. Il observa l'absence dans la région de « sol vierge » (c'est ainsi qu'il désignait les roches sédimentaires) et la présence de roches volcaniques en couches superposées. Et cela l'amena à une conclusion erronée certes, mais néanmoins intéressante, qu'il exprima ainsi : « Dans l'ensemble, s'il me fallait établir un système, je dirais que *les montagnes sont engendrées par les volcans et non les volcans par les montagnes.* » Ces observations et une série d'autres figurent dans une correspondance que Hamilton échangea avec le président de la Royal Society de Londres, correspondance qui fut publiée en 1774. Elle est considérée aujourd'hui comme le premier ouvrage moderne de vulcanologie.

En 1841, le roi d'Italie Ferdinand II donna aux vulcanologues un moyen d'approfondir encore leurs connaissances en faisant construire sur un épaulement du Vésuve un observatoire permanent. Achevé en 1845, ce bâtiment construit en pierre de taille contenait une salle de conférence, des locaux pour les instruments scientifiques, des logements et un bureau directorial doté d'une vue imprenable sur le cratère situé à trois kilomètres de là. Mais le roi cessa de s'intéresser au projet et l'observatoire resta quasiment à l'abandon jusqu'en 1850, date à laquelle se produisit une nouvelle éruption.

A cause de sa situation dominante, l'observatoire fut épargné par les coulées de lave et on décida alors de l'utiliser sérieusement. Un éminent physicien de l'université de Naples, Luigi Palmieri, en fut nommé directeur en 1856 et, pendant près de 16 ans, il s'y rendit régulièrement, prenant des mesures avec toutes sortes d'instruments, y compris un sismographe particulièrement sensible de sa conception. Tout cela, cependant, n'intéressait qu'un petit cercle d'initiés, mais un événement se produisit en 1872 qui fit de Palmieri un héros national et de son observatoire un monument à son courage. Au mois de mars de cette année-là, le cône du volcan s'ouvrit sur sa face nord-ouest, en plein dans le champ de vision de l'observatoire. Il y eut effusion de lave et formation de fumerolles. Les instruments de Palmieri commencèrent à enregistrer une grande activité dans les entrailles de la montagne. Le 25 avril débuta la phase paroxystique de l'éruption. Palmieri était toujours à son poste et, pendant six jours, il n'en bougea pas. Bravant les gaz délétères qui le suffoquaient, il sortait parfois pour étudier les coulées de lave les plus proches. A Naples, il y avait foule pour contempler au télescope la petite silhouette du savant se détachant sur la montagne embrasée, et les habitants de la ville se sentaient tout ragaillardis de constater que Palmieri tenait bon.

Dans les années qui suivirent, l'observatoire resta à peu près constamment occupé

Un diplomate en mission au Vésuve

Le 11 mai 1771, sous un ciel qu'illumine le rougeoiement du Vésuve, William Hamilton *(à gauche)* désigne à un groupe d'invités une coulée de lave qui serpente en direction de la ville de Resina. L'auteur de cette œuvre picturale, Pietro Fabris, s'est représenté dans le coin inférieur gauche en train de peindre cette scène.

Sir William Hamilton ignorait qu'il avait une vocation de vulcanologue quand il partit pour l'Italie en 1764 afin de prendre son poste d'envoyé extraordinaire de Grande-Bretagne auprès du roi de Naples. Mais le Vésuve, pièce maîtresse du décor de la baie de Naples, le fascina d'emblée et il s'étonna d'être à peu près le seul à s'y intéresser.

Sur place, aucun chimiste n'avait jamais pris la peine d'examiner la composition des roches volcaniques, mais lui le fit et il envoya des échantillons à Londres. Surtout, il s'attacha à surveiller quotidiennement l'activité du Vésuve, passant parfois des jours et des nuits en situation périlleuse sur le volcan pour observer ses éruptions.

En octobre 1767, la violence d'une éruption l'obligea à rebrousser chemin après avoir escaladé la montagne mais, de retour à Naples, il nota le déroulement du phénomène au jour le jour, depuis les premiers « torrents de feu » jusqu'aux « cendres de pierre ponce » qui noyaient les environs dans une sorte de « brouillard londonien ». Ne se contentant pas de ses propres observations, il interrogea des paysans et apprit que la cendre, grise au début d'une éruption, devenait ensuite blanche comme neige, ce qui était le signe que l'éruption tirait à sa fin.

Hamilton assaisonnait souvent ses dépêches à Londres de considérations sur le Vésuve, mais, pour l'essentiel, ses observations sont consignées dans ses lettres au président de la Royal Society. Il devait prendre à son service le peintre Pietro Fabris, sujet britannique résidant à Naples, pour lui faire faire des gravures coloriées représentant le volcan au cours de ses différentes manifestations. Ces illustrations pleines de vie furent plus tard éditées à ses frais en même temps que ses lettres dans un ouvrage en trois volumes intitulé *Campi Phlegraei (Champs phlégréens).* Les indications numériques ou alphabétiques qui apparaissent sur les gravures ci-contre renvoient aux longues et minutieuses descriptions qui les accompagnaient.

Les dernières années de sa vie, Hamilton dut vendre une bonne partie de sa collection d'art vésuvien pour couvrir ses dépenses courantes, mais il était fier de sa contribution à la science. « On ne trouve pas souvent, disait-il, une description précise des opérations de la nature, rapportée de façon à la fois simple et fidèle. » L'élégant mélange d'art et de science qui caractérise son œuvre assure à Hamilton une place notable dans l'histoire de la volcanologie.

mais le volcan étant retombé dans sa somnolence habituelle, il n'y avait plus grand chose à observer. Les autorités étaient si rassurées qu'elles firent construire autour de la montagne un petit chemin de fer qui conduisait les touristes jusqu'à 750 mètres d'altitude. Là, les plus aventureux pouvaient emprunter le funiculaire installé par l'agence Cook pour gagner le bord du cratère d'où l'on voyait, à l'intérieur, des panaches de fumée et des étangs de lave liquide.

Le Vésuve était donc bien connu de tout le monde quand eut lieu une nouvelle éruption en 1906. Comme en 1872, le phénomène bénéficia d'une publicité particulière due aux effrayantes descriptions qui parvenaient de l'observatoire assiégé. Cette fois, le reporter était l'Américain Frank Perret qui allait devenir célèbre dans le monde scientifique mais qui, pour l'instant, faisait son apprentissage dans la profession au côté du directeur de l'observatoire, Raffaele Matteucci. Ses notes présentent un récit dramatique des événements comme on n'avait pas eu souvent l'occasion d'en lire depuis Pline le Jeune.

La première phase de l'éruption qui débuta au printemps de l'année 1905 fut beaucoup moins destructrice que le paroxysme du mois d'avril de l'année suivante, mais pendant qu'elle se déroulait eut lieu un audacieux sauvetage. Un jeune garçon dénommé Giovanni Olivieri, qui s'était réfugié dans une vigne au-dessous de l'observatoire, s'était trouvé cerné par la lave. Matteucci entendit ses appels au secours et appela à la rescousse un guide du nom de Pasquale Pacifico. Les deux hommes se dirigèrent ensemble vers l'enfant en marchant précautionneusement sur la croûte fragile qui avait commencé à se former à la surface de la lave en fusion en train de refroidir. Matteucci a par la suite raconté en ces termes son équipée : « Cela pouvait rappeler une pellicule de glace traîtresse, mais combien différente et infiniment plus terrible vous apparaît la situation quand vous avez au-dessous du feu liquide et non de l'eau ! La chaleur était épouvantable. Avec des linges mouillés pour nous protéger le visage et avec nos bottes brûlantes, nos mains rôties et nos vêtements fumants, nous avons avancé sur la croûte qui fléchissait et saisi l'enfant tout tremblant. Plutôt que de l'emporter dans nos bras, ce que nous n'osions pas, nous l'avons fait courir seul devant nous pour répartir le poids et ainsi nous sommes parvenus à le mettre à l'abri. »

Les six dessins de Pietro Fabris illustrent la croissance du Vésuve entre le 8 juillet 1767 et l'éruption du 19 octobre. Le grand dessin que Hamilton fit exécuter montre comment « la quantité de matériaux éjectés en dix jours a entièrement rempli la vallée située entre l'ancien cratère et le cône ». Le pointillé (E) indique la hauteur initiale du volcan.

Le souci du détail poussait le diplomate britannique à ramasser et à étudier les débris éjectés par le Vésuve. Il trouva ces échantillons de lave incrustée de soufre de couleur jaune « dans le cratère même, au fond d'une crevasse vraiment très chaude » et remarqua que le sel déposé sur la pierre, dans l'angle inférieur droit, était « semblable à celui dont les paysans de la région se servent à leur table ».

L'éruption se poursuivant, l'observatoire se trouva lui-même menacé par les tremblements de terre, les volées de pierre, les chutes de cendre et les gaz chauds qui rendaient la respiration pénible. « A l'intérieur du bâtiment, il était difficile de traverser une pièce sans se tenir au mur », écrit Perret. Afin de s'assurer que l'édifice n'était pas seul en cause, Perret alla dehors et s'appuya à un mur de pierre. « La sensation était la même, dit-il. Comme la paroi d'une chaudière ronflante, la montagne palpitait et vibrait continuellement. »

Sur le versant nord-est de la montagne, les villages furent enfouis sous la cendre. Les rails du chemin de fer et du funiculaire furent arrachés. Mais, à cause de sa situation et de sa construction particulièrement robuste, l'observatoire non seulement tint bon mais resta habitable et propre à l'usage auquel il était destiné tout au long de l'éruption. Matteucci, Perret et six courageux carabiniers demeurèrent à leur poste et firent de fréquentes sorties sur les flancs du volcan — les savants pour étudier son comportement et les soldats pour transmettre des informations à la population inquiète des localités voisines.

Quand débuta la phase paroxystique, une foule exaltée de 30000 personnes se rassembla devant la cathédrale de Naples. Le buste de saint Janvier fut retiré de sa niche et porté en procession à travers la ville. Le volcan n'en parut pas autrement affecté. Toutefois, la population reprit espoir, sachant que les hommes tout près du cratère étaient toujours vivants. Pendant ce temps, Matteucci et Perret poursuivaient leurs observations et enregistraient toute une série de phénomènes étranges. Entre autres, un « vent électrique » qui, rapporte Perret, faisait « siffler » le métal sur les képis des carabiniers et apparaître « des feux de Saint-Elme sur toute chose pointue que nous portions ». D'un grand nuage de cendres au-dessus du volcan tomba à un moment une pluie de boue sous forme de boules molles dont certaines avaient la taille d'un œuf. On en déduisit que la cendre saturée d'eau s'était condensée et agglomérée en atteignant l'air froid en altitude et qu'elle était retombée comme une sorte de grêle boueuse.

Une nuit, Perret fut réveillé par un léger bourdonnement qu'il percevait dans une seule de ses oreilles, celle qui était appuyée contre l'oreiller. Il redressa la tête et le bruit cessa pour reprendre dès qu'il l'eut reposée. Il se leva alors et prit entre ses dents une des barres métalliques de son lit. Cette fois, il put non seulement entendre, mais sentir cette vibration dont il ne sut d'ailleurs sur le moment interpréter la cause. Il s'agissait en effet de l'oscillation harmonique engendrée par le mouvement de grandes masses de magma.

Le lendemain, Perret fit part à Matteucci de son expérience bizarre et ajouta qu'à son avis — ce n'était qu'une intuition — le volcan préparait une nouvelle éruption. Le professeur se contenta d'en rire et dit : « Tu as dû entendre quelqu'un moudre le café pour le petit déjeuner. »

Mais, quelques jours plus tard, l'éruption reprenait effectivement.

Longtemps après, Perret ne pouvait se remémorer les événements du 18 avril 1906 sans un frisson rétrospectif. Ce jour-là, une éclaircie dans les nuages de cendres permit au personnel de l'observatoire d'apercevoir un groupe d'hommes, de femmes et d'enfants cherchant refuge dans une caserne de fortune qui se trouvait non loin de là. Une fois de plus, l'intrépide Matteucci se porta à la rescousse, avec Perret et les carabiniers. Le bâtiment n'était qu'à une cinquantaine de mètres, mais la cendre, plus épaisse que jamais, les enveloppa de nouveau. « Les gaz rendaient l'air presque irrespirable, raconte Perret. Une boussole n'aurait servi à rien car on n'aurait pu la voir. » Par-dessus le marché, le vent soufflait les cendres avec tant de force que leurs lèvres saignaient.

Les sauveteurs trouvèrent dans la caserne une quarantaine de réfugiés terrorisés. « On les aligna tous le long d'une corde dont une extrémité fut attachée à la porte du bâtiment. La tête de ce serpent humain explora les alentours et finit par trouver un repère reconnaissable ; la queue vint alors à sa hauteur et la manœuvre se répéta jusqu'à l'observatoire. Une fois réunis à l'intérieur, plus morts que vifs, nous dûmes supporter pendant huit heures les gaz délétères et une atmosphère à ce point chargée de cendres qu'on ne voyait pas une lampe à l'autre bout de la pièce. Mais, à minuit, l'éruption se ralentit et les gaz se dissipèrent. A l'exception d'un jeune homme, tout le monde survécut à l'épreuve. »

Une fois l'éruption terminée — elle devait encore se prolonger jusqu'à la fin du mois — on s'aperçut qu'il n'y en avait pas eu de pire depuis 1631. Cette fois, Naples, Pompéi et les localités du littoral avaient été épargnées, mais nombre de

Lors de l'éruption du Vésuve de 1906, ici représentée par cette aquarelle d'époque, les paysans terrorisés invoquèrent la protection divine et, avant d'abandonner leurs maisons, tentèrent d'arrêter les torrents de lave en brandissant des croix.

A Ottaviano, bourgade dévastée en 1906 par une éruption du Vésuve qui dura 18 jours, la cendre emplissait l'air et bouchait les rues. Il en tomba tellement que pendant des années il fut impossible de rien cultiver dans la région.

L'abricotier, la vigne et la tomate prospèrent sur les pentes du Vésuve grâce aux cendres volcaniques qui fertilisent le sol. C'est la fertilité de la terre qui pousse les habitants, après chaque éruption, à revenir vivre dans le voisinage du volcan.

villages sur les versants nord et est se trouvaient ensevelis sous les cendres. A San Giuseppe, le toit d'une église s'était effondré, tuant 150 personnes. Des dizaines d'autres avaient été tuées chez elles. De grandes étendues de champs et de vignes — en tout 80000 hectares — furent ravagées par la lave et les cendres.

La montagne elle-même avait changé. Le rebord du cratère s'était abaissé de 220 mètres et le cratère lui-même s'était élargi de 300 mètres environ. Il avait désormais un diamètre de 480 mètres et s'était tellement creusé que, du bord, on n'en voyait plus le fond. Mais comme les parois s'éboulaient sans cesse, accumulant les débris, le fond remonta et, en 1909, trois ans après l'éruption, il finit par devenir visible à 200 mètres en contrebas.

C'est cette année-là que mourut le valeureux Matteucci, qui assuma jusqu'à la fin la direction de l'observatoire. Il avait écrit : « J'aime ma montagne. Je suis à elle pour toujours ; mes rares amis me disent qu'un de ces jours son souffle consumera et flétrira ma pauvre vie. » Et c'est ainsi qu'après s'être abîmé la santé à respirer pendant tant d'années de son existence les exhalaisons nocives du Vésuve, il fut emporté par une pneumonie.

Au cours des années qui se sont écoulées depuis, le Vésuve ne s'est manifesté qu'une seule fois. C'était en 1944, pendant la guerre, et l'éruption interrompit tout trafic aérien sur les aérodromes américains implantés aux environs de Naples. Une fois de plus, on vit des colonnes de réfugiés descendre avec leurs bêtes des villages menacés, emportant literie, mobilier et autres biens précieux. Aujourd'hui, les blessures sont cicatrisées ; les pentes du volcan sont de nouveau verdoyantes ; la vigne y pousse entre les vergers et les jardins potagers. Chaque année, on récolte sur la montagne des œillets et des abricots destinés à l'exportation. Ils sont expédiés par trains entiers en direction de l'Allemagne, des Pays-Bas et d'autres pays d'Europe. Dans les rues de Naples, de nouvelles générations de touristes se succèdent pour contempler avec une admiration béate le célèbre volcan.

Pendant ce temps, la montagne garde ses secrets et rassemble ses forces. « Le Vésuve est assoupi, disait le vulcanologue Alessandro Malladra en 1913, mais son cœur est éveillé. Nul doute que, tôt ou tard, il ne sorte de son sommeil agité et n'explose magnifiquement à la face du monde, avec des bannières de feu et des panaches de fumée, faisant trembler le sol et dévorant une multitude d'êtres humains, démolissant leurs chétives cités et répétant l'histoire de Pompéi et d'Herculanum. Le Vésuve est un monstre — impérial, terrifiant, magnifique — que ne saurait retenir la ruse ou l'habileté de l'homme. »

Chapitre 5

À L'ÉCOUTE DE LA TERRE

La main protégée par un gant de toile, un vulcanologue prélève au moyen d'un pic un échantillon de lave à travers une ouverture dans la croûte solidifiée (Hawaii, 1972). L'analyse des prélèvements permet aux chercheurs de déterminer la nature et l'origine de la roche fondue.

Pendant des siècles, l'idée que les hommes puissent affronter avec leurs faibles moyens la formidable puissance des volcans ne sembla pas pouvoir être envisagée sérieusement. L'attitude générale était empreinte de fatalisme. Comme l'a écrit le vulcanologue américain Gordon Macdonald, on avait le sentiment que, quoi qu'on fît, « le volcan aurait le dernier mot ». Pourtant, il est arrivé de temps en temps que des hommes essaient de tenir tête et sans doute est-il naturel que la première tentative de résistance dont on ait connaissance se soit produite dans la région méditerranéenne, particulièrement éprouvée.

Cela eut lieu en Sicile, en 1669. Le 11 mars de cette année-là, après trois jours de frémissements prémonitoires, l'Etna entra en éruption. Ce fut l'éruption la plus violente de sa longue histoire. De grands nuages de cendre se répandirent à 100 kilomètres à la ronde et, le 25 mars, un flot bouillonnant de lave se déversa sur la face sud de la montagne, menaçant Catane située à une quinzaine de kilomètres en contrebas et que seuls défendaient ses vieux murs hauts de 18 mètres.

Tandis que la coulée progressait inexorablement, engloutissant au passage plusieurs villages, un homme cherchait le moyen de sauver la ville. On ne sait rien de lui, ni son âge ni sa profession ; l'histoire n'a retenu que son nom : Diego de Pappalardo. La lave s'épanchant du cratère était du type que l'on appelle de nos jours aa et qui a tendance à couler entre deux levées de matériaux refroidis. L'intrépide Pappalardo, aidé par une cinquantaine d'acolytes portant comme lui des peaux de vaches humides pour se protéger de l'intense chaleur dégagée par la lave et armés de grandes barres de fer, entreprit de démolir une de ces levées à flanc de montagne. Comme il l'avait espéré, une langue de lave passa par la brèche et, du coup, la progression du flot principal en direction de Catane se trouva ralentie.

Malheureusement, la lave s'échappant de la brèche allait droit sur le village de Paterno, situé à 18 kilomètres au nord-ouest de Catane, ce qui, on s'en doute, ne fut pas du goût de ses habitants. Quelques centaines d'entre eux, armés de bric et de broc, allèrent trouver Pappalardo et ses compagnons et les obligèrent à arrêter leurs travaux. La brèche, cessant d'être entretenue, finit par se boucher et le flot de lave, retrouvant toute sa force, reprit le chemin de Catane.

A la surprise générale, la vieille enceinte de la ville résista pendant plusieurs jours à la pression du flot montant qui la contourna pour se jeter dans la mer Ionienne. Mais la barrière finit par céder et la lave se déversa à travers la ville jusqu'au port qu'elle remplit presque entièrement. Aujourd'hui encore, certaines rues de Catane sont partiellement bouchées par d'énormes blocs de lave.

Près de 300 ans devaient s'écouler avant que des hommes ne tentent de nouveau de limiter les dégâts causés par les éruptions, mais le précédent de Catane ne fut jamais oublié. De nos jours, c'est avec des bulldozers, des lances à incendie et des

A l'intérieur de la modeste construction *(ci-dessus)* qui abritait à l'origine l'observatoire volcanologique de Hawaii, le vulcanologue américain Thomas Jaggar *(ci-contre)* travaille. Convaincu de la nécessité d'une observation permanente, Jaggar fonda cet établissement en 1912. Il affirmait qu'un savant vivant dans le voisinage d'un volcan «en apprend plus en une heure qu'au bout de plusieurs années d'études acharnées à l'université».

explosifs que l'on s'attaque aux coulées de lave et cela non seulement à partir de la terre, mais aussi par la mer et par les airs. Jusqu'ici, les résultats n'ont été que rarement à la hauteur des espérances, mais la perspective d'un succès futur demeure.

Beaucoup plus fructueux ont été les efforts déployés pour prévoir les éruptions afin de permettre aux personnes qui se trouvent dans les zones dangereuses de s'en aller à temps. La prévision est devenue en fait une discipline autonome possédant ses propres instruments destinés à enregistrer les tremblements du sol, mesurer le gonflement des flancs du volcan quand le magma remplit sa chambre d'alimentation, détecter les mouvements souterrains des roches en fusion et recueillir les gaz qui s'échappent à la surface.

Avant de disposer de ces instruments, les savants devaient se contenter de procéder par déductions à partir des phénomènes que l'on pouvait observer à la surface. Comme l'a dit le géophysicien Robert Decker, on en était à peu près au stade de «la médecine avant les rayons X», c'est-à-dire que «les diagnostics importants devaient se faire uniquement sur la base des symptômes alors que, pour effectuer des diagnostics plus précis, il aurait fallu avoir connaissance de données qui sont cachées sous la surface».

Prévoir une éruption — et a fortiori maîtriser les forces qu'elle déchaîne — nécessite par conséquent une spécialisation et ce n'est pas un hasard si l'homme qui a renouvelé les tentatives de maîtriser les coulées de lave a aussi légué une organisation qui a ouvert la voie dans le domaine de la prévision.

En 1885, à l'âge de 14 ans, Thomas Augustus Jaggar, fils d'un évêque de l'Église épiscopale, se prit de passion pour les volcans en découvrant le Vésuve à l'occasion d'un voyage en Europe avec ses parents. Plus tard, devenu professeur à Harvard, puis chef du département de géologie du Massachusetts Institute of Technology, il entreprit dans son laboratoire des travaux visant à reproduire les phénomènes volcaniques. Utilisant des pâtés de boue en guise de lave, il les soumit à des variations de température et de pression. Pour imiter les intrusions de lave qui ont modelé le paysage des Black Hills dans le Dakota du Sud, il injecta de la cire chaude dans le fond d'un réservoir rempli de sable, de plâtre en poudre et de poussière de charbon. Pour copier les geysers, il imagina un assemblage de bouteilles remplies d'eau, de tubes et d'un bec Bunsen qui faisait jaillir ponctuellement, toutes les 90 secondes, un demi-litre d'eau à un mètre de hauteur.

Le fait que ses expériences n'étaient susceptibles d'aucune application immédiate ne l'inquiétait nullement. Ce qui l'intéressait, c'était de comprendre la nature du volcanisme ; les applications pratiques — prévisions des éruptions ou détournement des coulées de lave — viendraient ensuite.

Mais la volcanologie est une profession itinérante et ceux qui s'y livrent n'hésitent pas à se déplacer chaque fois qu'une montagne se met à cracher du feu et à vomir de la lave. Jaggar avait été évidemment parmi les premiers à se rendre à la Martinique après l'éruption de la montagne Pelée en 1902 et, quatre ans plus tard, il était allé se pencher sur le cratère encore fumant du Vésuve qui venait d'avoir un nouvel accès de fièvre. En 1907, il débarqua sur le Bogoslof — un volcan des Aléoutiennes dont le sommet émergeait à peine des eaux — sans se douter que l'endroit où il venait de mettre le pied allait être secoué par une violente explosion trois semaines seulement après son départ.

Cependant Jaggar s'irritait de ce travail par à-coups qui caractérisait à l'époque l'étude des volcans : à une activité fébrile en période de crise succédait une oisiveté forcée en période de repos. Il estimait qu'il fallait installer sur les volcans des observatoires permanents où les savants pourraient poursuivre leurs études à longueur d'année. Certes, il existait déjà un observatoire de ce genre sur le Vésuve depuis 1845, mais c'était bien le seul de son espèce. Jaggar pensait que cet exemple devait être amplement généralisé car, disait-il, « le seul moyen de connaître un volcan est de vivre avec lui ».

Ayant réfléchi à l'endroit où l'on pourrait construire un observatoire américain, son choix se porta sur le Kilauea, un volcan de Hawaii, beaucoup plus facile d'accès que son grand frère, le Mauna Loa. C'était — et c'est toujours — l'un des volcans les plus actifs du globe, mais ses éruptions, qui s'accompagnent d'une abondante effusion de lave contrairement aux éruptions de type explosif du Vésuve, ne présentent généralement pas de danger pour les observateurs.

Jaggar se mit en campagne en 1909. Il espérait obtenir le soutien du Congrès des États-Unis, mais son projet ne trouva guère d'écho parmi les hommes politiques auxquels il s'adressa. Les organisations privées ne manifestèrent pas plus d'intérêt au début mais, comme il était obstiné, il finit par arracher 25 000 dollars à la Whitney Foundation de Boston. S'étant rendu à Hawaii à ses propres frais, il persuada les commerçants locaux et même les simples citoyens de Hilo — une ville souvent menacée par les coulées de lave du Mauna Loa — de souscrire à son projet.

Finalement, en janvier 1912, fut inauguré l'observatoire volcanologique de Hawaii dont la direction fut confiée à Jaggar. C'était une construction de huit pièces installée sur le Kilauea, au bord même d'une caldera de 120 mètres de profondeur. Sur le bâtiment figurait cette inscription : *Ne plus haustae aut obrutae urbes* (Plus jamais les villes ne seront détruites).

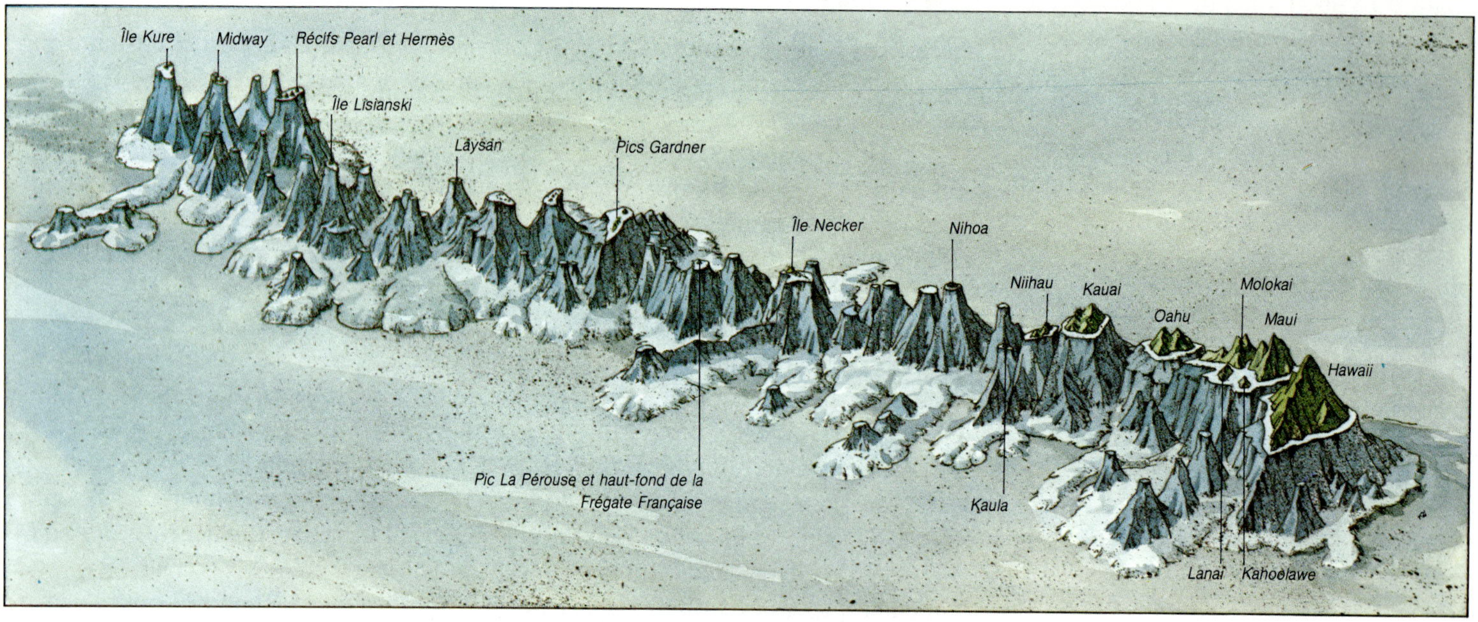

L'archipel hawaiien, situé au centre du Pacifique nord, s'étend sur 2300 km entre les îles de Kure et de Hawaii. Il constitue la partie émergée d'une énorme chaîne de volcans qui s'est édifiée sur des fonds de plus de 5000 mètres au cours d'éruptions sous-marines. On explique la formation de cette chaîne par le fait que la plaque tectonique qui supporte le Pacifique et se déplace vers le nord-ouest passe au-dessus d'un « point chaud » fixe, c'est-à-dire par une source de magma venant des entrailles de la terre.

Alors débuta, sur une échelle encore modeste, l'entreprise qui allait faire du Kilauea le volcan le mieux équipé de la planète. « L'homme est tout petit, écrivit un jour Jaggar, mais s'il prête l'oreille, il peut entendre les battements de cœur de la terre. » L'une de ses premières initiatives fut de creuser une chambre souterraine dans la roche chaude presque à la verticale de l'observatoire et d'y installer, à l'abri de l'air et de l'humidité, des sismographes dont les fines aiguilles enregistraient les moindres frémissements de la montagne sur un papier préalablement enduit de suie au moyen d'une lampe à pétrole.

Le poids d'un volcan jeune et actif peut fracturer la roche qui le supporte, ce qui cause un tremblement de terre à foyer profond. Plus fréquents et plus symptomatiques d'une éruption imminente sont les séismes peu profonds que causent les pressions exercées par le magma quand il se fraye un chemin à travers les fissures internes de l'édifice volcanique.

En règle générale, plus les secousses sont nombreuses, plus grande est la probabilité d'une éruption. Mais chaque volcan obéit à un comportement particulier. Pour les uns, les manifestations sismiques préliminaires durent des années ; pour les autres, quelques jours seulement, voire quelques heures. Pour savoir à quoi s'en tenir dans le cas du Kilauea, il fallait du temps. En attendant, il ne manquait pas de sujets d'étude pour satisfaire la curiosité de Jaggar.

La volcanologie étant encore dans son enfance, on n'avançait qu'en tâtonnant. Jaggar et sa petite équipe passèrent des heures à prendre des mesures de températures dans les fissures qui s'ouvraient sur le sommet du Kilauea, mais ils ne purent établir aucune relation entre la chaleur mesurée et le niveau d'activité volcanique. De même, ils ne trouvèrent rien qui confirmât le rôle que l'on prêtait à l'époque à divers facteurs climatiques, tels que la pluviosité, la température extérieure, la pression barométrique, voire les variations des vents alizés.

Travaillant en collaboration avec E.S. Shepherd, de la Carnegie Institution à Washington, Jaggar mit au point une méthode pour recueillir des gaz volcaniques dans des tubes en verre d'où l'air, considéré comme une source de contamination, avait été extrait au moyen d'une pompe à vide. Elle consistait à s'aventurer sur la lave croûteuse et à introduire la longue et fine extrémité du tube dans l'orifice d'où s'échappent les gaz. Une fois le tube rempli, on en brisait l'extrémité et on l'obturait au chalumeau ou en l'enfonçant dans de la lave en fusion. Les échantillons de gaz volcaniques ainsi obtenus étaient indéniablement les meilleurs qu'on ait pu se procurer jusque-là, mais ils laissaient cependant à désirer. En effet, la composition d'un mélange gazeux varie en fonction des conditions ambiantes. Or l'analyse des gaz est une opération lente et complexe et, quand elle a pris fin, le mélange analysé n'est déjà plus le même que celui qu'on avait au départ.

D'autres expériences furent beaucoup plus profitables. A l'intérieur de la caldera du Kilauea, qui mesure trois kilomètres sur quatre, se trouve une fosse circulaire appelée Halemaumau (la maison du feu éternel) depuis longtemps connue comme foyer d'activité éruptive. Son diamètre, variable selon les époques, était compris entre 500 et 1000 mètres. C'est là que Jaggar avait essayé ses collecteurs de gaz. Dans la fosse, il y avait cette chose que l'on voit rarement sur les volcans : un lac de lave. Une lave très fluide y bouillonnait presque tout le temps pendant les premières années d'existence de l'observatoire. Or en 1916, après deux années de montée régulière, le niveau du lac s'abaissa brusquement, ne laissant qu'une flaque de matières en fusion. Cette soudaine décrue se trouva coïncider — non par hasard, comme on va le voir — avec une éruption du Mauna Loa, distant de 45 kilomètres.

Pendant les six mois qui suivirent, le niveau de la lave monta de nouveau et Jaggar voulut vérifier si le lac avait un fond. En guise de sonde, il se servit de dix tubes de sept mètres de longueur et 25 millimètres de section vissés bout à bout. Debout sur un surplomb et aidé par une dizaine d'assistants, il enfonça dans le lac cette perche démesurée, sous un angle de 50 degrés. A mesure qu'elle pénétrait dans le fond visqueux, la résistance augmentait et, à la fin, elle s'immobilisa.

Jaggar demanda alors à ses coéquipiers de tirer dans l'autre sens pour la dégager, mais cette fois la perche se trouva bloquée par une épaisse croûte de lave en bordure du lac et comme prise dans un étau. Faute de pouvoir la sortir tout entière, il fallut en sacrifier quatre segments.

Malgré cela, en calculant la longueur de tube enfoncée dans la lave et l'angle de pénétration, Jaggar put estimer la profondeur du lac à une quinzaine de mètres. D'autres mesures furent faites ultérieurement, en remuant constamment la perche

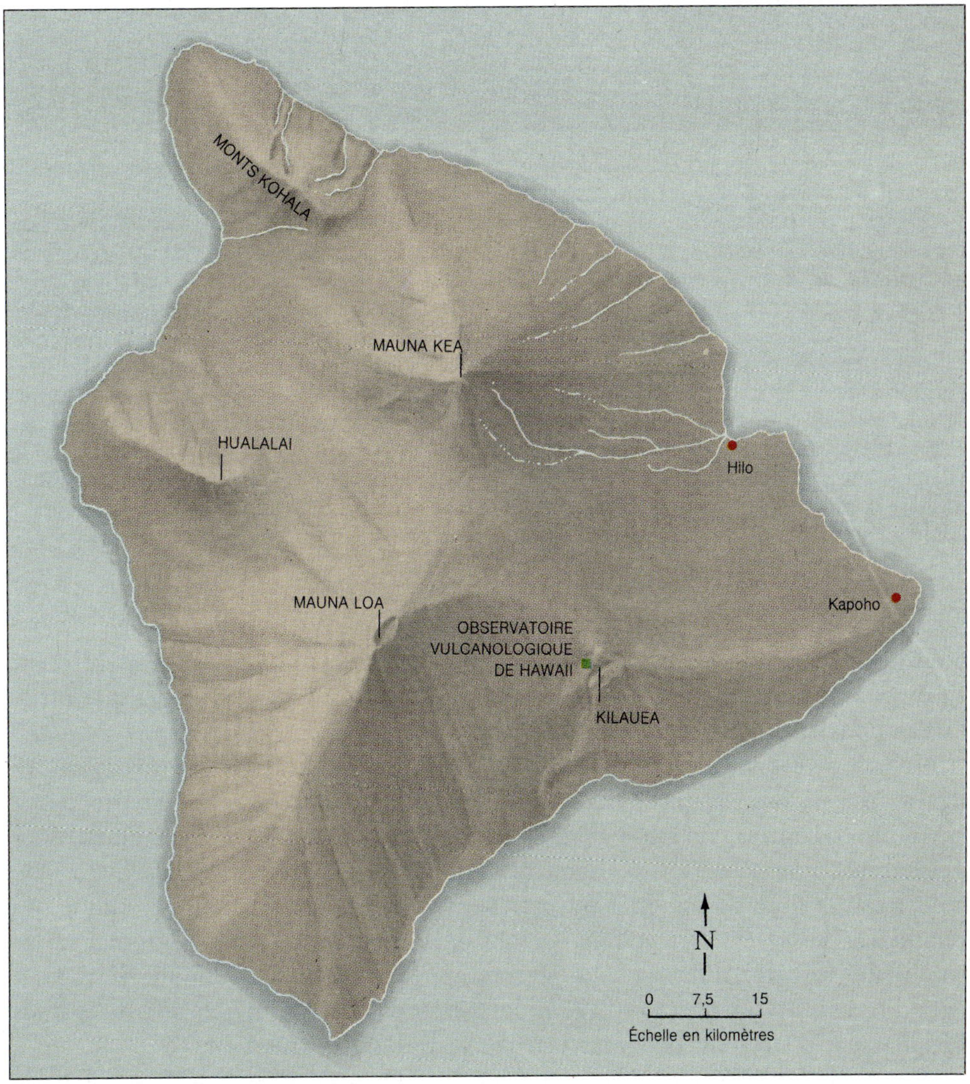

L'île de Hawaii, également appelée Grande Île parce qu'elle est la plus vaste de tout l'archipel hawaiien, couvre 10400 Km^2. C'est la plus grande île volcanique du globe après l'Islande. Elle possède trois volcans en activité dont deux — Hualalai et Mauna Loa — comptent parmi les plus hautes montagnes de la planète : elles s'élèvent à 9000 mètres au-dessus du fond de l'océan.

Remède nouveau pour un mal séculaire

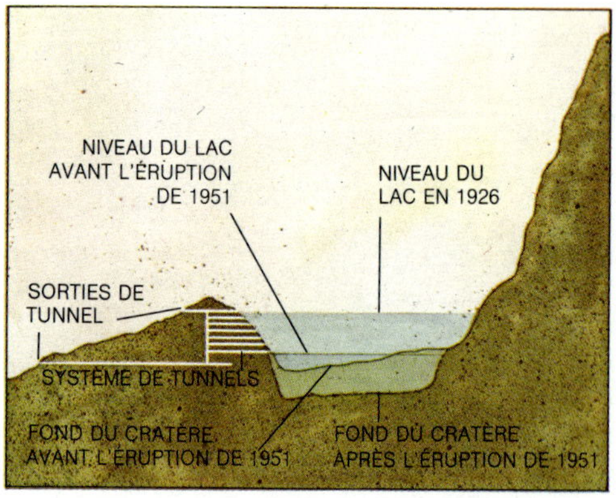

Ce diagramme montre comment ont procédé les ingénieurs néerlandais pour empêcher le lac occupant le cratère du volcan Kelut *(ci-contre)* de déborder. Sept tunnels furent creusés à la dynamite dans la paroi du cratère à intervalles de 9 mètres. On put ainsi abaisser le niveau du lac de 56 mètres et ramener le volume d'eau de 65 millions de mètres cubes à trois millions seulement.

Pendant des siècles, les Javanais habitant les environs du volcan Kelut avaient vécu dans la crainte d'un phénomène volcanique des plus dangereux : le lahar — mot qui désigne une coulée de boue. Chaque fois qu'une éruption importante se produisait, le lac occupant le cratère se vidait de son eau et celle-ci, en dévalant de la montagne, entraînait avec elle toutes sortes de débris et se transformait en torrent de boue.

En 1919, un lahar ayant enseveli 104 villages, tué 5110 personnes et dévasté des milliers d'hectares de cultures, les autorités coloniales néerlandaises firent creuser en 1926 une série de tunnels dans les flancs du volcan pour drainer le lac.

L'idée se révéla efficace. En 1951 eut lieu une éruption et le peu d'eau qui restait au fond du cratère s'évapora. Malheureusement, les tunnels furent détruits et le cratère gagna 70 mètres en profondeur, si bien que l'eau ne tarda pas à s'y accumuler de nouveau et la fois suivante, en 1966, il y eut des centaines de victimes. Les autorités indonésiennes construisirent, plus bas, un nouveau tunnel qui fut terminé en 1967 et, depuis, le lac a été maintenu à un niveau ne présentant pas de danger.

---

pour l'empêcher de se coincer ; elles confirmèrent l'estimation initiale et montrèrent en outre que la profondeur du lac demeurait à peu près constante quel que fût le niveau de la lave dans le lac.

A partir de ces observations, Jaggar élabora une hypothèse qui, dans ses grandes lignes, est encore valable aujourd'hui. Selon lui, l'extrémité supérieure de la cheminée reliant la chambre d'alimentation du Kilauea au Halemaumau était obturée par une pâte épaisse à laquelle il donna le nom d'épimagma. Cette pâte constituait le fond du lac et, à travers elle, montait la lave chaude très fluide qui remplissait le lac et qu'il nomma pyromagma. Exposé à l'air, le pyromagma se solidifiait, formant une lave plus dense, appelée pahoehoe. Comme il y avait équilibre entre les arrivées de lave et les pertes s'effectuant par des fissures dans l'épimagma, la profondeur du lac restait à peu près constante.

Il apparut également que le lac de lave et son fond d'épimagma semi-solide formaient plus ou moins un ensemble se déplaçant en bloc vers le haut ou vers le bas. Quand, pour une raison ou une autre, la poussée du magma diminuait à l'intérieur de la cheminée, sous le bouchon d'épimagma, le lac tout entier descendait alors, à la manière d'un ascenseur.

Compte tenu de tout cela, Jaggar, se rappelant la soudaine baisse de niveau du lac lors de l'éruption du Mauna Loa en 1916, imagina que le Mauna Loa et le Kilauea pouvaient partager une même source de magma, ce qui expliquerait que l'éruption du premier ait réduit la pression à l'intérieur du second et, du coup, fait descendre le lac de lave.

Aussi, quand le Mauna Loa entra en éruption au cours de l'automne de l'année 1919, Jaggar put prédire que le phénomène se reproduirait. Estimant que le système fonctionnait « à la manière d'un siphon », il annonça que le lac allait être brusquement aspiré vers le bas et c'est ce qui se produisit le 28 novembre. En l'espace de deux ou trois heures, le niveau du lac s'abaissa de 120 mètres.

Jaggar fut ravi de voir que les faits confirmaient son hypothèse, mais la volcanologie est une école de modestie et, peu de temps après, se produisit un événement qui, comme il devait l'admettre avec tristesse, était « totalement imprévisible sur la base des connaissances existantes ».

L'éruption de 1919 avait été le dernier sursaut du Mauna Loa avant un long sommeil qui allait durer 14 ans, exception faite d'un bref réveil sans conséquence dans les années 20. Mais à peine s'était-il endormi que le Kilauea, qui était à peu près tranquille depuis un quart de siècle, entrait à son tour en activité avec une série d'éruptions en 1919, 1921, 1922 et 1923.

Dans le cas de ce volcan, la règle voulait que chaque éruption fût précédée par une élévation du niveau du lac de lave. En janvier 1924, la lave, parvenue à 32 mètres à peine du bord du cratère, se mit à redescendre pour tomber, en février, 112 mètres au-dessous, niveau auquel elle se maintint pendant tout le mois de mars. La menace d'une éruption semblant écartée, Jaggar estima qu'il pouvait s'absenter et il partit donner une série de conférences à New York. Comme s'il n'avait attendu que ce signal, le Kilauea se réveilla alors. Il y eut d'abord, en avril, près de la caldera, une série de secousses qui se développèrent ensuite le long d'une zone de faille sur le versant est. Les 22 et 23 avril, on enregistra 200 secousses à 50 kilomètres du sommet. Dans la zone de faille, des crevasses s'ouvraient puis se refermaient, l'une d'elles engloutissant même une vache. Manifestement une éruption se préparait dans cette zone.

En fait, l'éruption se produisit là où on ne l'attendait pas : dans le Halemaumau ; et, au lieu de se traduire par une simple effusion de lave, comme d'habitude, il y eut, pendant deux semaines à partir du 11 mai, une série d'explosions avec émission de cendres et projection de blocs de rocher dans toutes les directions. Un de ces blocs, pesant huit tonnes, fut trouvé par la suite à 400 mètres du cratère.

Le volcanisme à Hawaii a toujours constitué une attraction pour les visiteurs, ces derniers sachant bien qu'ils ne couraient guère de risques. Le 18 mai, à l'occasion d'une sortie du dimanche, un groupe de curieux s'était rendu sur le Kilauea et, parmi eux, un certain Truman Taylor, employé d'une plantation. Comme le groupe s'approchait de la caldera pour mieux voir l'éruption, il y eut une explosion et une pluie de pierres. Taylor, les deux jambes brisées et le visage horriblement brûlé, était presque complètement enseveli. Ses compagnons le dégagèrent et le transportèrent à Hilo, mais il n'y avait plus rien à faire et quelques heures plus tard il mourut. C'était la première fois qu'un volcan hawaïen faisait une victime.

Entre-temps, Jaggar, apprenant l'éruption du Kilauea, était revenu en hâte de New York. A son retour, l'éruption était presque terminée. Il se mit néanmoins au travail et ne tarda pas à relever que d'importantes quantités d'eau souterraines s'étaient infiltrées sous le Halemaumau en passant par des fissures causées par l'affaissement de la montagne consécutif au retrait du magma. L'eau, en atteignant les régions chaudes, s'était transformée en vapeur, engendrant des pressions énormes qui expliquaient les explosions survenues. Victime de ces explosions, le lac de lave du Halemaumau avait disparu. On ne devait le revoir que de loin en loin et pendant de brèves périodes seulement.

Dans les années 30, l'observatoire hawaïen traversa une période de difficultés économiques à cause de la crise qui sévissait aux États-Unis. Les recherches absconses auxquelles se livrait un petit groupe d'hommes de science sur une île lointaine n'étaient pas la préoccupation première de ceux qui tenaient les cordons de la bourse. L'observatoire passa d'une administration à une autre et Jaggar et son équipe acceptèrent de voir leur salaire réduit de moitié. Aussi, quand l'occasion se présenta en 1935 d'éveiller l'intérêt du public pour leur travail et, par-dessus le marché, d'établir un fait scientifique, ils furent prompts à la saisir.

Le 21 novembre, le Mauna Loa était entré en éruption et, le 27, une nouvelle fissure s'était ouverte à 2680 mètres d'altitude, sur son versant nord-est. Il en sortait une lave abondante qui s'accumulait sur l'ensellement reliant le Mauna Loa au Mauna Kea, un volcan depuis longtemps assoupi. On pouvait croire que cette éruption, comme beaucoup d'autres auparavant, ne causerait guère de dégâts, mais, le 22 décembre, la lave accumulée déborda et se mit à couler sur un front de 600 mètres en direction de Hilo, petite ville de 20000 habitants et seul port abrité de la côte orientale de Hawaii.

La lave avançait de près de deux kilomètres par jour, faisant peser sur Hilo une menace sérieuse, la première depuis la création de l'observatoire. On songea alors à en détourner le cours, ce qui n'avait jamais été fait depuis la tentative de Diego de Pappalardo, trois siècles auparavant. Cette idée avait été émise dès 1929, non par un homme de science mais par Lorrin Thurston, un journaliste local et un ami de Jaggar qui, écrivant dans le *Honolulu Advertiser*, se demandait s'il n'était pas possible de disloquer une coulée de lave en utilisant des explosifs.

Le vulcanologue s'était montré vivement intéressé et avait élaboré un plan basé sur ce que l'on savait du comportement d'une lave fluide du type pahoehoe. Tout en parcourant de grandes distances, le pahoehoe a tendance à former des galeries dont les parois et le toit, d'une épaisseur pouvant atteindre 60 centimètres, sont faits de sa propre substance refroidie, devenue solide mais cassante. Jaggar pensait qu'on pouvait, à l'aide d'explosifs, provoquer l'effondrement du toit de manière à obstruer la galerie. La lave fluide, arrêtée par les décombres, remonterait alors à la surface et se répandrait aux alentours sans faire de dégâts. A défaut, on pouvait supposer que l'explosion amènerait des changements dans les propriétés de la lave et la rendrait plus visqueuse, ralentissant ainsi son écoulement.

Hilo étant désormais sous la menace, Jaggar décida de mettre son plan à l'épreuve et d'utiliser pour cela les services de l'aviation militaire américaine. Le 26 décembre, des officiers des 23e et 72e escadrilles de bombardement basées à Honolulu opérèrent une reconnaissance en compagnie du vulcanologue et deux cibles furent choisies : la galerie située le plus près du sommet, sur le flanc nord du Mauna Loa, et une autre à 1500 mètres en contrebas. Le bombardement devait être effectué d'une altitude de 2500 mètres.

Le lendemain matin, alors que la lave n'était plus qu'à 24 kilomètres de Hilo, un premier bombardier décolla, emportant deux bombes de 600 livres de TNT et deux bombes de 300 livres de poudre noire destinée à marquer les cibles. Neuf autres appareils allaient suivre à intervalles de 20 minutes.

De son poste d'observation sur le Mauna Kea, Jaggar suivit toute l'opération qu'il décrivit plus tard en ces termes : « Le spectacle était impressionnant. Dans le fracas des explosions, des blocs de rocher et des nappes de lave incandescente volaient dans tous les sens. Plusieurs grosses bombes tombèrent directement sur des tranchées découvertes où coulait la lave en fusion ; d'autres défoncèrent les toits des galeries qu'elles éventrèrent, libérant la roche fondue qui y était emprisonnée et qui jaillit aussitôt et commença à s'étaler. »

Trente-trois heures après le bombardement, la coulée de lave s'arrêtait, mais la pause ne dura guère et, quelques heures plus tard, la lente progression reprenait. Pendant plusieurs jours, les vulcanologues observèrent avec une vive inquiétude la

La surveillance des volcans en Indonésie

Quand dans le petit village javanais de Krintjing on entend une sirène mugir, on sait que le sort du village ne tient plus qu'à un fil. L'alerte signifie que le mont Merapi, qui se trouve seulement à six kilomètres de distance, a recommencé à cracher de la cendre et des gaz brûlants. Si la nuée vire en direction de Krintjing, ses habitants doivent fuir sur-le-champ, ou c'en est fait d'eux. Ils ne sont d'ailleurs pas les seuls menacés ; la région est très peuplée et des dizaines de villages se nichent au pied du volcan.

Souvent c'est par le tam-tam — système primitif certes, mais efficace — que les Indonésiens sont informés des menaces que font peser sur eux les 130 volcans en activité (un cinquième du total mondial) que compte leur archipel. Les plus dangereux sont constamment surveillés par près de 70 techniciens répartis dans 25 stations.

Ces hommes peinent à la tâche : leur nombre est insuffisant et leur équipement laisse à désirer. Mais leur connaissance des volcans supplée dans une certaine mesure à ces lacunes. Certains parmi eux vivent aux abords de leurs volcans depuis de très nombreuses années. Leur fonction se transmet parfois de père en fils. Comme dit l'un d'eux : « Un étranger ne saurait faire des prévisions correctes, même avec des instruments adéquats, car chaque volcan a ses humeurs et l'important, c'est de s'en faire un ami. »

Des vulcanologues se détendent après avoir escaladé le Merapi (2900 mètres) à travers les forêts et les rochers. Pareille expédition a lieu quatre fois par an et, si le volcan montre les signes d'une éruption prochaine, on resserre davantage encore la surveillance.

A l'intérieur d'un abri en osier, un technicien, accroupi devant un feu, enduit de suie le papier sur lequel le sismographe tracera ses enregistrements. On pallie, par des moyens improvisés, la pénurie de matériel.

Un technicien mesure la température des gaz sur le Merapi. Le visage protégé par un foulard en guise de masque à gaz, il doit supporter des émanations sulfureuses pendant trois ou quatre bonnes minutes d'affilée.

coulée de lave qui s'étirait en direction de Hilo mais, finalement, le 2 janvier à environ 2 heures du matin, le dernier tentacule de lave se figeait, à une vingtaine de kilomètres de la ville.

« Ainsi prit fin, écrit Jaggar, la première tentative de ce genre pour brider une des forces les plus destructives de la nature. » Dans les années qui suivirent, d'autres savants devaient examiner la zone bombardée et mettre en doute l'efficacité des moyens utilisés. Selon eux, si la lave s'était arrêtée de couler, c'est sans doute que l'éruption avait cessé. Quoi qu'il en soit, l'expérience avait été utile dans la mesure où, en suscitant l'intérêt de l'opinion, elle avait assuré l'avenir de l'observatoire volcanologique hawaïen que Jaggar continua de diriger jusqu'en 1940, date à laquelle il fut nommé professeur de géophysique à l'université de Hawaii. Jusqu'à sa mort, survenue en 1953, il mena de front son travail universitaire et des études d'astronomie et de minéralogie auxquelles il s'adonnait comme passe-temps.

Ses successeurs à la tête de l'observatoire organisèrent une deuxième attaque aérienne sur le Mauna Loa en 1942 lors d'une éruption qui menaçait de nouveau la ville de Hilo. Le succès ne fut pas probant. Néanmoins, en 1975 et 1976, l'armée de l'air, travaillant en collaboration avec l'observatoire, procéda à des essais de bombardement sur d'anciennes galeries et sur un vieux cône de déjection du versant nord du Mauna Loa. On constata à cette occasion que le cône était particulièrement fragile et que sa structure, jusqu'à 50 mètres des points d'impact, s'était considérablement affaiblie. Ces résultats sont consignés dans un rapport de l'observatoire paru en 1980 qui aboutit à une conclusion des plus optimistes : « Les bombardements aériens modernes offrent une bonne possibilité de succès. »

En 1955, à Hawaii, au cours d'une éruption du Kilauea, la lave a jailli au milieu d'une route et les éclaboussures, en se refroidissant, ont formé un cône de six mètres de haut. Cette éruption du Kilauea a duré quatre mois et plusieurs jaillissements de ce genre ont permis aux scientifiques d'observer directement le déroulement de ces phénomènes volcaniques.

Parallèlement, des recherches étaient menées dans d'autres directions et une caractéristique curieuse des laves basaltiques avait fait naître certains espoirs. Par leur poids, ces laves fluides sont certes capables de renverser n'importe quel obstacle, mais la poussée qu'elles exercent reste étonnamment faible.

Ainsi, lors d'une éruption du Vésuve en 1906, une coulée de lave arrivée devant le cimetière de Torre Annunziata fut arrêtée par ses murs ; elle se divisa en deux branches qui contournèrent l'obstacle. En 1944, au Mexique, la lave du Paricutín emplit l'intérieur de l'église de San Juan Parangaricutiro sans renverser ses murs ; à la fin de l'éruption, l'église se trouva enterrée, mais son clocher se dressait intact au-dessus de la lave solidifiée.

Il y a à cela plusieurs explications. La lave en fusion, comme la plupart des liquides, tend à suivre la ligne de moindre résistance sur la ligne de plus grande pente. Mais même la plus fluide des laves est 300 000 fois plus visqueuse que l'eau et sa viscosité s'accroît à mesure qu'elle s'éloigne de sa source, jusqu'à devenir un million de fois plus grande.

Pour cette raison, la lave avance lentement, sa vitesse étant essentiellement fonction de la pente. Sur une pente douce, comme on en trouve au pied des volcans ou à mi-hauteur, la lave épaisse et paresseuse n'exerce qu'une faible poussée. Si elle rencontre un obstacle qui se dresse perpendiculairement sur son passage, elle s'arrête, s'entasse et finit par passer par-dessus, à condition que le débit de la coulée soit suffisant. Mais si l'obstacle est en biais, la lave est simplement déviée.

Les déviations accidentelles précédemment observées suggérèrent la possibilité de dresser des obstacles artificiels pour détourner les coulées de lave. L'éruption du Kilauea en 1955 fut l'occasion d'expériences improvisées. Le 13 mars, deux semaines environ après le début de l'éruption, une langue de pahoehoe provenant d'une coulée plus large atteignit un terrain dégagé situé sur le versant est de la montagne. Gordon Macdonald, le préposé de l'observatoire, imagina, faute de mieux, de placer en biais sur le passage de la lave une planche de 240 centimètres de longueur, 45 de largeur et 5 d'épaisseur. En atteignant la planche, la lave se détourna docilement de son chemin, mais pour y revenir dès que la planche, qui avait pris feu, fut consumée.

Le 21 mars au matin, une coulée plus importante s'engagea dans une vallée, menaçant une petite plantation de canne à sucre appartenant à Koji Iwasaki. Travaillant d'arrache-pied avec l'aide de six bulldozers, le propriétaire et ses hommes, conseillés par un envoyé de l'observatoire, érigèrent un mur de 300 mètres de long et trois de haut. La lave fumante, en arrivant à l'obstacle, fut déviée et s'écoula le long du mur. Elle s'arrêta finalement 15 mètres plus loin, l'émission s'étant tarie. Malheureusement, il y eut par la suite d'autres coulées qui empruntèrent d'autres chemins et la plantation fut quand même détruite.

Cinq ans plus tard, une expérience du même genre aboutit elle aussi à des résultats mitigés. Gordon Macdonald restait cependant convaincu de la valeur du procédé. « On a beaucoup appris, devait-il déclarer, sur la manière dont ces murs se comportent et sur la façon dont il faudrait les construire la prochaine fois. » Avant tout, il faut que le mur soit en biais par rapport au sens de la coulée, de manière à la dévier sans faire barrage. Ensuite, il faut que la base soit assez large (environ trois fois l'épaisseur de la coulée) et que les abords soient déblayés pour que rien ne gêne l'écoulement. Enfin il faut une pente assez fortement inclinée pour être sûr que la lave continuera d'avancer.

Sur la base de ces enseignements, un plan de protection fut établi pour le cas où la ville de Hilo serait de nouveau menacée. Les bombardements restaient utilisables comme mesure d'appoint, ainsi qu'une autre méthode employée avec succès, non plus à Hawaii mais en Islande, et dont on va maintenant parler.

Le 23 janvier 1973, près de l'ancien volcan Helgafell dans l'île de Heimaey, de grandes quantités de cendre et des flots de lave avaient commencé à jaillir d'une fissure longue de 1 500 mètres. Les 5 300 habitants de l'île furent promptement évacués, à l'exception de 300 volontaires restés sur place pour voir ce qu'ils pouvaient faire afin de préserver les biens et empêcher la lave de boucher l'entrée du port de pêche *(voir pages 134-139)*.

Une muraille de lave de 36 mètres de hauteur avançait sur un front de 300 mètres. Le 8 février, la lave n'était plus qu'à 180 mètres du port. Un bombardement fut envisagé, mais on y renonça, la lave étant trop près de la ville pour qu'on prenne le risque d'une erreur de tir. C'est alors que plusieurs savants islandais proposèrent une méthode essayée dix ans plus tôt sur une petite échelle et sans grand succès lors de l'éruption qui avait fait surgir des flots, non loin de là, l'île de Surtsey. L'idée était d'une grande simplicité ; il s'agissait d'arroser d'eau la lave en fusion pour la refroidir et ainsi ralentir sa progression ou l'arrêter complètement.

On utilisa d'abord des lances à incendie. Les petites langues de lave progressant à partir du front de la coulée se solidifiaient quand on les arrosait et les matériaux solides, en s'accumulant, formaient des barrages que l'on renforçait en apportant de la terre au moyen de bulldozers ; mais, la lave continuant de couler, les barrages finissaient par être submergés.

Début mars, le dragueur *Sandey,* équipé des pompes les plus puissantes qui soient en Islande, commença à projeter sur la lave de l'eau pompée dans la mer. D'autres pompes furent expédiées des États-Unis et l'on constata qu'en faisant monter l'eau par des canalisations on pouvait attaquer la coulée très en amont de manière à la couper par une série de barrières de lave refroidie. Pour cela, il suffisait de dérouler des tuyaux en plastique à la surface de la coulée ; tant que l'eau circulait à l'intérieur, le plastique ne fondait pas. Au total, on utilisa 30 kilomètres de tuyaux et 43 pompes. Des tests indiquèrent qu'en mettant en œuvre tout cet arsenal pendant deux semaines, on abaisserait la température de la lave à 100°C, bien au-dessous de la température de solidification de la lave qui est de 800°C.

Le pompage fut poursuivi sans relâche, jour après jour, semaine après semaine. La progression de la lave ne fut pas entièrement arrêtée, mais considérablement ralentie. Finalement, dans les premiers jours de juillet, le volcan s'apaisa et la source de lave se tarit. Le port de Heimaey était sauvé.

Depuis Diego de Pappalardo, le combat mené contre la lave avait été long et indécis et, si désormais l'on pouvait espérer contrôler les coulées basaltiques, on restait désarmé face aux dangers associés aux éruptions de type explosif. Mais, dans un autre domaine, celui de la prévision des éruptions, les progrès avaient été plus rapides grâce aux expériences de Thomas Jaggar et à des études effectuées entre autres en Italie et au Japon.

« Il n'est pas de clé passe-partout pour la prévision, déclare Robert Decker qui dirige l'observatoire hawaïen depuis 1981. Il faut tenir compte de divers facteurs et savoir les interpréter. Mais le passé est certainement l'une des clés de l'avenir. »

Là où existent des archives précises couvrant une période suffisamment longue, on voit souvent se dégager un modèle statistique d'activité volcanique mais, d'un volcan à l'autre, les différences sont grandes et prétendre tirer de la statistique un schéma général permettant de savoir lequel va entrer en éruption, et surtout à quel moment, est une entreprise complexe et aléatoire. Les éruptions de certains volcans, tel le Mauna Loa, semblent n'obéir qu'au hasard. Autrement dit, dans leur cas, la probabilité statistique d'une éruption est toujours la même quel que soit le laps de temps qui s'est écoulé depuis la précédente. Pour le Mauna Loa, elle a été évaluée à 20 p. cent pour une année donnée.

Une constatation particulièrement intéressante a été faite par Daniel Dzurisin, de l'observatoire hawaïen. Ayant étudié 52 éruptions du Kilauea depuis janvier 1832, il a remarqué que la probabilité d'une éruption de ce volcan était deux fois plus forte à l'époque des grandes marées luni-solaires, qui ont lieu toutes les deux semaines, qu'au moment des marées de faible amplitude. Ainsi, grâce à la découverte de Dzurisin, se trouvait confirmée l'idée très ancienne selon laquelle la conjonction de la lune et du soleil peut déclencher l'éruption d'un volcan si celui-ci est dans un état d'équilibre instable. Toutefois, aucune corrélation de ce genre n'a pu être établie en ce qui concerne le Mauna Loa.

L'étude statistique du volcanisme a au moins permis aux vulcanologues de choisir à bon escient les volcans où la pose de leurs appareils a le plus de chances de se révéler profitable ; et c'est précisément dans le domaine de l'appareillage que la vulcanologie en général et la prévision en particulier ont le plus progressé.

L'instrument le plus utile dans la panoplie du vulcanologue est le sismographe, utilisé pour enregistrer les tremblements de terre qui, presque toujours, précèdent une éruption. Ils permettent d'en déterminer le nombre, l'amplitude et le foyer. En 1912, quand Jaggar commença à travailler sur le Kilauea, les sismographes étaient encore des instruments rudimentaires ; ils n'étaient pas assez sensibles pour déceler les premiers frémissements qui marquent souvent le début d'une période d'activité ni assez résistants pour enregistrer une forte secousse dans le voisinage immédiat sans être complètement déréglés.

Mais 40 ans plus tard, les instruments en service sur le Kilauea, tout en étant capables de résister aux secousses les plus fortes, étaient devenus si sensibles qu'il fallait les disposer à 800 mètres au moins des routes pour éviter qu'ils enregistrent les vibrations causées par le passage des véhicules. Parallèlement, le nombre des stations sismiques installées sur le Kilauea et le Mauna Loa était passé de 3 à 45.

Cependant le sismographe n'est pas tout. S'il est vrai qu'une éruption est à peu près toujours précédée de secousses, de très nombreuses secousses ont lieu sans être suivies d'une éruption. A Hawaii, on a ainsi enregistré en une année 150 000 secousses, mais pas une seule éruption. Pour pouvoir faire de bonnes prévisions, il faut donc d'autres instruments donnant d'autres sortes d'informations.

« Les volcans en activité semblent respirer, a écrit en 1951 le vulcanologue Howel Williams. Sans cesse ils se soulèvent et s'affaissent selon les fluctuations de niveau du magma souterrain. » Ce phénomène de déformation du sol, dû au fait que le volcan se gonfle quand il s'emplit de magma et se contracte quand il rejette de la lave, fut observé pour la première fois au début du siècle sur le Kilauea et sur les volcans japonais Usu et Sakurajima. Les premières tentatives de mesure de l'intumescence furent faites à l'aide d'instruments ordinaires de topographie. Mais

La redoutable déesse hawaïenne

Les habitants de Hawaii n'ont pas attendu l'arrivée des vulcanologues pour se donner une explication de l'étonnante activité volcanique dont leur île est le théâtre. Les anciens récits mentionnent une belle déesse à la chevelure de flamme, nommée Pelé, qui est la cause de toute cette agitation.

Pelé, que les indigènes continuent de craindre et de révérer, est une déesse irritable, sujette à des accès de colère dévastateurs. Quand on la contrarie, elle frappe le sol du pied et la terre tremble d'un bout à l'autre de l'île. Puis elle fait venir des entrailles de la Terre des flots de lave brûlante qu'elle chevauche en criant des malédictions et en lançant des projectiles enflammés jusqu'à ce que l'infortuné objet de sa colère ait été complètement anéanti.

Pelé aime aussi se mêler aux humains. Elle se déguise parfois en vieille femme dont les yeux lancent des éclairs et parfois en athlète qui défie de jeunes chefs et qui, si elle est battue, se venge en déchaînant la fureur des volcans; les humains comprennent alors qu'ils ont provoqué le courroux d'une immortelle.

Debout, au bord d'un cratère hawaiien, une femme s'apprête à faire une offrande à Pelé, la déesse des volcans. Une tradition vivace veut que l'on puisse apaiser Pelé en lui offrant des baies de genièvre ou d'ohelo.

la dilatation est souvent très lente et la modification de la pente à peine perceptible. Par exemple, le Kilauea peut mettre dix ans pour gagner seulement un mètre à son sommet. En pareil cas, les mesures effectuées au jour le jour avec les instruments courants ne peuvent rendre compte du phénomène.

Une solution fut trouvée en 1943 par les Japonais. Il s'agit d'un instrument appelé clinomètre qui, dans une de ses multiples versions, se compose de deux récipients emplis d'eau, disposés à plusieurs mètres l'un de l'autre et reliés par une canalisation. Si l'un d'eux vient à s'élever par suite d'une déformation du sol, une partie de l'eau qu'il contient passe dans l'autre. La différence de niveau dans chaque récipient, mesurée au moyen d'un micromètre, traduit la modification de la pente. Une variante du même procédé consiste à évaluer l'inclinaison du terrain au moyen d'un niveau à bulle, le déplacement de la bulle d'air à l'intérieur du tube d'eau étant mesurée par des capteurs électriques. A l'observatoire de Hawaii, on a installé des appareils de ce genre dans une chambre forte de 4,5 mètres sur 3. Bien qu'ils soient encastrés dans du béton et ancrés dans le roc, leur sensibilité est telle qu'ils enregistrent les pas d'une personne entrant dans la pièce.

A la modification des pentes du volcan s'ajoute un élargissement de son sommet en période d'accumulation du magma dans son réservoir, suivi d'un rétrécissement après l'éruption. Pour mesurer ce mouvement horizontal, on utilise depuis 1965 un appareil à laser qui envoie un faisceau lumineux sur un réflecteur disposé parfois à plusieurs kilomètres de distance et calcule le temps que met la lumière pour

L'observatoire volcanologique de Hawaii, fondé en 1912, occupe une situation idéale, au bord même du cratère du Kilauea, un des volcans les plus actifs du monde. L'étude continue du Kilauea et de son voisin, le Mauna Loa, a permis de faire d'immenses progrès dans les moyens techniques utilisés pour la surveillance des volcans en général.

revenir. Les mesures de distance effectuées de la sorte atteignent une précision de l'ordre du millionième.

C'est l'utilisation conjointe du clinomètre et du sismographe — les indications de l'un de ces instruments complétant celles fournies par l'autre — qui permit, au cours de l'année 1959, de prévoir l'une des éruptions les plus spectaculaires du Kilauea et de donner l'alerte à temps.

Une des raisons pour lesquelles l'éruption de ce même volcan survenue quatre ans plus tôt n'avait pas été prévue est que les quelques clinomètres utilisés à cette époque étaient fixes, ce qui ne permettait de surveiller qu'une petite partie du terrain. Aussitôt après, les savants s'étaient donné pour tâche de mettre au point des clinomètres portatifs pouvant être déplacés selon les besoins. A l'observatoire de Hawaii, on bricola ainsi un appareil en se servant de simples tuyaux d'arrosage et de douilles d'obus en guise de récipients.

Puis vint un travail long et difficile consistant à installer les nouveaux clinomètres sur des socles en béton disposés en triangle, à 45 mètres l'un de l'autre, de manière à pouvoir détecter tout changement d'inclinaison quelle qu'en soit la direction. Après avoir cahoté en jeep pendant des semaines sur les champs de lave et ouvert des pistes à la hache à travers les épais fourrés tropicaux, les vulcanologues s'aperçurent avec consternation que leur dispositif ne fonctionnait pas en plein air car les variations de température, en modifiant le volume de l'eau dans les récipients, faussaient les mesures. Pour limiter l'incidence de ces variations, on décida finalement que les mesures seraient faites uniquement la nuit.

Entre-temps, le Kilauea s'était de nouveau réveillé. En novembre 1957, les anciens clinomètres placés dans les trois chambres fortes de l'observatoire décelèrent un renflement du sommet de la montagne laissant supposer qu'une éruption se préparait; mais leurs indications n'étaient pas concluantes. Dès ce moment, une course était engagée entre les vulcanologues et le volcan pour voir si le nouveau réseau de clinomètres pourrait être mis en place avant qu'une éruption ne rende inutile le travail accompli.

Les vulcanologues l'emportèrent, mais de justesse. En novembre 1959, le nouveau réseau était enfin en place. Il indiquait que le gonflement s'accélérait et que le Kilauea, dont le réservoir était manifestement plein, se dilatait trois fois plus vite qu'au cours des mois précédents.

Les scientifiques se tenaient fin prêts et les autorités avaient été alertées. Le 14 novembre, les frémissements précédemment observés — il s'en produisait plus de mille par jour — devinrent plus fréquents et plus intenses. Pendant cinq heures, la montagne trembla sans discontinuer. Vers 20 heures, les sismographes enregistrèrent le tremor harmonique que Frank Perret avait observé pour la première fois sur le Vésuve 50 ans auparavant; il s'agit des vibrations continues causées par la montée rapide du magma vers la surface.

Depuis des années, chaque fois que cette trépidation durait plus de dix minutes, une sonnerie se déclenchait automatiquement au domicile des chercheurs résidant près de la caldera du Kilauea; elle annonçait une éruption imminente. Cette fois, la sonnerie était inutile car tout le personnel était déjà réuni à l'intérieur de l'observatoire, fouillant du regard la nuit à travers les fenêtres donnant sur la caldera. Derrière, sur le parc de stationnement, tous les véhicules disponibles, bourrés de matériel scientifique, étaient prêts à foncer vers le lieu de l'éruption.

Des hommes en combinaison d'amiante avaient pour mission de prélever, au moyen de longues perches, des échantillons de lave aux fins d'analyse. D'autres étaient chargés de prendre sur le terrain des mesures d'inclinaison. D'autres encore, munis de pyromètres optiques, allaient devoir mesurer la température et la vitesse de refroidissement de la lave. Le pyromètre est un instrument ressemblant à un téléscope avec un filament dans le champ de vision. Quand on fait passer un courant électrique dans le filament, il s'illumine et change de couleur sous l'effet de la chaleur, passant du rouge sombre au rouge vif, puis à l'orange, au jaune et au blanc. En faisant coïncider la couleur du filament avec celle de la lave, on parvient à déterminer, tout en restant à distance, la température de la matière en fusion.

A 20 h 08, l'événement attendu se produisit: sur le Kilauea Iki, cratère-puits situé à l'est de la caldera et séparé d'elle par un rempart de lave solidifiée, des fissures s'ouvrirent et il en sortit des jets de lave de 15 mètres de hauteur. A l'observatoire, le responsable, K. J. Murata, décrocha son téléphone et alerta les autorités. « Ça y est, leur dit-il, le Kilauea a commencé une nouvelle éruption. »

Durant le mois qui suivit, le volcan parut s'apaiser, puis les éruptions reprirent; il y en eut 16 d'affilée. Le 21 décembre, le calme étant revenu, la plupart des observateurs crurent que l'affaire était terminée, mais les vulcanologues ne se laissèrent pas abuser par ce qui n'était qu'une rémission. En effet leur nouveau réseau de clinomètres indiquait que le réservoir magmatique, constamment alimenté dans les profondeurs, était encore plus gorgé qu'au début.

Debout sur une croûte de lave solidifiée, un technicien enfonce un tube d'acier inoxydable dans une coulée pour en mesurer l'épaisseur. Il doit faire vite car la température de la lave est de 1500 °C. S'il tarde, le tube se déformera.

Dans les premiers jours de janvier, les relevés des instruments montrèrent que l'activité sismique s'était déplacée de 45 kilomètres vers l'est, jusqu'au voisinage de Kapoho, village de 300 habitants, travaillant pour la plupart sur les plantations de canne à sucre de la région. Kapoho, qui signifie « lieu enfoncé », est le nom qui convient à ce village situé dans un graben, fossé d'effondrement entre deux failles parallèles, constituant un passage idéal pour la lave.

Le 13 janvier 1960 au matin, tandis que la terre tremblait à Kapoho et que les marchandises tombaient des étagères de l'épicerie japonaise où il s'était installé, le vulcanologue Jerry Eaton appela au téléphone les autorités de Hilo pour les avertir qu'une éruption était imminente et qu'il était temps d'évacuer le village. L'opération fut menée tambour battant et, en fin d'après-midi, tout le monde avait été mis à l'abri. Alors, comme la nuit tombait, l'éclat d'une éruption illumina le ciel. La lave commença à couler d'une fissure dans un champ de canne à sucre à 800 mètres à peine au nord-ouest du village et bientôt des jets de lave, dont un de cent mètres de haut, se mirent à danser comme des derviches sur le paysage désolé. Kapoho était condamné mais, grâce à l'alerte donnée par les instruments, il n'y eut pas une seule victime.

Pendant les 15 années suivantes, le Kilauea allait rester dans un état d'agitation à peu près constante. Encouragé par le succès des prévisions qu'il avait émises en 1960, le personnel de l'observatoire allait profiter des 24 éruptions ultérieures pour améliorer sans cesse ses méthodes de travail. En 1975, l'observatoire de Hawaii était devenu un centre international d'études volcanologiques. Il y avait continuellement des échanges de personnel avec le U.S. Geological Survey — l'organisme dont il dépend depuis 1948 — et des visites fréquentes de vulcanologues français, japonais, italiens, néo-zélandais, indonésiens et autres travaillant dans les divers observatoires permanents qui s'étaient implantés à flanc de montagne un peu partout dans le monde. Les Russes en avaient installé plusieurs au Kamchatka ainsi que des stations sismologiques. Les Japonais, qui furent longtemps en tête dans la recherche volcanologique, avaient créé leur premier observatoire en 1934 sur les pentes du mont Asama et, depuis, un certain nombre d'autres, notamment à Oshima et à Aso. Des programmes d'études similaires se poursuivaient aux Philippines, en Afrique centrale et en Nouvelle-Zélande.

A Hawaii, au début des années 80, on ne comptait pas moins de 90 clinomètres et 50 stations sismologiques aux abords du Kilauea et du Mauna Loa. De nouvelles études étaient en cours qui promettaient d'enrichir la masse de connaissances sur laquelle se fondent les prévisions.

Les géochimistes avaient depuis longtemps constaté que les éruptions sont parfois précédées d'un accroissement de la teneur en gaz carbonique et en anhydride sulfureux des gaz émis par les évents. Ces émissions sont maintenant surveillées au moyen d'un instrument qui ressemble à un schnorchel et qui est monté sur une jeep qu'on fait circuler parmi les panaches de vapeur. La difficulté de procéder rapidement à l'analyse des gaz, qui avait tant gêné Jaggar et son collègue Shepherd, est aujourd'hui partiellement résolue.

On fonde beaucoup d'espoirs, d'autre part, sur l'étude des propriétés magnétiques et électriques du magma. Le basalte en fusion ne contient pas de minéraux magnétiques mais, quand il est refroidi, on y trouve, en petites quantités, de la magnétite. A l'inverse, la lave, qui est bonne conductrice d'électricité quand elle est fondue, ne l'est plus une fois solidifiée. En principe, on devrait donc pouvoir suivre les mouvements souterrains du magma en procédant régulièrement à des sondages magnétiques et électriques.

Pourtant, malgré les progrès réalisés, la prévision réserve encore beaucoup de déceptions, ne serait-ce que parce que les volcans eux-mêmes n'arrêtent pas de changer les règles du jeu. C'est ce qui est arrivé, par exemple, en 1975 à Hawaii où un tremblement de terre de force 7,2, suivi d'un tsunami sur la côte sud-est, a tué deux personnes (plus quatre chevaux), déclenché une brève éruption du Kilauea et si fortement ébranlé sa structure interne que le comportement du volcan s'en est trouvé passablement modifié par la suite.

Jets de lave et nuage de vapeur sur un champ de canne à sucre près de Kapoho. Cette éruption, qui s'est produite en janvier 1960 sur le flanc du Kilauea, a eu un caractère inhabituel à Hawaii. La montée du magma avait provoqué la vaporisation des eaux souterraines et la vapeur, projeta de la lave et des roches à 450 mètres.

Des bulldozers apportent de la terre pour dresser un barrage face à une marée de lave noire qui avance vers les maisons de Kapoho, lors de l'éruption du Kilauea en 1960. Le barrage, qui atteignait près de six mètres de hauteur sur une longueur de cinq kilomètres, fut submergé et le village presque entièrement détruit. Le rivage devait gagner environ 800 mètres sur la mer.

En effet, entre 1970 et 1975, sur un total de 12 manifestations volcaniques, on avait dénombré 10 éruptions et deux intrusions (par intrusion, on entend une montée de magma qui semble annoncer une éruption imminente mais qui, en fait, s'arrête avant d'avoir atteint la surface). Or, au cours des cinq années suivantes, la proportion a été inversée, avec 10 intrusions pour deux éruptions seulement. « Je pense », a dit à ce propos Robert Decker qui, comme un grand nombre de vulcanologues, a tendance à personnifier l'objet de son étude, « que la montagne n'est pas encore fixée sur ce qu'elle va faire. »

Pendant que les scientifiques à Hawaii attendaient d'en savoir plus long sur les intentions de leur volcan, un événement se produisait aux États-Unis qui illustrait de manière spectaculaire les progrès accomplis dans l'art de la prévision... et permettait de mesurer le chemin qui reste à parcourir.

L'ÎLE QUE L'EAU A SAUVÉE DU FEU

Les pêcheurs de Heimaey, petite île de la côte sud de l'Islande, n'ont certes pas une vie facile, mais rien dans leur existence passée ne les avait préparés à ce qui allait leur arriver le 23 janvier 1973. Ce jour-là, à 2 heures du matin, une fissure s'ouvrit dans le sol, à moins de 1500 mètres de la ville de Vestmannaeyjar, et de la cendre volcanique en jaillit en énormes quantités.

Compte tenu des dimensions de l'île, guère plus de 11 kilomètres carrés, et du caractère imprévisible des volcans, la prudence commandait une évacuation immédiate. En six heures, plus de 5000 personnes furent transportées sur la grande terre, mais 300 volontaires restèrent en arrière pour sauver ce qui pouvait être sauvé. Ils allèrent de maison en maison, fermant les fenêtres et chargeant les meubles sur des voitures et des camions qu'ils amenèrent au port.

Malgré tout, au bout de deux mois, 300 constructions avaient brûlé et 65 autres avaient disparu sous une cendre de couleur noire, la téphrite. Et la lave menaçait de bloquer l'entrée du port, ce qui aurait privé les habitants de l'île de leur gagne-pain.

En désespoir de cause, les îliens restés sur place entreprirent de pomper l'eau de mer pour la déverser sur la lave dans l'espoir d'enrayer sa progression. La lave ne fut pas arrêtée, mais son avance sembla se ralentir. Quatre mois durant, le combat se poursuivit. La lave arriva jusqu'à 45 mètres de l'entrée du port, mais alors, heureusement, l'éruption cessa.

Les habitants se hâtèrent de revenir dans la ville, dont un tiers avait été recouvert par la lave et le reste par la cendre. En utilisant les moyens du bord, le balai comme le bulldozer, ils déblayèrent les toits, les jardins et les rues, dégageant plus de 1 million de mètres cubes de matériaux volcaniques.

Le nouveau volcan, haut de 220 mètres, les avait partiellement dédommagés de leur peine en leur fournissant la cendre avec laquelle ils allaient doter leur aérodrome d'une seconde piste, en augmentant de 25% la superficie de leur île et en dressant au bord de l'eau un mur de lave qui constituait un excellent brise-lames.

Ce volcan, né en janvier 1973 sur l'île de Heimaey, a atteint, en quelques mois, la hauteur du Helgafell, un volcan éteint qui se trouve à près de 800 mètres au sud-ouest.

Pour combattre la lave qui menace le port de Vestmannaeyjar, on arrose d'eau de mer la roche en fusion. Cette méthode a été pratiquée en 11 points le long du front de la coulée et l'arrosage s'est poursuivi pendant près de quatre mois.

Dans la partie est de Vestmannaeyjar, les maisons ont été enfouies sous une couche de cendre noire atteignant par endroits six mètres d'épaisseur. La cendre, alourdie par l'eau de pluie, a défoncé dans certains cas les toitures mais, ailleurs, elle a servi de protection contre les bombes de lave brûlante éjectées par le volcan.

De retour chez eux, les habitants de Vestmannaeyjar nettoient leurs toits. Les conserveries, principale industrie du pays, ont été déblayées en priorité.

Ces deux photos de Vestmannaeyjar, prises avant et après l'éruption de janvier 1973, montrent l'ampleur du phénomène. Sur la grande, prise en 1976, on voit un deuxième cône volcanique, de 800 mètres de diamètre, et une nappe de lave de 220 hectares qui offrent un nouveau champ d'étude aux spécialistes.

Chapitre 6

L'ÉRUPTION DU MONT SAINT HELENS

Le vulcanologue britannique Basil Booth, observant ici le mont Saint Helens d'un point situé à neuf kilomètres au nord-ouest du sommet, faisait partie de l'équipe recrutée par le Geological Survey pour surveiller le volcan qui avait commencé à se réveiller en mars 1980. Près de lui, l'émetteur à ondes courtes lui permet de communiquer avec le centre d'écoute de Vancouver (État de Washington).

Le plus souvent, la montagne s'enveloppait de nuages venus du Pacifique mais quand elle en émergeait, dressant au-dessus de la plaine sa forme lisse et harmonieuse, le spectacle qu'elle offrait était magnifique. De tous les pics de la chaîne des Cascades qui s'étend sur 1100 kilomètres, du Canada à la Californie, aucun n'avait une forme aussi parfaite. En l'apercevant pour la première fois en 1805, d'un point situé près de l'emplacement actuel de Portland dans l'État de l'Orégon, l'explorateur William Clark avait noté dans son journal avec une emphase dont il était au demeurant peu coutumier: « Le mont Saint Helens est peut-être le plus imposant sommet d'Amérique. » C'était porter là un jugement quelque peu exagéré. En fait la montagne n'atteignait pas tout à fait 3000 mètres, mais il est vrai qu'elle faisait grande impression sur le voyageur.

Un autre explorateur, le navigateur britannique George Vancouver, l'avait repérée pour la première fois en 1792, alors que son bateau croisait au large de l'estuaire de la Columbia, et il lui avait donné le nom d'un obscur diplomate. Elle en possédait déjà deux autres qu'elle tenait des Indiens Klickitat : Loo-Wit, nom d'une belle jeune fille que le Grand Esprit avait changée en une montagne neigeuse tout aussi belle, et Tah-one-lat-clah, plus couramment utilisé, qui signifiait « montagne de feu » et reflétait la crainte respectueuse qu'elle inspirait aux Indiens. Ces derniers préféraient ne pas s'en approcher, bien qu'elle fût entourée de forêts giboyeuses et de cours d'eau poissonneux.

Instruits par une tradition ancestrale, ils savaient qu'il s'agissait d'un volcan, ce qui n'était pas du tout évident aux yeux des nouveaux arrivants. Son cône impeccable, ses pentes symétriques, la montagne les devait aux flots de lave qui avaient lissé ses flancs et aux cendres volcaniques qui s'y étaient déposées. Les forêts de conifères qui s'étendaient à sa base masquaient les ravages causés par des éruptions remontant à un passé géologique récent. Spirit Lake, le lac charmant dans lequel se reflétait le versant nord de la montagne, était en réalité la retenue d'un barrage naturel formé entre 800 et 1200 av. J.-C. par une gigantesque coulée de boue. En fait, toute la région avait été façonnée par le volcanisme.

Entre 1832 et 1857, comme pour rappeler aux populations locales sa nature véritable, le mont Saint Helens avait émis par intermittence de la vapeur et des nuages de cendre et dégorgé de la lave. C'était un phénomène spectaculaire mais sans gravité et des générations d'habitants du Nord-Ouest avaient grandi dans la conviction que leur environnement était parfaitement inoffensif. Pendant plus d'un siècle, la montagne sembla leur donner raison.

Le réveil fut rude. Le 18 mai 1980, après une série de secousses et d'exhalaisons prémonitoires, le mont Saint Helens entra en éruption avec une violence extraordinaire. Soixante personnes furent tuées et le terrain fut bouleversé sur 600 kilomètres carrés. Les vulcanologues ont calculé que l'énergie libérée par l'explosion représentait l'équivalent de 500 bombes atomiques du type utilisé à Hiroshima, ou encore de 10 millions de tonnes de TNT.

La belle montagne blanche de jadis n'est plus aujourd'hui qu'un vilain cône tronqué, couleur mastic en été et ressemblant, en hiver, sous la neige, à une grosse molaire cariée attendant d'être plombée. La cime a disparu. A sa place, 400 mètres plus bas, un amphithéâtre d'aspect peu engageant, ceint d'une muraille de 600 mètres de hauteur, s'ouvre sur une étendue dévastée.

A l'intérieur du cratère, chaque fois que la visibilité le permet, des hélicoptères viennent bourdonner autour des parois éboulées, amenant à pied d'œuvre toute une armée de chercheurs qui scrutent, photographient, échantillonnent, mesurent et marquent en furetant au milieu d'étranges vapeurs. Ces hommes sont engagés dans une course passionnante et dangereuse pour découvrir tout ce que le volcan peut leur apprendre sur lui-même et sur le volcanisme en général avant qu'il ne retombe dans un profond sommeil ou, au contraire, qu'il n'explose, ce qui effacerait à jamais les traces encore fraîches de la précédente éruption.

L'éruption du mont Saint Helens a été un rappel brutal de la nature volcanique de toute la chaîne des Cascades dont les habitants, à l'exception des géologues, n'étaient que vaguement conscients. Cette chaîne, qui s'étend du mont Garibaldi, au nord, au pic Lassen, en Californie, fait partie de la Ceinture de Feu qui entoure le Pacifique. Depuis la fin du pléistocène, c'est-à-dire depuis 10000 ans environ, elle a été le théâtre au moins d'une grande éruption par siècle.

Du point de vue de la géologie, elle est très jeune : le plissement s'est formé il y a sept millions d'années seulement, au-dessus de la zone de subduction où la plaque Juan de Fuca s'enfonce, lourdement et inexorablement, sous la plaque nord-américaine. Il y a trois millions d'années, le magma a commencé à monter à la surface, édifiant le relief que nous voyons aujourd'hui.

Vers le milieu des années 60, les majestueux volcans de la chaîne des Cascades n'étaient pour le public que de pittoresques points de repère dans le paysage et des buts d'excursion et, pour les géologues, des formations dont la nature et l'origine méritaient certes qu'on leur consacrât une étude plus approfondie, mais sans qu'il y eût urgence particulière.

Les signes qu'un cataclysme pouvait se produire à tout instant étaient partout présents, mais on ne leur accordait pas l'attention qu'ils auraient méritée. A 80 kilomètres au nord du mont Saint Helens se dresse la silhouette altière du mont Rainier, haut de 4391 mètres, qui exhale fumées et vapeurs, et dont les champs de glace, sous l'effet de la chaleur interne, se creusent de cavernes fantasmagoriques et

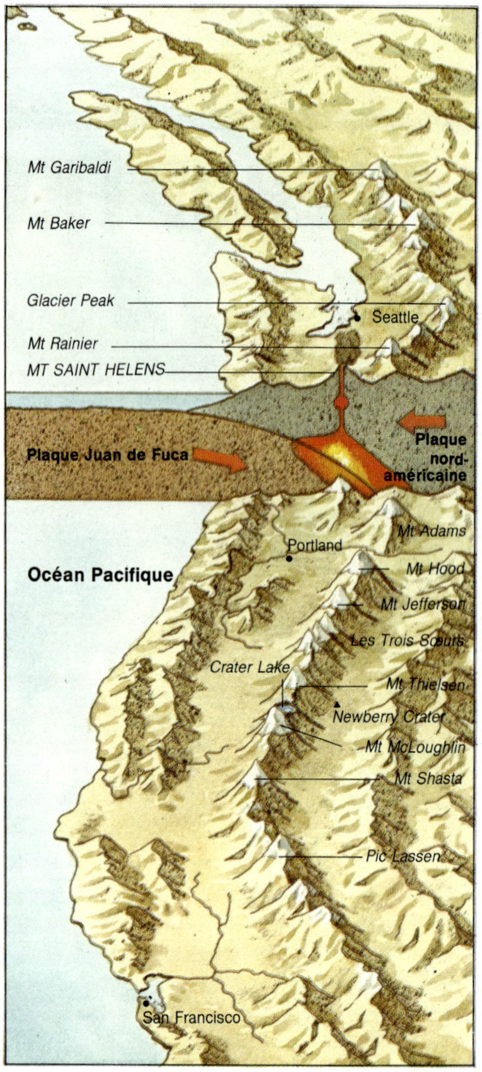

La chaîne des Cascades s'étend de la Colombie britannique (Canada) à la Californie. Les mouvements tectoniques, à l'origine de ce plissement, ont entraîné la formation d'énormes réservoirs de magma qui alimentent une bonne quinzaine de volcans.

Le Canadien Paul Kane a peint en 1847 une éruption du mont Saint Helens survenue cinq ans plus tôt. Bien que contenant des détails fantaisistes (ces Indiens qui contemplent le spectacle alors qu'en fait ils restaient toujours à bonne distance de ce qu'ils appelaient la Montagne de Feu), le tableau est conforme à la réalité quand il montre que l'éruption est partie d'un orifice situé sur la face nord du volcan.

Le mont Rainier est un volcan assoupi mais qui continue à dégager des vapeurs. Sous l'effet de sa chaleur interne, la glace qui recouvre son sommet se creuse de galeries *(ci-contre)* formant un réseau de plus de 1500 mètres de longueur. Les modifications de l'aspect des galeries glaciaires visibles sur les monts Rainier, Hood et Baker peuvent être les signes précurseurs d'une éruption.

parfois fondent complètement. A 100 kilomètres au sud, il y a le mont Hood avec ses fumerolles et ses vapeurs sulfureuses.

Plus évocateur encore de ce que peut accomplir un volcan de la chaîne des Cascades, il y a le mont Mazama et sa caldera où se trouve le fameux Crater Lake, le lac le plus profond (près de 600 mètres) de toute l'Amérique du Nord. Il y a 7000 ans, une phénoménale éruption du Mazama avait entièrement couvert de cendre ce qui constitue aujourd'hui le Nord-Ouest des États-Unis et la ponce s'était répandue en telles quantités qu'elle avait formé une couche de 15 mètres d'épaisseur à 55 kilomètres du cratère.

Toutefois, depuis le début du XXe siècle, un seul volcan de la chaîne des Cascades avait manifesté une activité de quelque importance. C'était le pic Lassen qui se trouve en Californie, à 160 kilomètres au sud de la frontière de l'Oregon. En 1914 avait commencé là-bas une série d'éruptions qui allaient se poursuivre par intermittence pendant un certain nombre d'années. La plus importante s'était produite le 22 mai 1915; un nuage gris foncé s'était élevé jusqu'à 11 kilomètres d'altitude et avait fait pleuvoir des cendres sur des localités distantes de 300 kilomètres. Mais, à l'époque, l'attention des Américains était monopolisée par la guerre et l'opinion s'intéressa fort peu à ce phénomène.

Curieusement, ce qui alerta les esprits et porta les hommes de science tout comme les responsables politiques à réfléchir au danger que pouvaient présenter les volcans de la chaîne des Cascades, ce fut le réveil d'un petit volcan d'Amérique centrale qui ne payait guère de mine. En 1968, au Costa Rica, l'Arenal, qui était depuis longtemps plongé dans l'assoupissement, entra en éruption sans préavis, tuant 80 personnes et causant des dégâts considérables. Dans les années qui suivirent, il continua de dégorger par intermittence, mais de façon sensiblement moins violente, créant peu à peu un vaste champ de lave.

Entre l'Arenal et les volcans de la chaîne des Cascades, il y avait des similitudes frappantes. Les volcans d'Amérique centrale comme ceux d'Amérique du Nord font partie de la Ceinture de Feu du Pacifique et se situent à la verticale d'une zone de subduction, là où une plaque tectonique s'enfonce sous une autre. Quand la communauté scientifique eut pris connaissance des informations relatives à l'éruption de l'Arenal, un certain nombre de vulcanologues commencèrent à se poser des questions concernant les montagnes de la chaîne des Cascades et cherchèrent à savoir ce qu'elles avaient dans le ventre.

Cela n'alla pas tout seul. Le budget du Geological Survey pour les études volcanologiques était très serré. Il demeurait admis cependant qu'on devait accorder une certaine priorité aux volcans du Nord-Ouest des États-Unis et, en particulier, au mont Saint Helens, le plus jeune d'entre eux et celui qui présentait le caractère le plus instable. Son cône sommital datait d'à peine mille ans et, autour de lui, les plus vieux dépôts de ponce et de cendre avaient moins de 40000 ans. En outre, au cours des 4500 dernières années, son activité s'était révélée plus souvent explosive que celle de n'importe quel autre volcan de la région.

Tout cela ne manquait pas d'inquiéter car le mont Saint Helens est situé à 80 kilomètres seulement au nord de la vaste zone urbaine de Portland, la deuxième en importance de tout le Nord-Ouest des États-Unis, et plusieurs rivières dont les affluents drainent les pentes sud, ouest et nord de la montagne rejoignent le fleuve Columbia aux abords de Portland, ce qui pouvait donner à craindre une inondation catastrophique dans le cas où une avalanche de débris viendrait à en obstruer temporairement le cours.

En 1969, à la suite des premières éruptions de l'Arenal, le géologue Dwight Crandell, au cours d'un colloque organisé à San Francisco, attira l'attention des autorités sur l'état d'impréparation dans lequel on se trouvait concernant l'éventualité d'une reprise de l'activité volcanique dans la chaîne des Cascades, et sur la nécessité de créer à tout le moins une certaine conscience du danger, même si cela ne devait offrir d'autre résultat que d'amener les excursionnistes à « garer leurs véhicules en les tournant dans la bonne direction ».

Avec son collègue Donal Mullineaux, du Geological Survey, il lança par la suite un nouvel avertissement en ces termes : « De futures éruptions du mont Saint Helens sont une quasi-certitude. Les pertes humaines ou matérielles pourraient être réduites si l'on détermine la procédure à suivre en cas d'éruption et si l'on surveille le volcan pour en détecter l'approche. »

Les deux hommes estimaient que la prochaine éruption du mont Saint Helens aurait lieu « avant cent ans et peut-être même avant la fin du siècle ». C'était tenir là un langage audacieux pour des géologues qui, de par la nature de leur travail, n'ont pas pour habitude de se hasarder à formuler des pronostics aussi précis et divisent le temps en ères ou en époques, plutôt qu'en siècles et en années. Certains de leurs collègues trouvèrent qu'ils s'avançaient trop. Quoi qu'il en soit, ils avaient réussi à faire entendre leur message qui se résumait à ceci : le mont Saint Helens, sous des abords bénins et riants, est un volcan actif et prétendre l'ignorer est aussi insensé que de se frotter à un ours grizzly.

En 1969, avec l'aide financière du Geological Survey, l'université de l'État de Washington à Seattle procéda à la création de deux petits réseaux sismologiques permanents, l'un dans la partie occidentale de l'État, l'autre dans la partie orientale. Ils comprenaient au départ une douzaine de stations auxquelles s'ajoutèrent en 1972 trois autres installées sur les monts Baker, Rainier et Saint Helens ; cette dernière, située sur le versant ouest de la montagne, fut désignée par le sigle SHW (St. Helens West). La même année, le géologue Donald Swanson, qui avait passé sa jeunesse à l'ombre du mont Saint Helens, emprunta un géodimètre et effectua les premières mesures visant à détecter tout changement significatif dans les contours de la montagne sur son versant nord-est.

En 1977, le Congrès des États-Unis vota des crédits qui permirent au Geological Survey de mettre en œuvre, en collaboration avec plusieurs établissements universitaires, un programme ambitieux de surveillance de l'activité sismique. Il s'agissait au premier chef d'étudier les tremblements de terre, mais cette étude était en même temps d'un grand intérêt pour la surveillance des volcans dont les manifestations sismiques, causées par les mouvements souterrains du magma, peuvent se révéler totalement indécelables à distance.

Un des cinq établissements choisis pour constituer les centres régionaux d'enregistrement des données sismiques fut l'université de l'État de Washington qui se trouvait à portée radiotélémétrique des cinq volcans les plus septentrionaux de la chaîne des Cascades : Baker, Glacier Peak, Rainier, Adams et Saint Helens. Le plan consistait à placer sur toutes ces montagnes des sismomètres reliés à un ordinateur par des unités télémétriques télécommandées.

Le système entra en fonctionnement le 1er mars 1980. A cette date, le réseau sismologique de l'université comprenait 58 stations, dont 36 situées dans la partie est de l'État et sur le versant oriental des Cascades et 22 dans la partie ouest de ce même État, principalement dans la région de Puget Sound. Mais sur le mont Saint Helens, il n'y avait toujours qu'une seule station — SHW — située à 1 400 mètres d'altitude. La plus proche ensuite était LMW (Ladd Mountain, Washington), à 53 kilomètres plus au nord.

Entre 1975 et 1980, donc avant que le système de traitement des données sur ordinateur ait été mis en place, 44 petits séismes avaient été enregistrés, dans un rayon de 35 kilomètres autour du volcan. Mais le jeudi 20 mars 1980, à 15 h 47, l'aiguille sur un des tambours enregistreurs de l'université commença à zigzaguer, traçant un message de la station télémétrique SHW qui retint immédiatement l'attention. Il signalait un tremblement de terre de magnitude 4,2, le plus fort qu'on eût enregistré jusqu'alors.

Pendant que le sol continuait de trembler, le siège californien du Geological Survey était informé de ce qui se passait et, à son tour il avisait l'administration des Eaux et Forêts à Vancouver (Washington) qu'il y avait risque d'avalanches sur le mont Saint Helens. Le lendemain, la terre tremblant toujours, les sismologues entreprirent d'installer trois sismomètres portatifs sur d'autres points de la montagne afin de compléter les informations fournies par SHW. L'inconvénient de ces appareils portatifs était qu'ils ne pouvaient transmettre instantanément leurs enregistrements à l'ordinateur, les informations s'inscrivant sur une bande magnétique qu'il fallait aller chercher tous les cinq jours.

Le samedi suivant, il y eut, dans le courant de l'après-midi, une autre secousse de magnitude 4. Dans la soirée, on avisa les services des Eaux et Forêts qu'il s'agissait peut-être du début d'une séquence éruptive. La plupart des secousses étaient de faible amplitude, mais leur cadence s'accélérait. Dans la matinée du dimanche, on en dénombra plus de 15 en une heure. Le foyer paraissait se situer à une faible profondeur sous la montagne.

Soupçonnant qu'il se produisait des mouvements de roche en fusion non loin de la surface, les sismologues s'apprêtèrent à mettre en place d'autres instruments et demandèrent du renfort. Le lendemain, on leur envoya un groupe de spécialistes, parmi lesquels Mullineaux et Crandell.

Jusque-là, les séismes étaient restés localisés et n'avaient pas causé de dégâts ni suscité beaucoup d'inquiétude. Malgré tout, les Eaux et Forêts, par crainte des avalanches, décidèrent le mardi 25 mars d'interdire l'accès de toute la partie de la montagne située au-delà de la limite supérieure des arbres. Vers midi, ce même jour, l'activité sismique s'intensifia brusquement. Les secousses arrivaient si nombreuses que le tambour enregistreur recevant à Seattle les signaux émis par la station SHW n'était plus en mesure de les inscrire tous. Dans le même temps, elles se renforçaient. Dans la soirée, on en était à trois ou quatre secousses de magnitude 4 par heure. Il était clair que le dénouement approchait.

Le 27 mars, peu après midi, on entendit, en provenance du mont Saint Helens, le bruit d'une forte explosion qui laissait supposer une éruption. A distance, il était impossible de rien voir, à cause du brouillard printanier qui régnait ce jour-là sur toute cette région de la côte du Pacifique. Un groupe de journalistes de Vancouver monta en hélicoptère dans l'espoir qu'une ouverture dans la couche de nuages leur permettrait d'apercevoir le sommet du volcan. Après avoir tourné en vain pendant trois heures, ils allaient renoncer quand les nuages s'écartèrent. Ils virent alors, rapporte l'un d'eux, « un trou dans la neige sur le côté nord, noirci par la cendre et brisé sur le bord, surtout côté nord ». De grandes fissures étaient également visibles sur le versant septentrional de la montagne.

L'agitation sismique persista, de même que le temps nuageux. Le 28 mars, un groupe de chercheurs parvint en hélicoptère assez près du sommet pour se rendre compte que l'explosion avait été causée par la vaporisation des eaux d'infiltration au contact de roches brûlantes.

Bien que l'espace aérien fut en principe interdit dans un rayon de huit kilomètres autour du sommet, des essaims d'appareils chargés de journalistes et de photographes y pénétrèrent. Les autorités essayèrent, mais en vain, de s'y opposer. «Que voulez-vous que nous fassions, dit un fonctionnaire exaspéré, quand un garçon, monté sur un hélicoptère que sa société a loué 400 dollars l'heure, nous dit, parce que nous voulons le protéger, que nous sommes une entrave à la liberté de la presse ? Faut-il l'abattre ?»

L'éruption phréatique du 27 mars et les ébranlements souterrains ne représentaient que le début du cycle éruptif, cela ne faisait pas le moindre doute aux yeux des hommes de science. Mais ils n'avaient aucun moyen de savoir à quel moment débuterait la phase paroxystique — cela pouvait prendre plusieurs mois — ni quel serait son degré de gravité.

Le mauvais temps persista dans les premiers jours du mois d'avril, au grand dam des scientifiques que le Geological Survey avait envoyés en renfort. Ils avaient installé des clinomètres, recueilli des échantillons de roches, analysé des gaz, mais il leur tardait de voir le plafond nuageux se lever pour pouvoir observer ce qui se passait sur le volcan. A la mi-avril, les nuages se dissipèrent enfin et l'on vit immédiatement que, sur le versant nord, juste au-dessous du cratère sommital et au-dessus d'un affleurement de lave appelé Goat Rocks, le sol avait commencé à se soulever. Il devenait urgent de placer des repères sur ce renflement pour contrôler périodiquement son évolution.

Deux instruments devaient permettre d'effectuer les mesures nécessaires : le théodolite, qui détermine les angles horizontaux et verticaux, et le géodimètre à laser, capable de mesurer avec une extrême précision les distances linéaires. Les

Ce cerne de cendre noire réparti autour d'un cratère, près du sommet du mont Saint Helens, est la marque du réveil du volcan survenue le 27 mars 1980. Les fissures visibles ont jusqu'à cinq kilomètres de longueur et résultent d'une distension causée par la poussée du magma. En 12 jours, le diamètre du cratère est passé de 75 à 510 m et sa profondeur de 45 à 225 m.

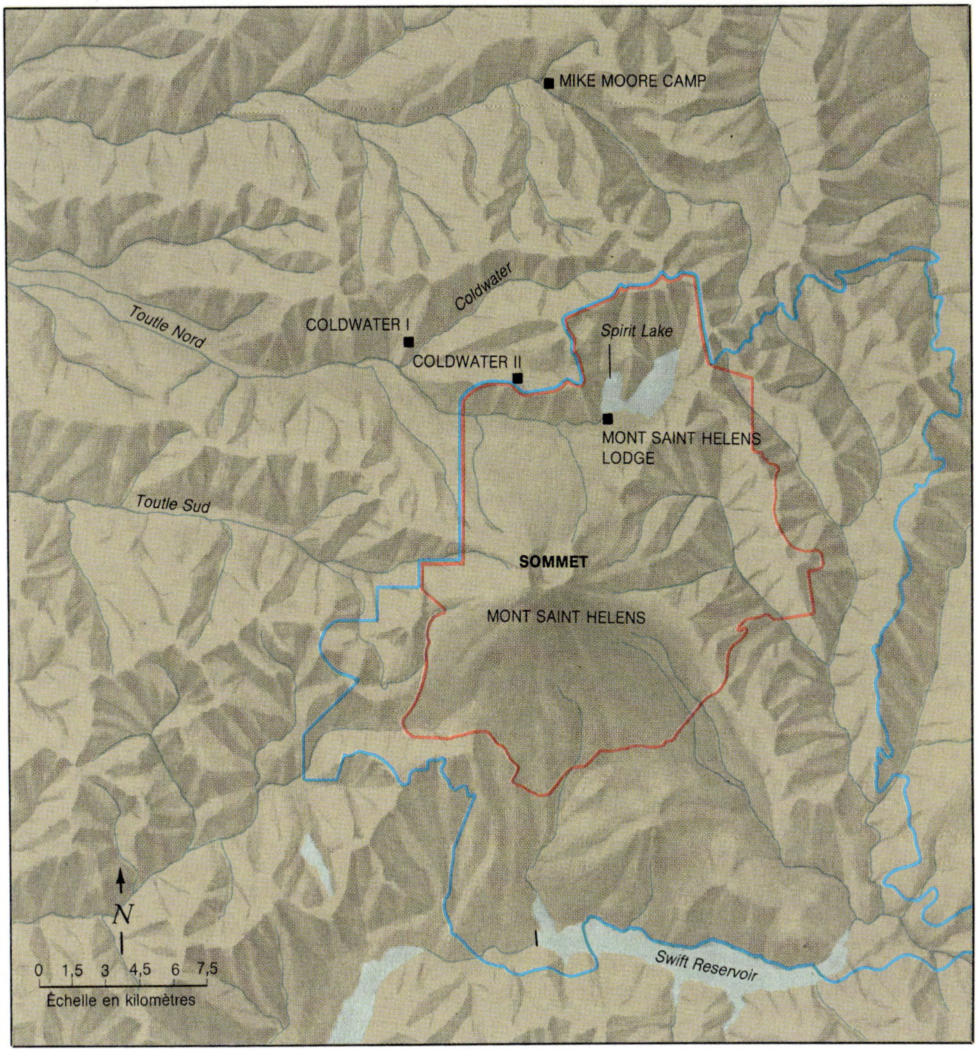

Pour réduire les risques auxquels pouvaient être exposés les journalistes et les curieux venus voir le mont Saint Helens après l'éruption du 27 mars 1980, on avait créé 2 zones à circulation réglementée dont la carte ci-contre montre les limites. Dans la zone rouge, seuls pouvaient pénétrer les représentants de l'autorité et le personnel scientifique accrédité. La bleue était accessible, de jour seulement, aux bûcherons et aux propriétaires de résidences. L'éruption principale, qui eut lieu le 18 mai, dévasta les deux zones et les dégâts s'étendirent bien au-delà.

réflecteurs prismatiques classiques étant d'un prix beaucoup trop élevé (il fallait compter environ 300 dollars l'unité) et ne pouvant donc être disséminés dans un secteur où ils risquaient fort de se trouver détruits, on improvisa des croix de bois enduites d'une peinture orange fluorescente, qui devaient servir d'objectifs pour les théodolites, et on y suspendit des grappes de catadioptres devant servir de réflecteurs pour les lasers. Chaque objectif était assujetti à un poteau en acier que l'on enfonçait dans la cendre ou la neige ou que l'on calait avec des pierres et dont la stabilité était assurée par des haubans.

Les équipes chargées de ce travail étaient amenées à pied d'œuvre par des hélicoptères qui attendaient, moteur en marche, que les réflecteurs aient été mis en place et les essais effectués. Au total, 13 stations de réflecteurs furent installées sur la montagne, dont huit sur la partie renflée du sommet.

A partir de la mi-avril, dans la mesure où le temps le permettait, on procéda à des visées régulières. Les résultats furent surprenants : le renflement au-dessus de Goat Rocks, qui apparaissait désormais comme une zone nettement délimitée d'un diamètre de 1500 mètres environ, grandissait quasiment à vue d'œil. Le 12 mai, c'était devenu une boursouflure de près de 150 mètres d'épaisseur par rapport au niveau d'origine. Visiblement, on ne pouvait en attribuer la cause qu'à la montée d'une colonne de magma à l'intérieur de la montagne. Et le fait que le phénomène se produisait sur la face nord indiquait que là se trouvait la zone de moindre résistance dans la paroi du volcan.

A partir de la mi-avril, le temps s'améliorant, on put prendre des photographies plus étendues de la région sommitale. Un examen minutieux de ces clichés montra que la colonne montante de magma avait fissuré le dôme et que la chaleur souterraine, en s'échappant par ces fissures, avait fait fondre la neige et la glace

Le vulcanologue David Johnston s'accorde un moment de repos à Coldwater II, station située sur une crête, à neuf kilomètres du sommet du mont Saint Helens. Avant d'être tué par l'éruption du 18 mai, il comparait la montagne à une bombe dont la mèche serait allumée, tout en ajoutant : « Malheureusement, ce que nous ne connaissons pas, c'est la longueur précise de la mèche. »

A la station Coldwater I, le photographe Reid Blackburn règle un appareil braqué sur le versant nord du mont Saint Helens situé à 13 kilomètres de distance. Il s'était si bien habitué aux ébranlements de la montagne qu'au bout de trois semaines il pouvait dire avec précision la magnitude de chaque séisme. Quelques jours avant l'éruption, ne voulant pas rater une occasion de prendre des vues exceptionnelles, il avait refusé de partir en congé. Il était à son poste le 18 mai quand survint le mortel nuage de cendre.

accumulées à la surface. L'eau de fonte s'était alors infiltrée à l'intérieur de la montagne et, entrant en contact avec les roches chaudes, elle s'était vaporisée, ce qui avait causé les premières éruptions.

L'explosion du 27 mars avait creusé dans la glace du sommet un petit cratère au centre d'une dépression nouvelle — ou graben — qui s'allongeait sur 1 500 mètres d'est en ouest, directement au-dessus de la boursouflure et de la bordure supérieure de Goat Rocks. Le 12 mai, le volume du cratère à l'intérieur du graben atteignait près de neuf millions de mètres cubes et l'on distinguait des sortes de petits lacs ou de mares en son fond.

Le graben tout entier, cratère compris, semblait s'affaisser à l'intérieur de la montagne, mais l'affaissement n'était pas aussi important que la boursouflure dont le volume s'accentuait. Incontestablement, le volcan était en train de changer d'aspect, ce dont on s'apercevait chaque fois que se produisait une éclaircie dans le plafond nuageux. Son sommet enneigé noircissait et son cratère élargi commençait à s'ébrécher, côté nord, à cause de la fonte de la glace et des chutes de cendre qui provoquaient de petites coulées de boue.

Harry Truman, 84 ans, avec quelques-uns de ses 16 chats, dans la cuisine de son pavillon de Spirit Lake. Il avait passé toute sa vie sur les pentes du mont Saint Helens et considérait la montagne comme une amie. Il refusa de s'en aller quand la situation devint alarmante et, après l'éruption on ne retrouva aucune trace de lui.

Les autorités locales, désormais conscientes du danger, voulurent interdire à la circulation toutes les routes dans un rayon de 30 kilomètres autour du sommet mais, pour diverses raisons économiques et politiques, ce ne fut pas possible. Le 30 avril, le gouverneur de l'État opta pour un compromis en créant deux zones à circulation réglementée : une zone rouge, où seuls les scientifiques accrédités étaient autorisés à pénétrer, et une zone bleue où les détenteurs d'un permis spécial pouvaient circuler de jour seulement *(page 147)*.

Spirit Lake était inclus dans la zone rouge et les personnes qui possédaient des propriétés dans ce secteur furent priées de s'en aller, mais l'une d'elles, Harry Truman, un homme d'un certain âge, propriétaire d'un pavillon au bord du lac, refusa catégoriquement de partir. Même le tremblement de terre de magnitude 5, survenu le 12 mai, ne le fit pas revenir sur sa décision. La secousse avait détaché la partie inférieure d'un glacier au-dessus de Spirit Lake et déclenché une avalanche qui s'était arrêtée juste au bord du lac. A un ami venu le voir, Truman confia qu'il avait eu extrêmement peur mais qu'il ne songeait pas pour autant à abandonner son domicile et ses seize chats. Les doigts crispés sur son verre de whisky, il déclara : « Je fais partie de la montagne et la montagne fait partie de moi-même. » En fin de compte les autorités n'insistèrent pas et le nommèrent shérif adjoint du comté de Skamania, donnant ainsi à son obstination une couverture légale.

Les bûcherons restèrent eux aussi sur la montagne, malgré le danger. Au grand regret des hommes de science, la plupart des coupes, tant publiques que privées, avaient été incluses dans la zone bleue. Les sociétés forestières, arguant que leur personnel connaissait la montagne et disposait des moyens nécessaires pour faire face à toutes les éventualités, poursuivirent l'abattage du bois.

Quant aux vulcanologues, s'ils étaient les mieux placés pour apprécier l'importance du danger, ils se trouvaient aussi les plus exposés. Donald Peterson, qui allait prendre plus tard la direction des études concernant le mont Saint Helens, s'en consolait en disant : « C'est une occasion qui ne se présente qu'une fois dans toute une existence. On ne sait vraiment pas grand-chose au sujet de ces montagnes et de leur comportement. Si l'on veut apprendre, il faut s'accrocher. »

Mais la résolution et l'audace ne pouvaient suppléer au manque de fonds. Le budget du Geological Survey n'était pas du tout adapté à une crise de cette ampleur et il fallut économiser sur tout. C'est la raison pour laquelle, par exemple, on avait installé sur la montagne des réflecteurs à dix dollars. Mais comment économiser sur les hélicoptères qui permettaient au personnel scientifique d'accéder aux stations de

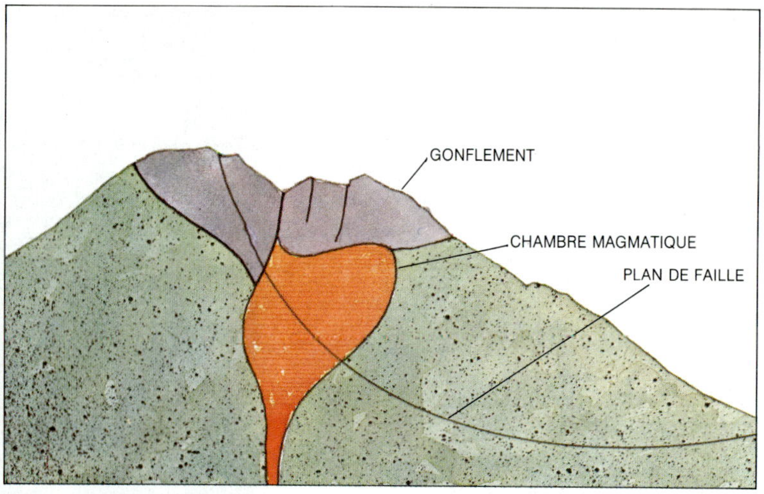
GONFLEMENT
CHAMBRE MAGMATIQUE
PLAN DE FAILLE

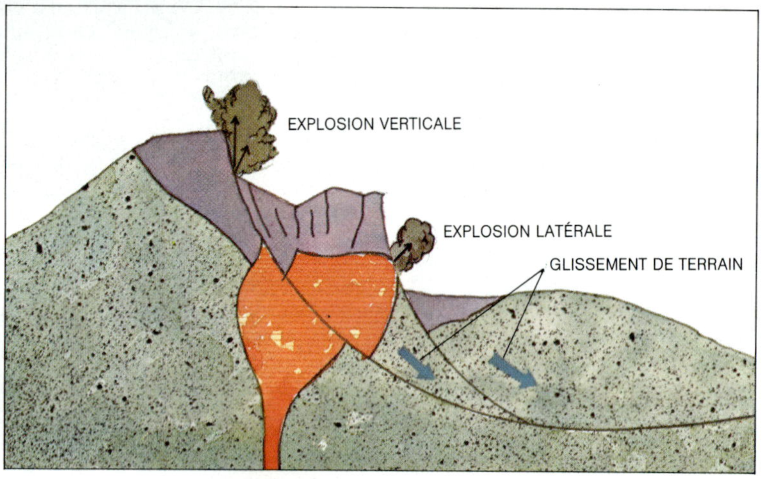
EXPLOSION VERTICALE
EXPLOSION LATÉRALE
GLISSEMENT DE TERRAIN

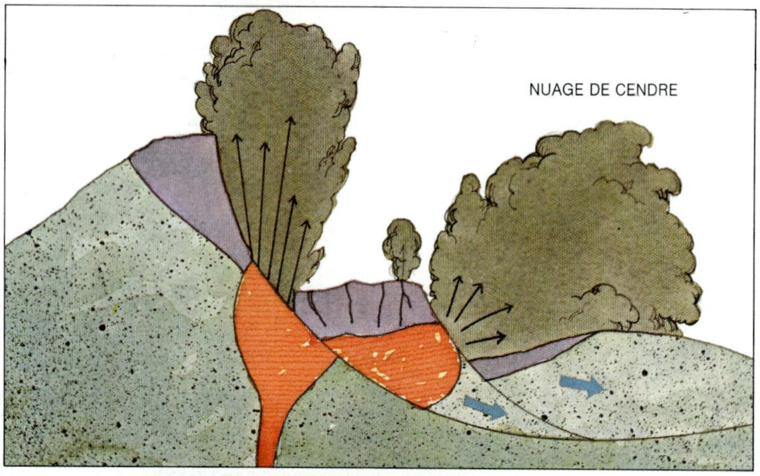
NUAGE DE CENDRE

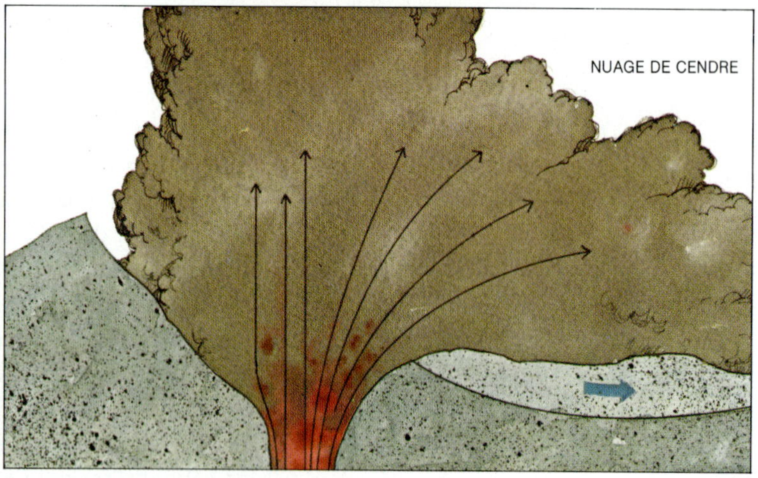
NUAGE DE CENDRE

L'éruption du mont Saint Helens est illustrée par les photos et les schémas ci-contre. Pendant les quelques semaines qui la précédèrent, la pression à l'intérieur de la chambre magmatique fit apparaître un gonflement sur la surface nord *(voir schéma)*. Le 18 mai 1980, à 8 h 32 du matin ce gonflement se détacha, provoquant le glissement de terrain visible sur la photo : tout le versant nord est en train de s'affaisser dans un immense nuage de poussière et de glace.

D'énormes quantités de roches et de glace dévalent la face nord du volcan, provoquant une soudaine baisse de pression sur ce qui reste du plafond de la chambre magmatique. L'eau surchauffée, que la pression maintenait à l'état liquide, se vaporise et jaillit à l'horizontale d'une fissure située à mi-pente, puis fuse verticalement au sommet. Sur cette deuxième photo, prise cinq secondes après la première, on voit les panaches de vapeur et de roches pulvérisées.

Quinze secondes après la première photo, le glissement de terrain et les explosions de vapeur ont mis à nu la chambre magmatique. Du sommet qui s'effondre, la vapeur jaillit avec une violence redoublée tandis que, du magma lui-même, fuse latéralement un nuage de cendre animé d'une grande vitesse. La troisième photo montre le nuage de cendre rattrapant l'avalanche.

Vingt secondes se sont écoulées depuis le début de la séquence. Toute la face nord du volcan est cachée par des nuages de cendre et de débris. Pendant que l'éruption se poursuit, le magma monte à l'intérieur. Son passage laissera un cratère de près de quatre kilomètres de diamètre.

mesure en altitude ? Il fallut pourtant se résoudre à réduire les dépenses également dans ce secteur-là. Deux de ces stations n'étaient accessibles que par la voie des airs, mais on pouvait gagner les deux autres — Timberline Turnaround, située à quatre kilomètres du sommet, au nord-est, et Coldwater II, à neuf kilomètres, au nord-ouest — en empruntant les pistes forestières. Ceux qui s'y rendaient devaient passer plusieurs jours sur place en attendant la relève et ils dormaient dans des caravanes installées à demeure.

Ils n'en montraient aucune amertume, bien qu'ils fussent conscients des dangers auxquels ils s'exposaient. Au lendemain de l'éruption du 27 mars, rencontrant des journalistes sur l'aire de stationnement de la station Timberline Turnaround où son hélicoptère venait de se poser, le jeune vulcanologue David Johnston leur dit : « Cet endroit est très dangereux. S'il devait y avoir à cet instant une nouvelle éruption, nous péririons tous. C'est quelque chose qui me fait vraiment peur. »

Le 17 mai, tôt dans l'après-midi, Johnston se rendit en voiture à la station Coldwater II d'où l'on avait une bonne vue sur le sommet fumant de la montagne et sa boursouflure. Il releva le géologue Harry Glicken qui était en poste là-bas depuis deux semaines. Ce jour-là, 41 secousses d'une magnitude supérieure à 3 furent enregistrées, ce qui ne dépassait pas la moyenne des trois ou quatre semaines précédentes. « A une échelle horaire, devait faire remarquer le sismologue Stephen Malone, il n'y avait rien dans l'activité sismique qui pût s'interpréter comme le signe précurseur d'une grande éruption. »

David Johnston n'était pas seul à se trouver dans le secteur de Coldwater. A cinq kilomètres à l'ouest, il y avait Reid Blackburn, un jeune photographe de 27 ans, reporter au *Columbian* de Vancouver, qui campait dans la station appelée Coldwater I. Il avait braqué deux appareils sur la face nord et se proposait, s'il se produisait quelque chose, de déclencher l'un d'eux à la main et l'autre, plus éloigné, par télécommande. Quelques bûcherons travaillaient également sur la montagne, mais la plupart avaient pris congé pour le week-end. La journée était exceptionnellement chaude et ensoleillée.

Comme l'activité sismique ne laissait rien présager de particulier, un groupe de propriétaires de la région de Spirit Lake s'étaient fait conduire aux abords du lac ce samedi après-midi pour emporter de chez eux quelques affaires dont ils avaient besoin. Pendant qu'ils les chargeaient sur leurs véhicules, quatre policiers de l'escorte allèrent rendre visite à Harry Truman qui s'apprêtait à tondre sa pelouse. Une fois de plus ils demandèrent au vieux monsieur s'il n'envisageait pas de quitter les lieux. « Pas question », leur répondit-il.

Les tambours d'enregistrement du centre sismologique de l'université de l'État de Washington étaient placés jour et nuit sous surveillance, grâce à une permanence généralement assurée par des étudiants. Le dimanche 18 mai, il était exactement 8 heures, 32 minutes et 11 secondes quand Steve Bryant, étudiant en géologie, vit que l'aiguille de l'appareil enregistrant la sismicité du mont Saint Helens commençait à être agitée de mouvements désordonnés. Il téléphona aussitôt à Stephen Malone qui sauta sur sa bicyclette et prit le chemin de son bureau. Il y arriva 20 minutes plus tard — à l'instant même où les ondes sonores en provenance du mont Saint Helens se faisaient entendre à Seattle.

Entre le moment où l'aiguille avait commencé à s'affoler et celui où le bruit de l'explosion avait été entendu dans la ville, tout le versant nord du mont Saint Helens avait paru s'effondrer, puis se désintégrer. Plusieurs personnes qui, pour la plupart, n'auraient pas dû se trouver là, avaient d'abord vu apparaître un petit panache sur ce versant, au-dessus de la boursouflure. Puis, comme les remarquables photos prises à ce moment-là allaient le confirmer *(page 150)*, elles avaient vu l'ubac tout entier se détacher et se mettre à glisser comme sur un coussin d'air dans la direction générale de Spirit Lake.

Quelques secondes après, un énorme nuage de fumée noire et de cendre avait fusé latéralement, puis un autre, tout aussi noir, avait jailli verticalement du sommet. En un rien de temps, le Saint Helens avait retrouvé ses origines volcaniques.

Il y a aujourd'hui accord général entre les vulcanologues concernant le déroulement de ces événements. Les photographies prises ont été classées, horodatées, projetées dans l'ordre, puis à l'envers; des échantillons de matériaux éjectés à tous les stades de l'éruption ont été analysés et toutes ces données ont été étudiées sur la base de ce qu'on savait du passé géologique de la montagne.

Dès le début était apparu un indice important pour la compréhension des événements du 18 mai. C'est le fait que, derrière une façade sereine, le mont Saint Helens était manifestement « pourri ». L'intérieur du cône volcanique n'était pas de pierre, comme on l'avait cru généralement, mais d'argile — une argile très humide et très collante. Le vulcanologue William Melson, de la Smithsonian Institution, explique ainsi le phénomène: « Quand une roche est entourée d'eau, surtout une eau riche en composés tels que l'acide chlorhydrique, et qu'elle est soumise à une température élevée pendant un certain temps, elle se change pour l'essentiel en

Un harmonieux et verdoyant paysage de montagne s'est transformé en grisaille désertique par l'éruption de son plus bel ornement; le mont Saint Helens. Découvrant cette scène de désolation, un bûcheron de la région devait déclarer, consterné: « Il ne reste plus rien. C'est comme si un aspirateur géant avait tout avalé. »

argile. » L'ascension de la colonne de magma avait eu pour effet d'élever en même temps la température et la pression à l'intérieur du volcan. Le magma, cherchant un point de moindre résistance pour accéder à la surface, un renflement était apparu au sommet de la montagne et, finalement, à 8 heures 32 minutes, après un tremblement de terre de magniture 5,1, la partie renflée s'était tout simplement détachée du sommet et avait commencé à glisser vers le lac.

Libérée de ce poids considérable, l'eau sous pression dans la colonne de magma avait fusé latéralement sous forme de vapeur avec une violence extraordinaire, provoquant sur-le-champ la rupture des roches sus-jacentes et une seconde explosion, cette fois dirigée vers le haut.

Les scientifiques qui se sont penchés sur la séquence des événements sont aujourd'hui convaincus que les matériaux éjectés dans les premières heures du 18 mai se composaient pour partie de roches provenant de l'ancien cône et pour

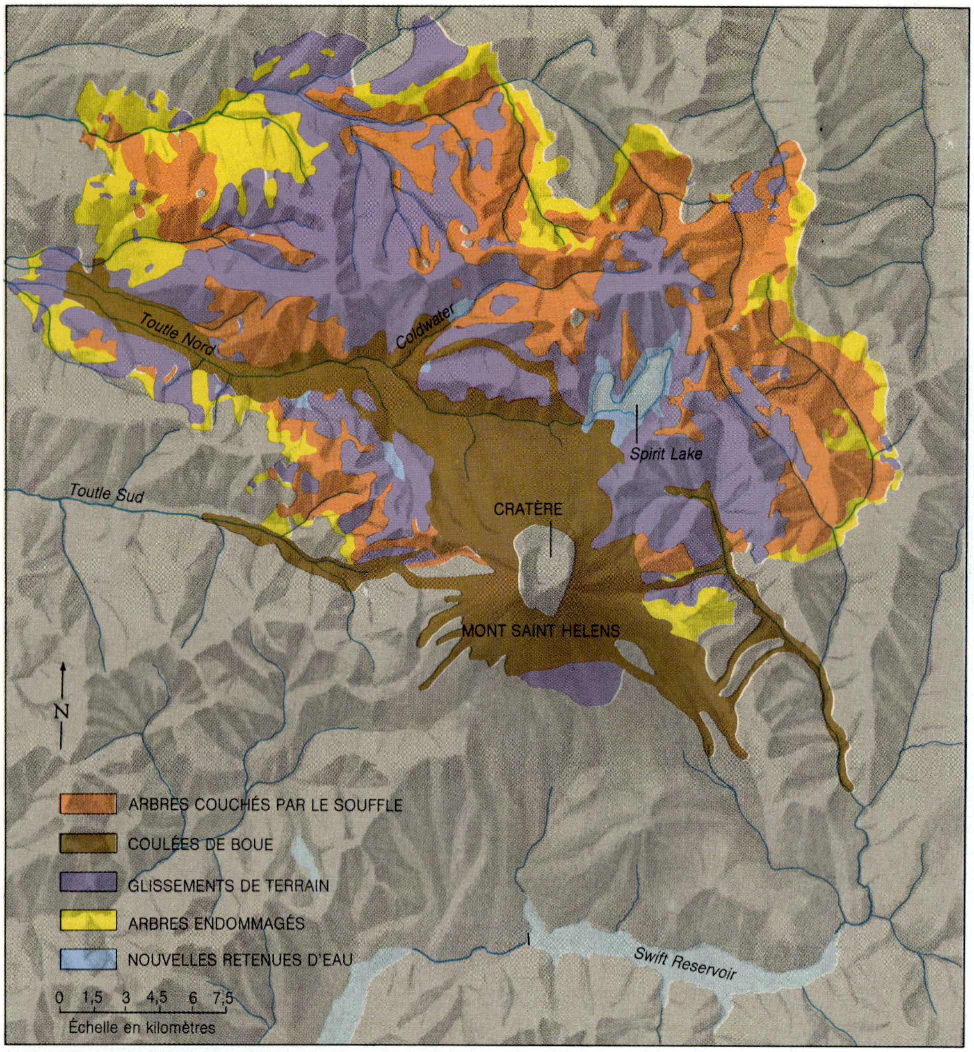

La carte ci-contre représente les effets destructeurs de l'éruption du 18 mai. En orange, l'effet de souffle à couché tous les arbres jusqu'à 24 kilomètres du cratère ; en brun, les coulées de boue ont suivi le lit des torrents et des rivières ; en mauve, le glissement de terrain et l'explosion latérale ont déposé une couche de cendre et de débris atteignant par endroits 200 mètres d'épaisseur. Le jaune indique jusqu'où la forêt a été endommagée et le bleu marque les endroits où les amas de boue et de débris ont créé de nouvelles retenues d'eau.

partie de dacite grise solidifiée extrêmement chaude qui formait carapace autour de la colonne ascendante de magma gorgé d'eau. C'est seulement vers midi ce jour-là que les nuages de cendre s'échappant de la montagne passèrent du gris foncé au blanc, ce qui indiquait que la majeure partie de la carapace et de la roche ancienne avait été expulsée de la cheminée et que le magma qui continuait de jaillir était du magma frais. Il se présentait alors sous forme de ponce légère, conséquence du fait que la dacite liquide, n'étant plus comprimée, s'était mise à « mousser » parce que la vapeur et les gaz qu'elle contenait étaient désormais libérés.

A la suite de l'explosion latérale, une nuée tourbillonnante de cendre, de vapeur et de gaz chauds jaillie du nouveau cratère s'était ruée au bas de la montagne avec une force destructive trois fois supérieure à celle de la pire des tempêtes classiques. Elle s'était déployée en éventail vers le nord sous un angle de 140 degrés, renversant tous les arbres dans une zone de 600 kilomètres carrés. A l'intérieur de la nuée, la température atteignait 260 °C, de quoi causer des brûlures graves et enflammer la végétation.

Le nuage de cendres atteignit Lake Spirit avant l'avalanche de débris, passant par-dessus les crêtes situées de l'autre côté du lac et de la branche nord de la rivière Toutle. Sur son passage, des milliers de conifères furent dénudés et coupés net juste au-dessus du sol ou carrément déracinés.

Quand l'avalanche de débris arriva, elle poussa les arbres abattus dans le lac ou le lit des cours d'eau environnants, entraînant au total plus de deux milliards de mètres cubes de boue, de cendre, de pierres, de glace et divers autres matériaux dans la haute vallée de la North Fork Toutle qu'elle recouvrit sur près de 30 kilomètres. En s'abattant sur Spirit Lake, elle fit gicler l'eau sur les hauteurs de la rive opposée et, une fois l'eau redescendue, on constata que le lac avait perdu 25 mètres

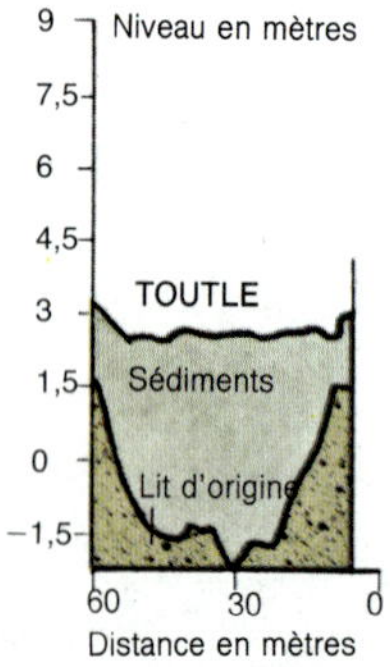

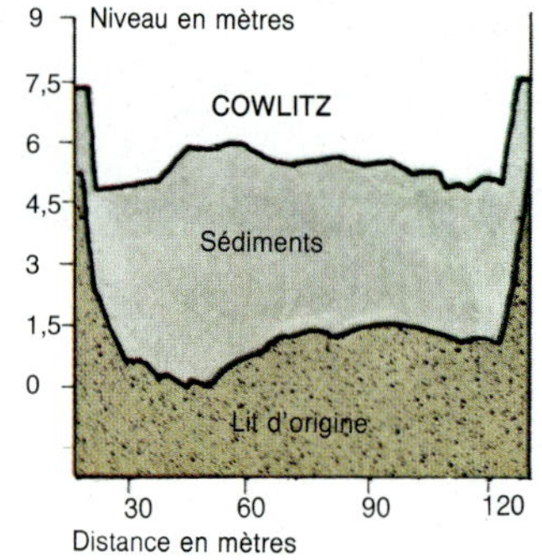

Les coulées de boue résultant de l'éruption du 18 mai avaient déposé dans le lit de la rivière Cowlitz et dans celui de la branche sud de la Toutle une couche de sédiments de 4,5 mètres d'épaisseur, diminuant ainsi de 9/10 leur capacité d'écoulement. Les pluies d'hiver risquant de causer de graves inondations, le génie militaire dragua ces cours d'eau. Il fallut six mois de travail incessant pour parvenir à déblayer plus de 20 millions de mètres cubes de boue.

L'odyssée d'une famille de campeurs

Mike Moore, noir de cendre, fait une halte avec sa fille BonnieLu au cours de leur marche à travers une forêt que l'éruption du mont Saint Helens a ravagée. La photo fut prise par Lu Moore. Les rescapés racontent que l'ampleur de l'éruption leur est apparue très vite et qu'à la vue de l'énorme nuage de cendre *(ci-contre)* se dirigeant vers eux, ils s'étaient sentis « écrasés ».

Un des épisodes les plus dramatiques de l'éruption du mont Saint Helens est celui qu'ont vécu Mike et Lu Moore et leurs deux enfants. La famille campait à 20 kilomètres de la face nord du volcan quand se produisit l'explosion, et s'en tira indemne.

Mike, diplômé en géologie, avait pris soin de s'installer bien en deçà de la limite de la zone dangereuse qui avait été fixée par les autorités. Il avait choisi un emplacement que trois hautes crêtes protégeaient du volcan — sage précaution à laquelle lui et les siens durent leur salut.

A 8 heures 32, un sourd grondement se répercuta à travers la forêt. Ils virent alors avec stupeur un immense nuage de cendre se diriger droit sur eux en tourbillonnant. Mike saisit son appareil photographique et prit une douzaine de clichés (dont celui qui est reproduit ci-dessus). Sa femme emporta précipitamment les deux enfants — BonnieLu, 4 ans, et Terra, trois mois — dans une cabane de chasseur voisine. « Quand j'ai vu le nuage arriver, raconte-t-elle, je suis partie sans un regard en arrière. »

Dans la cabane envahie par la cendre et bombardée de cailloux, Mike et Lu enroulèrent Terra dans une couverture et appliquèrent contre leur visage et celui de BonnieLu des chaussettes humides en guise de masques de protection. « Nous avons eu peur, dit Lu, mais nous n'avons pas perdu la tête. »

L'obscurité était totale et le bruit assourdissant. La montagne était « comme une énorme bétonnière où des pierres s'entrechoquaient avec une violence incroyable. »

Le calme revenu, les Moore mirent le nez dehors et, à la lumière d'une lampe de poche, ils découvrirent un monde étrange où tout était gris et poudreux. Vers 10 heures il faisait assez clair pour tenter de regagner l'endroit où était garée la voiture.

Mais au bout d'un kilomètre, ils furent arrêtés par des arbres énormes que le souffle du volcan avait arrachés et qui barraient la piste. Il leur fallut encore cinq bonnes heures pour franchir un kilomètre de plus et arriver enfin de compte à un endroit où il n'y avait plus ni piste ni forêt.

Ils s'y installèrent pour la nuit et, le lendemain, un hélicoptère les aperçut. Ils se frayèrent un chemin jusqu'à une petite île au milieu d'une rivière d'où l'hélicoptère réussit à les emporter. Ils surent plus tard que l'éruption avait fait 60 morts. Ils n'en revenaient pas de leur aventure. « Nous étions là en vacances, disait Lu ; nous ne pensions pas que la montagne réagirait ainsi. »

de sa profondeur d'origine. A la surface surnageaient des multitudes de troncs d'arbres et de la boue encore fumante.

La partie de l'avalanche qui s'était engagée dans la vallée de la Toutle à l'ouest du lac y avait laissé un dépôt qui atteignait parfois 180 mètres d'épaisseur, et la hauteur de l'ancien barrage de débris retenant le lac s'en était trouvée augmentée de 60 mètres. La poussière de l'avalanche n'était pas encore retombée que survenait une dernière catastrophe : une formidable coulée de boue causée par la fonte rapide de la neige et de la glace sous l'effet de la chaleur dégagée par l'éruption. L'eau de fonte et l'eau provenant de la condensation du nuage éruptif se mêlèrent aux débris volcaniques pour former un magma boueux et celui-ci, glissant sur la traînée de l'avalanche, s'engagea à son tour dans la vallée de la Toutle, détruisant les maisons, les arbres et les ponts, et balayant une exploitation forestière. Le flot de boue, qui s'éclaircissait à mesure qu'il progressait, suivit sur 45 kilomètres le cours de la Toutle avant de se jeter dans la Cowlitz où il déposa près de 30 millions de mètres cubes de sédiments. Il avait conservé assez de force pour descendre encore le cours de la Cowlitz et finir dans la Columbia, en y bloquant le chenal de navigation.

L'éruption avait causé des dégâts incroyables, « de quoi ravir les amateurs de records », dit un rapport établi par l'administration forestière. La vue du versant nord confondait l'imagination. La quantité d'arbres abattus représentait de quoi construire 250 000 maisons de bois.

Compte tenu de l'ampleur des destructions, le nombre des victimes se révéla étonnamment réduit. Néanmoins on dénombra 60 morts qui, pour la plupart, avaient péri asphyxiés, la cendre chaude ayant obstrué leurs poumons. Le photographe Reid Blackburn venait de se réfugier dans sa voiture quand l'explosion fit voler les vitres en éclats. Le toit du véhicule fut aperçu du haut d'un hélicoptère en patrouille et l'on retrouva le corps du photographe sur le siège du conducteur, enfoui dans la cendre jusqu'aux épaules.

David Johnston avait terminé ses premières mesures de la journée et transmis les résultats par radio une heure et demie avant l'explosion. Dans l'instant qui suivit celle-ci, on l'avait entendu s'écrier : « Vancouver, Vancouver, ça y est... », puis plus rien. On ne devait trouver aucune trace de lui ni de sa voiture. Et pas davantage de Harry Truman dont le pavillon avait été englouti sous une bonne dizaine de mètres de cendres et de débris.

Les pertes en vies humaines auraient pu être beaucoup plus nombreuses. Si la catastrophe s'était produite un jour plus tard, il y aurait eu dans la zone dévastée des centaines de bûcherons au travail. Si elle s'était produite seulement une heure plus tard, il y aurait eu sur la montagne d'autres travailleurs scientifiques du Geological Survey venus relever les instruments. Plus avant dans la journée, un autre convoi de propriétaires de pavillons devait se rendre à Spirit Lake. Si les autorités n'avaient pas maintenu pendant des semaines une garde vigilante sur les barrages routiers, des milliers d'excursionnistes seraient peut-être venus pique-niquer ce dimanche-là dans la région sinistrée. Et si l'éruption avait eu lieu sur le versant sud, les barrages de retenue de la rivière Lewis se seraient trouvés submergés et les milliers d'habitants de la vallée auraient couru de graves dangers.

Il faut considérer comme une chance également, du point de vue de la science, que le mont Saint Helens ait choisi une si belle journée pour entrer en éruption. Si le tremblement de terre s'était produit la nuit ou à un moment où les nuages cachaient la montagne, la succession des événements serait restée un mystère car il n'y aurait eu ni témoins oculaires ni photographies.

Les bêtes sauvages, que beaucoup affirmaient douées d'un sixième sens capable de les prévenir de l'imminence d'une éruption volcanique, semblent avoir été surprises plus encore que les humains, à en juger par le nombre des carcasses de cervidés que l'on découvrit. Sur le versant nord du mont Saint Helens, la faune avait presque entièrement disparu. D'après les estimations officielles, 5 000 cerfs à queue noire, 200 ours noirs et 1 500 élans ont péri dans la catastrophe, de même que tous les oiseaux et les petits mammifères qui se trouvaient dans la zone dévastée. Les oiseaux

Ce diagramme explique pour quelle raison l'explosion du mont Saint Helens a secoué les fenêtres à 160 kilomètres de distance, alors que tout près on a seulement perçu le fracas des arbres et des pierres et le fort sifflement du vent. Les ondes sonores étaient dirigées vers le haut et une couche d'air chaud située à 45 000 mètres d'altitude les ont renvoyées vers la terre, de sorte que le fracas de l'explosion a pu être entendu à 800 kilomètres du volcan.

Un linceul de cendre emporté par le vent

Le nuage zébré d'éclairs qui filait vers le nord-est à 100 kilomètres à l'heure avait tout l'air d'une nuée d'orage, mais on n'en avait jamais vue d'aussi grande ni d'aussi noire. Les gens sur son passage, ignorant encore l'éruption du mont Saint Helens, se préparaient à affronter une tempête.

Toutefois, la pluie ne tomba pas. Le nuage descendit, recouvrant en douze heures tout le nord-ouest des États-Unis et le sud du Canada d'un linceul de cendre de plusieurs centimètres d'épaisseur et plongeant les villes dans des ténèbres que même les phares des automobiles ne pouvaient percer.

Dans trois États — celui de Washington, d'Idaho et du Montana — la cendre transportée par le vent fit sauter des transformateurs, provoquant des pannes de courant et mit hors de service de nombreux véhicules en encrassant filtres à air et circuits d'huile. Les particules de cendre, pareilles à de minuscules éclats de verre, entamaient tout ce qu'elles rencontraient. Les gens avaient peine à respirer et se mettaient sur le visage des masques improvisés faits par exemple avec des filtres à café en papier retenus par des élastiques.

Au début, personne ne savait comment se débarrasser de l'effroyable quantité de cendre qui s'était déposée. On finit par adopter une méthode consistant d'abord à arroser la cendre pour l'empêcher de voler, puis à l'entasser à l'aide de chasse-neige et enfin à la charger sur des bennes à ordures pour être déversée dans les décharges publiques. A Yakima, ville de 51 000 habitants, les services de nettoyage déblayèrent ainsi 600 000 tonnes de cendre en dix semaines.

Mais le pire fut évité. Bien qu'une partie des cendres fût montée jusque dans la stratosphère et eût fait plusieurs fois le tour de la terre, la majeure partie était vite retombée et les conséquences climatiques que les savants redoutaient ne se matérialisèrent pas, sans doute parce que les cendres avaient une faible teneur en soufre. Le soufre en effet est capable de se maintenir longtemps à haute altitude sous forme de gouttelettes d'acide sulfurique qui, en interceptant les rayons du soleil, entraînent un refroidissement de l'atmosphère. Finalement, les populations concernées s'en sont tirées à bon compte, si l'on en juge par le précédent du mont Mazama (Crater Lake); son éruption en l'an 4600 av. J.-C. s'était traduite par une émission de cendre 30 fois supérieure.

Dans une ville située à 140 kilomètres au nord-est du volcan, le lendemain de l'éruption, la vitesse avait été temporairement limitée à 25 km/h, en raison de la mauvaise visibilité.

Un cultivateur, un masque à poussière autour du cou, époussette ses vignes. En dépit de tous les efforts et malgré les fortes pluies tombées entre temps, de la cendre est restée collée aux feuilles pendant des mois, gênant la photosynthèse et entraînant une perte estimée à 7% des récoltes.

Sur le toit de son pavillon, cet homme précipite dans une brouette la masse de cendre qu'il a balayée. Sèche, la cendre pouvait représenter un poids de 35 kilos par mètre carré. Mouillée, elle pouvait peser le double.

Des techniciens, profitant d'une pause dans le mauvais temps d'hiver, mesurent le dôme de la lave du mont Saint Helens au moyen d'un géodimètre qui dirige un faisceau de lumière cohérente sur des réflecteurs placés autour du dôme. En procédant ainsi à partir de plusieurs endroits, on peut en mesurer la croissance.

chanteurs tout particulièrement avaient été durement touchés, même en dehors de cette zone, du fait que leurs sources de nourriture avaient disparu sous la cendre. Sur des milliers et des milliers d'hectares désolés, on ne voyait plus rien bouger et on n'entendait plus aucun bruit.

Les habitants des États du Nord-Ouest eurent bien du mal à se remettre de la soudaine éruption de leur volcan, mais ils finirent par admettre que c'était la loi de la nature ; et la nature, comme le disait déjà Aristote voici plus de deux mille ans, ne fait rien en vain. Le mont Saint Helens l'avait montré dans une œuvre de mort ; il allait le montrer dans une œuvre de vie.

Dix jours après la destruction de la station Coldwater II où avait disparu David Johnston, ses collègues découvrirent là-bas, sur la cendre, les premiers signes d'un renouveau : des traces fraîches de cervidés qui avaient survécu à la catastrophe sur le versant sud de la montagne. Un mois seulement plus tard, on trouvait sur une crête derrière Spirit Lake un buisson d'épilobes en fleurs. Les racines de cette plante n'avaient pas été totalement détruites et, ici et là, on voyait poindre de nouvelles pousses. Cette victoire de la vie n'avait pas été obtenue sans mal : la plante, pour accéder à la lumière, avait dû percer une croûte de cendre dure comme du ciment. Au pied de chaque pousse gisait un bouchon, une capsule de cendre tassée, de la grandeur d'une pièce de monnaie, que la plante en sortant avait soulevée et renversée comme une plaque d'égout.

« L'épilobe est bien parti maintenant, observa le biologiste Bill Ruediger. Dans cinq ou dix ans, toute la montagne en sera couverte. »

La plante attira dans ce secteur les bêtes qui s'en nourrissaient et leur passage ameublit le sol. Les graines y trouvèrent alors un milieu plus favorable. Les débris végétaux et les excréments des animaux apportèrent en se décomposant la matière organique dont elles avaient besoin et ainsi la vie sous toutes ses formes commença à remonter lentement les pentes de la montagne.

A la surprise générale, quelques petits animaux avaient survécu dans la zone dévastée : des bêtes aquatiques, principalement des grenouilles et des salamandres ainsi qu'un petit nombre d'écrevisses. Elles se trouvaient dans la boue ou dans l'eau au moment de l'éruption et on les avait vues bouger très peu de temps après. En deux endroits que l'on savait fréquentés par des castors avant l'éruption, on releva des traces nouvelles parfaitement reconnaissables qui indiquaient qu'un certain nombre d'entre eux avaient survécu en se réfugiant au plus profond de leurs terriers : ce sont des galeries de six à neuf mètres creusées dans les berges des cours d'eau et possédant généralement une entrée sous la surface de l'eau.

« Je pense qu'il faut voir les choses avec un certain recul, dit Ruediger. Pareille dévastation, même si elle est tout à fait exceptionnelle à l'échelle d'une vie humaine, est dans l'ordre de la nature. Celle-ci est ainsi faite que tous les quelques milliers d'années elle efface tout et recommence. Ce que nous avons là maintenant, c'est quasiment la situation de la Genèse. »

Technicien contrôlant un sismographe portatif. Ces appareils complètent un réseau fixe de 12 sismographes de télémesure. Grâce à eux, les chercheurs peuvent modifier le dispositif de surveillance du volcan, mais également vérifier une hypothèse ou tenir compte de changements survenus à l'intérieur du volcan.

Ce sentiment de révérence à l'égard de la nature se retrouve chez les géologues et les géophysiciens qui évoluent au milieu de vapeurs corrosives sur le cratère du mont Saint Helens et qui exultent à l'idée qu'ils sont en train de vivre un temps fort de l'harmonie naturelle. « Il m'a fallu un certain temps pour m'y faire, déclare Donald Swanson, mais j'en suis venu à aimer ce paysage. Je ne sais trop comment me faire comprendre, mais je lui trouve maintenant une grande beauté — la beauté du désert, en quelque sorte. Du point de vue de la science, naturellement, le cataclysme représente une magnifique aubaine. Nous assistons à un exemple classique de reconstitution du sol, de retour à la vie. Cela s'est déjà produit dans le passé et cela se produira de nouveau, mais il est rare que les hommes soient présents pour assister à ce processus. »

En septembre, quatre mois après l'éruption, le Geological Survey ouvrait un bureau permanent à Vancouver et commençait à mettre en place un réseau de surveillance couvrant non seulement Saint Helens et les montagnes voisines, mais toute la chaîne des Cascades, du Canada à la Californie.

Le mont Saint Helens restait toutefois le principal sujet d'étude et, chaque fois que la visibilité le permettait, une brigade volante de jeunes chercheurs s'y rendait. Sur les parois abruptes du cratère s'inscrivait la passionnante histoire géologique du volcan, mais l'attention des vulcanologues se portait plus particulièrement sur le dôme de lave fumante, de la hauteur d'un immeuble de 40 étages, qui s'élevait sur le fond du cratère. Munis de masques à gaz et de vêtements protecteurs, ils descendaient de leurs hélicoptères et traversaient précautionneusement le cratère pour arriver jusqu'au dôme d'où rayonnaient de grandes fissures, signes de la distension causée par la poussée du magma à l'intérieur de la montagne. Elles avaient entre 30 et 90 centimètres de largeur et, à un ou deux mètres de profondeur, la température pouvait atteindre dans certains cas 700°C. « Ces fissures sont notre principal problème là-bas, faisait remarquer William Melson. Si on se met à les contourner, on a vraiment chaud, et si on essaie de les enjamber, on prend des risques. Les vapeurs qui en sortent attaquent les vêtements et le matériel. Sans masque à gaz, les poumons en prennent un sacré coup. »

Le P.C. du Geological Survey à Vancouver, dans État de Washington, reçoit des signaux portant des résultats de mesures qui s'inscrivent sur des tambours enregistreurs. Ceux des magnétomètres et des clinomètres s'inscrivent sur des bandes magnétiques. Par temps clair, l'image du volcan apparaît nettement sur un écran de télévision.

La surveillance quotidienne des fissures était pourtant une tâche prioritaire aux yeux des chercheurs. Il était indispensable d'effectuer des mesures sur des positions préétablies pour vérifier si elles s'étaient élargies ou allongées ou si une dénivellation était apparue entre les deux bords. Toute modification de cet ordre pouvait faire supposer l'approche d'une nouvelle éruption. Les spécialistes étudièrent aussi un rempart de cendres volcaniques qui se trouvait juste en retrait de la face nord du dôme. Ils supposaient que si ce rempart se transformait d'une manière ou d'une autre, cela devait correspondre à une expansion du magma souterrain, ce qui pouvait être également le signe d'une éruption imminente.

Des mires furent mises en place pour la mesure des distances au moyen de lasers, mais il n'était plus question de camper dans les stations abritant les appareils, les liaisons se faisant désormais par hélicoptère.

Des mesures devaient également être prises à l'intérieur même du cratère pour vérifier si le dôme avait grandi et, si tel était le cas, de combien, pour déterminer si le fond s'était soulevé ou, au contraire, affaissé, et pour enregistrer toute modification dans la forme des parois ; mais à chaque fois il fallait amener la mire à l'emplacement désigné et la maintenir en position jusqu'à ce que la mesure soit prise car on avait depuis longtemps renoncé à l'idée d'implanter des stations permanentes à l'intérieur du cratère en raison de la forte concentration d'acide fluorhydrique

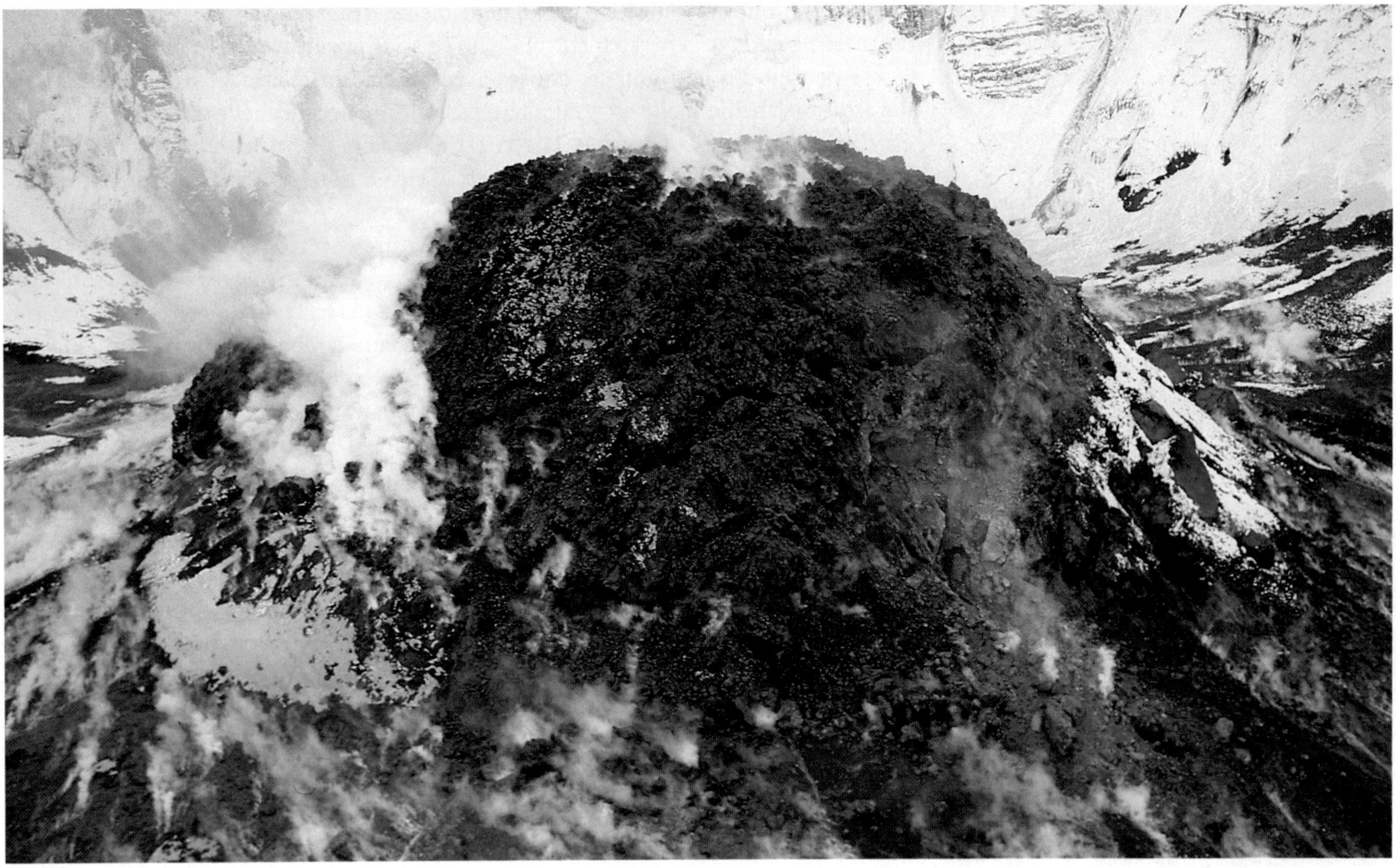

Un dôme de lave noire fumante se dresse entre les parois neigeuses du cratère du mont Saint Helens, bouchant l'orifice de la cheminée. Auprès de cette masse de 180 mètres de hauteur et 600 mètres de diamètre, l'hélicoptère du Geological Survey fait figure d'insecte minuscule. De temps à autre, la pression souterraine fait éclater ce bouchon de magma, mais un autre se forme aussitôt.

qui attaquait les réflecteurs prismatiques. Les postes de radio permettant aux équipes sur le terrain de communiquer entre elles et avec Vancouver étaient eux aussi rongés par les vapeurs acides qui piquaient les yeux et ternissaient les montures métalliques des lunettes.

Tout le travail de vérification des instruments et de collecte des échantillons devait être mené tambour battant pendant que les hélicoptères, moteur tournant au ralenti, se tenaient prêts à décoller immédiatement si Vancouver leur en donnait l'ordre par radio. L'ordre pouvait venir du fait qu'on avait remarqué un changement suspect dans l'activité sismique du volcan ou tout simplement parce que le temps menaçait de se gâter.

Le 18 mai 1981, un an jour pour jour après l'éruption, le dôme du cratère mesurait approximativement 100 mètres de haut et 600 mètres de diamètre à la base, sur son plus grand axe. Ce dôme avait eu deux prédécesseurs qui s'étaient désintégrés à la suite de deux petites éruptions survenues, la première, en juillet 1980 et la seconde en octobre. Il était beaucoup plus grand que les autres et paraissait beaucoup plus stable. Nombre de géologues considéraient que s'il résistait on verrait, dans un délai de six mois à deux ans, le mont Saint Helens entrer dans une nouvelle phase du cycle éruptif : l'effusion de lave.

D'après cette hypothèse, une fois le dôme fermement consolidé, une lave andésitique, plus fluide que le magma pâteux que dégorgeait pour le moment la cheminée du volcan, allait commencer à s'épancher. Selon toute probabilité, elle suinterait de la base du dôme et finirait par déborder du cratère en passant par l'échancrure du côté nord pour se répandre sur la pente et atteindre peut-être Spirit Lake.

Mais, dans ce domaine, il n'existe aucune certitude. « L'art de la prévision est encore dans les balbutiements de l'enfance », déclare Donald Peterson, même si de sérieux progrès ont été accomplis par les spécialistes en Italie, en Indonésie, au Japon et surtout à Hawaii. Néanmoins, l'expérience acquise ailleurs n'est pas toujours transposable. Les volcans hawaiiens tout particulièrement sont par nature « fort différents du mont Saint Helens et les leçons tirées de leur étude ne sauraient en aucun cas lui être appliquées sans recourir aux plus grandes précautions. »

Il semble cependant que les problèmes se résolvent là-bas. Le 30 mars 1981, le Geological Survey, dans un communiqué de presse, annonçait qu'une éruption mineure aurait lieu sous 15 jours et, le 10 avril, soit 11 jours plus tard, l'éruption annoncée eut effectivement lieu.

Depuis 1980, vingt-cinq membres du personnel du Geological Survey sont installés en permanence à Vancouver. Dès que la situation sur le mont Saint Helens sera à peu près stabilisée, des études intensives seront entreprises sur les monts Hood, Rainier, Baker et quelques autres volcans de la chaîne des Cascades. Sous le calme apparent d'hommes habitués à évaluer le temps en termes d'ères géologiques, on note indiscutablement dans la manière dont les vulcanologues mènent leur travail un certain sentiment d'urgence.

L'éruption du mont Saint Helens a suscité des spéculations dans les milieux scientifiques concernant l'endroit où aura lieu la prochaine éruption. Une liste a été établie qui classe les volcans de la chaîne des Cascades selon deux critères distincts : la probabilité d'un réveil dans un avenir proche et le danger que ce réveil présenterait pour les personnes et les biens. L'ordre alphabétique a été choisi pour le premier classement et l'ordre numérique pour le second.

Ainsi, A-1 désigne les volcans dont le réveil semble à la fois le plus probable et le plus dangereux. Dans cette catégorie entrent le mont Baker, dont la chaleur interne et les émissions de gaz sont restées à un niveau élevé après une alerte survenue en 1975, et le mont Shasta, à cause d'une histoire agitée et de la présence de fumerolles. Autres volcans appartenant au même classement : le mont Rainier, le mont Hood et les Three Sisters.

Le pic Lassen est classé A-II (éruption probable, mais présentant moins de danger pour les personnes et les biens). Le mont Mazama où se trouve Crater Lake appartient à la même catégorie. Newberry Crater — un autre volcan fort habilement camouflé — est classé A-III, ce qui signifie que son réveil est probable, mais qu'il ne risque pas de causer trop de ravages étant donné qu'il est situé dans une zone désertique du centre de l'Oregon.

Le mont Adams est classé dans la liste B. Son réveil est moins probable, mais on s'en méfie car on ne sait pas grand-chose de lui. Même classement pour Glacier Peak, le mont Jefferson et le mont McLoughlin.

Cette liste dressée par le Geological Survey n'est qu'un document de travail. Les classements reposent sur des présomptions. Ils pourront être modifiés quand on aura recueilli de plus amples informations sur les volcans de la chaîne des Cascades. Comme dit Donald Peterson, « cela peut paraître bizarre, mais un volcan classé C-III sur la liste pourrait fort bien être le premier à entrer en éruption, ainsi que nous l'a appris l'exemple de l'Arenal ».

Et d'ajouter : « La triste vérité est que nous ne savons quasiment rien sur certains volcans de la chaîne des Cascades et que nos connaissances sont loin d'être suffisantes en ce qui concerne les autres. Nous ne voyons d'où nous sommes qu'une partie d'un système volcanique ; nous essayons de découvrir ce qui se passe sous la montagne en observant ce qui se passe à la surface. Mais, si nous savons réellement y faire, nous finirons certainement par apprendre beaucoup de choses. »

LA RENAISSANCE DE LA VIE

Jusqu'au matin du 18 mai 1980, la région des Cascades, au voisinage du mont Saint Helens, dans l'État de Washington, était, avec ses épaisses forêts, ses vertes prairies et ses lacs étincelants, un des plus beaux sites naturels du monde. Puis vint le cataclysme. En l'espace d'un jour, ce site merveilleux se trouva transformé sur 600 kilomètres carrés en un paysage lunaire d'où toute vie semblait avoir disparu.

L'étendue de la catastrophe n'apparut que peu à peu, à mesure que les chercheurs et les photographes exploraient le terrain. Le volcan avait éjecté 275 millions de tonnes de pierres et de cendres, soit près d'une tonne par habitant de l'Amérique du Nord. De la cendre surchauffée, atteignant une température de 260°C, avait jailli du volcan à 370 km/h, allumant des feux qui brûlèrent pendant des mois. Des personnes furent tuées à 25 kilomètres du sommet. L'avalanche de boue et de débris qui suivit balaya tout ce qu'elle trouvait sur son passage — les arbres, les ponts, les bulldozers et jusqu'à des coteaux entiers — remplissant les vallées voisines d'une couche de débris de plusieurs dizaines de mètres d'épaisseur.

Le souffle du volcan anéantit toute vie jusqu'à 24 kilomètres de distance et les gaz chauds brûlèrent tout ce qui restait encore debout sur un ou deux kilomètres de plus. Les éruptions ultérieures déposèrent de nouvelles quantités de cendre sur le paysage désertique s'étendant au pied de la montagne et le dépôt finit par avoir une épaisseur de quelque 200 mètres.

Chose remarquable, les premiers signes d'un retour à la vie apparurent presque immédiatement. Un mois s'était à peine écoulé que reparaissaient çà et là des plantes vivaces dont les racines avaient été protégées par la glace hivernale. Les insectes et les petits animaux se nourrissant des débris pourrissants de l'éruption ne tardèrent pas à revenir et les pluies, en entraînant une bonne partie de la couche de cendre, dégagèrent la terre végétale.

Les traces du cataclysme subsisteront à jamais, mais, pour peu que le volcan se tienne tranquille d'ici là, on prévoit qu'au bout d'un siècle la montagne refaçonnée sera de nouveau couverte de forêts.

A 15 kilomètres au nord du mont Saint Helens, un hélicoptère de la National Guard, survolant un paysage dantesque que recouvrent 25 cm de cendre, s'approche d'une camionnette défoncée dont les deux occupants ont été tués par l'éruption.

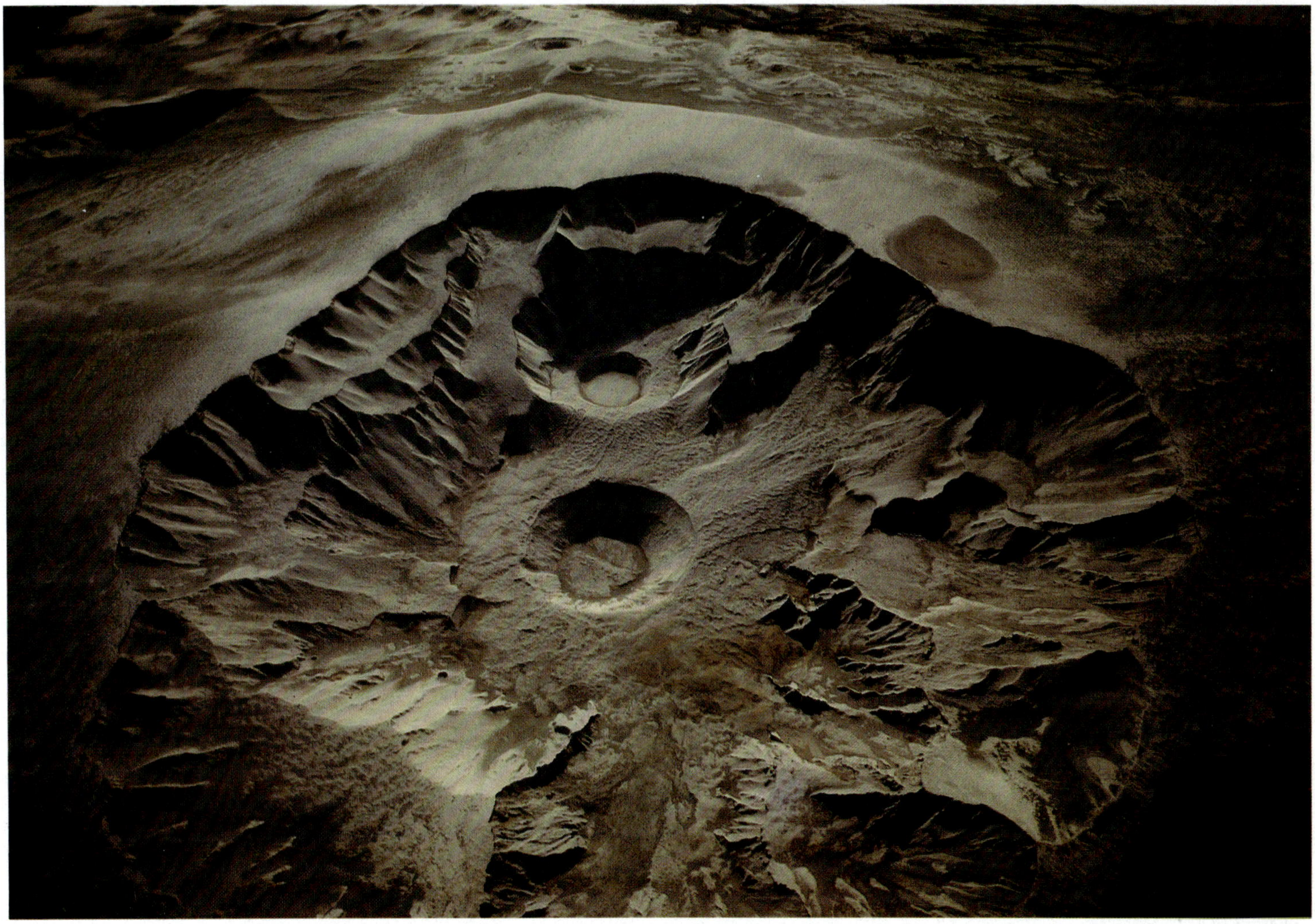

Non loin des rives du Spirit Lake apparaissent maintenant de grands cratères, tels que celui-ci qui mesure 90 mètres de diamètre. Ils résultent de la vaporisation d'une partie des eaux du lac sous l'effet de la chaleur des cendres qui les ont recouvertes. Ensuite, des blocs de glace charriés par les débris du volcan se sont vaporisés en explosant, créant ainsi de petites dépressions à l'intérieur de chacun des grands cratères.

Le Spirit Lake, dont les eaux calmes et limpides reflétaient jadis la majesté du mont Saint Helens, est maintenant recouvert de troncs d'arbres pourrissants. Le glissement de terrain, déclenché le 18 mai au niveau de l'échancrure qu'on aperçoit sur le cratère du volcan, a précipité dans le lac tout une masse de pierres et de cendre atteignant par endroits 90 mètres d'épaisseur. Une muraille de débris volcaniques de près de 60 mètres de hauteur ferme désormais son dégorgeoir *(en haut, à gauche)*. Le lac a pratiquement doublé de superficie et son ancien rivage a disparu sous 60 mètres d'eau.

Le souffle brûlant du volcan, tel une faux géante, a moissonné cette haute futaie, dépouillant tous les arbres de leurs branches et de leur écorce. Des fûts de 60 m de hauteur et 5 m de diamètre se sont cassés net et, de leurs souches, il ne reste plus que des fragments *(ci-dessous).*

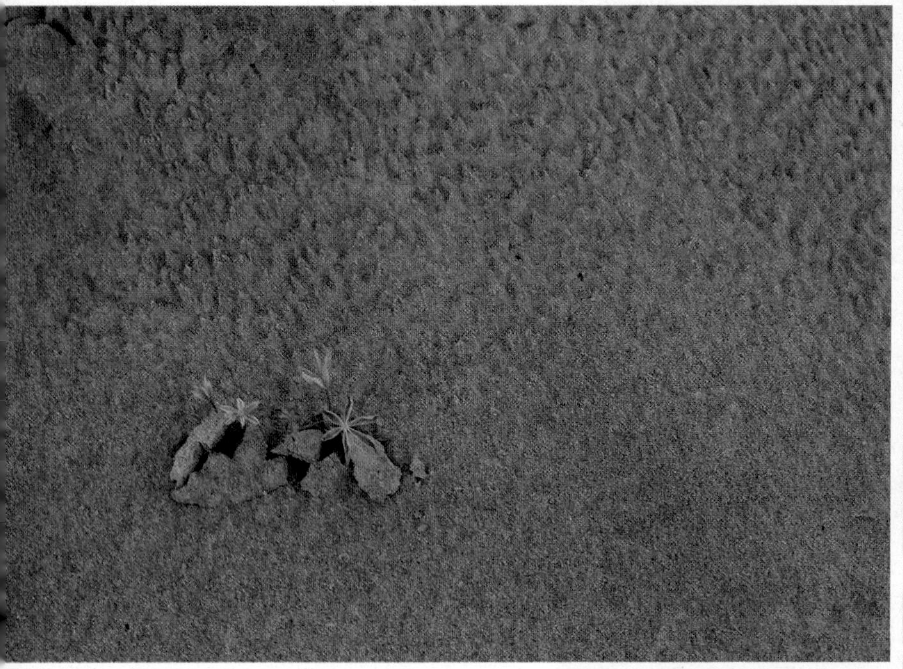

Sur les pentes du mont Saint Helens, quatre mois seulement après l'éruption, les premières pousses de lupin sauvage percent sous 15 centimètres de cendre *(ci-dessus)* tandis que s'épanouissent les touffes d'épilobe *(ci-contre).* A droite, un élan venu se désaltérer a laissé ses empreintes. En brisant la croûte de cendre, il a créé un terrain favorable pour les graines apportées par le vent. Leur germination constituera la prochaine étape vers la renaissance de la vie des plantes sur la montagne.

REMERCIEMENTS

Pour leur assistance dans la préparation de cet ouvrage, les rédacteurs tiennent à remercier: **En Belgique:** Bruxelles — Professeur Michel F. Lechat, Centre de Recherche sur l'Épidémiologie des Désastres, Université Catholique de Louvain. **En France:** Chamalières — Hervé Chaumeton; Gif-sur-Yvette — François Le Guern, C.N.R.S.; Meudon — Daniel Cavillon; Paris — Gérard Baschet, Éditions de l'Illustration; Claude Daney; Dr. Jacques Fabriès et professeur Théodore Monod, Muséum National d'Histoire Naturelle; Haroun Tazieff. **En Grande-Bretagne:** Édimbourg — Douglas Grant, Scottish Academic Press Ltd.; Londres — Marjorie Willis, BBC Hulton Picture Library; R. Williams, Department of Prints and Drawings, British Museum; Elisabeth Moore, *Illustrated London News;* John Falconer, Royal Commonwealth Society; Alan Clark, Sally Grover, L.P. Townsend et N.H. Robinson, The Royal Society Library; York — Barbara Pyrah, Keeper of Geology, The Yorkshire Museum. **En Grèce:** Athènes — Professeur Christos Doumas, Musée national d'archéologie. **En Islande:** Reykjavik — Omar Ragnarsson; Sigurdur Thorarinsson, Université d'Islande. **En Italie:** Catane — Romolo Romano, Istituto Internazionale di Vulcanologia; Gênes — Nicoletta Morello, Istituto di Storia Moderna e Contemporanea, Université de Gênes; Naples — Paolo Gasparini et Antonio Nazzaro, Osservatorio Vesuviano; Professeur Fausto Zeri, Soprintendenza alle Antichitá della Campania; Nicolosi — Filippo Cataldo, Biblioteca Comunale; Pise — Franco Barberi, Roberto Santacroce et Mauro Rosi, Istituto di Mineralogia e Petrografia, université de Pise; Pompéi — Stefano de Caro, Soprintendenza alle Antichitá della Campania; Rome — Vitorio Cagnetti, CNEN; Comtesse Maria Fede Caproni. **Au Japon:** Préfecture de Fukushima — Bibliothèque de la préfecture de Fukushima; Préfecture de Kagoshima — Bibliothèque de la préfecture de Kagoshima; Tokyo — Takeshi Mizukami; Dr. Joyo Osaka, Institut de technologie de Tokyo; Dr. Daisuke Shimozura, Institut de recherches sur la sismologie. **A la Martinique:** Fort-de-France — Lois Hayot; Bib Monville, Radio Martinique. **Aux Pays-Bas:** La Haye — Dr. M. Neumann Van Padang; Leyde — Dr. H. J. W. D. Schalke, Université de Leyde; Musée national de l'histoire des sciences et de la médecine; Institut royal de linguistique et d'anthropologie, Rotterdam — Mrs. G. Stehn. **Au Pérou:** Lima — Instituto Geofisico del Peru; Julio Kuroiwa, Université de technologie de Lima; Gonzalo de Reparaz. **A Singapour:** Michael W. Quearry, American Overseas Petroleum, Ltd. **Aux États-Unis:** Arizona — (Flagstaff) Susan Kieffer, United States Geological Survey; (Tucson) Tad Nichols; California — (La Jolla) John S. Shelton; (San Francisco) Janice Miller, Pacific Gas and Electric Co.; (Santa Barbara) Mary Lou Bevier, University of California; Colorado — (Denver) Peter Lipman, United States Geological Survey; (Golden) Marge Dalecheck et Phyllis Dennis, United States Geological Survey Photo Library; Connecticut — (New Haven) Timothy Goodhue, Yale Center for British Art; Washington, D.C. — Hatten S. Yoder et David Singer, the Geophysical Laboratory of the Carnegie Institution of Washington; Vivian Sammons, Library of Congress; Richard Fiske, Smithsonian Institution; Hawaii — (Hawaii National Park) Robert Decker, Daniël Dzurisin, J. D. Griggs, Fred Klein et Reggie Okamura, United States Geological Survey; Harry Wills, United States Park Service; (Honolulu) Susan Yasutake, Amfac, Inc.; John C. Wright, Bishop Museum; (Kailua) William Bowles; (Volcano) Jeffrey B. Judd; Maryland — (Greenbelt) Nicholas M. Short, Goddard Space Flight Center; Massachusetts — (Salem) Mark Sexton, Peabody Museum of Salem; New Hampshire — (Hanover) Richard W. Birnie, Richard Stoiber and Stanley Williams, Dartmouth College; New Jersey — (Princeton) Hollis D. Hedberg, Princeton University; New York — (Ithaca) Larry D. Brown, Cornell University; (Poughkeepsie) Rhoda Rappaport, Vassar College; (Syracuse) John Sloan Dickey, Syracuse University; Oregon — (Portland) Clara Fairfield, Oregon Museum of Science and Industry; Orvid Ellson, United States Department of Agriculture; Virginie — (Arlington) William C. Buell; (Reston) Roy Bailey, Barbara Chappell, John Filson, Al Kover, Robert Tilling, Richard S. Williams et Thomas L. Wright Jr., United States Geological Survey; Washington — (Cheney) Eugene P. Kiver, Eastern Washington University; (Olympia) Patricia M. Baron, Office of the Attorney General; Lora Murphy, Washington Department of Emergency Services; (Seattle) Stephen Malone, University of Washington; (Vancouver) John Johnson, Bill Ruediger et Eugene Smith, Gifford Pinchot National Forest; Dave Olsen; Philip Carpenter, Thomas Casadevall, Katharine Cashman, Norman Dion, Willie Kinoshita, Norman MacLeod, Donald Peterson et Donald Swanson, United States Geological Survey. **En République fédérale d'Allemagne:** Bensberg — Professeur L. Ahorner, Erdbebenstation; Bochum — Dieter Knippschild, Ruhr-Universität; Cologne — Dr. Martin Schwarzbach, Bensberg Bei Köln; Dr. Horst Noll, Geologisches Institut der Universität zu Köln; Munich — Christine Hoffmann, Bayerische Staatsgemäldesammlung; Rudolf Heinrich, Deutches Museum; Berlin ouest — Dr. Roland Klemig et Heidi Klein, Bildarchiv Preussischer Kulturbesitz; Axel Schulz, Ullstein Bilderdienst.

Les rédacteurs tiennent aussi à remercier Mirka Gondicas, Athènes; Enid Farmer, Boston; Brigid Grauman, Bruxelles; Katrina Van Duyn, Copenhage; Robert Kroon, Genève; Tomas Loayza, Lima; Martha de la Cal, Lisbonne; Jane Walker, Madrid; John Dunn, Melbourne; Laura Lopez, Mexico City; S. Imai, Tokyo; Martha Durham, Westport.

L'index a été préparé par Gisela S. Knight.

BIBLIOGRAPHIE

Livres

Alfano, G. B., et I. Friedlaender, *Die Geschichte des Vesuv.* Berlin: Verlag Dietrich Reimer (E. Vohsen), A. G., 1929.

Bailey, Edward B., *James Hutton: The Founder of Modern Geology.* Amsterdam: Elsevier Publishing Co. Ltd., 1961.

Bates, D. E. B., et J. F. Kirkaldy, *La Géologie de terrain,* Paris, F. Nathan, 1977.

Bennett, Ross, *The New America's Wonderlands: Our National Parks.* The National Geographic Society, 1980.

Bolt, Bruce, et coll., *Geographical Hazards.* Springer-Verlag, 1977.

Brilliant, Richard, *Pompeii A. D. 79: The Treasure of Rediscovery.* Clarkson N. Potter, 1979.

Brion, Marcel, *Pompeii et Herculaneum,* Paris, A. Michel, 1960.

Bullard, Fred M., *Volcanoes of the Earth.* University of Texas Press, 1976.

Bunau-Varilla, Philippe, *Panama, la création, la destruction, la résurrection.* Paris, Plon - Nourrit, 1913.

Clerk, John (of Eldin, Esq.), *A Series of Etchings, Chiefly of Views in Scotland.* Édimbourg: Bannatyne Club Publications, 1855.

Conrad, Katia, et coll., *Volcans et Tremblements de Terre.* Paris: Deux Coqs d'Or, 1975.

Corti, Egon C., *Vie, mort et résurrection d'Herculanum et de Pompéi.* Traduit de l'allemand par Henry Daussy, Paris, Plon, 1953.

Craig, G. Y., *James Hutton's Theory of the Earth: The Lost Drawings.* Édimbourg, Scottish Academic Press, 1978.

Crandall, Hugh, *Yellowstone: The Story behind the Scenery.* K. C. Publications, 1978.

Crandell, Dwight R., *Potential Hazards from Future Eruptions of Mount St. Helens Volcano, Washington.* United States Government Printing Office, 1978.

The Daily News (Longview, Washington) The Journal-American (Bellevue, Washington), ouvrage collectif, *Volcano: The Eruption of Mount St. Helens.* Longview Publishing Co., 1980.

Decker, Robert et Barbara:
Volcanoes. W. H. Freeman, 1981.
Volcano Watching. Hawaii Natural History Association, 1980.

Donnelly, Ignatius, *Atlantis: The Antediluvian World.* Dover Publications, 1976.

Fairbridge, Rhodes W., *The Encyclopedia of Geomorphology: Encyclopedia of Earth Sciences Series.* Vol. 3. Dowden, Hutchinson & Ross, 1968.

Fenton, Carroll L. et Mildred A., *Giants of Geology.* Doubleday, 1952.

Fotherhill, Brian, *Sir William Hamilton: Envoy Extraordinary.* Harcourt, Brace & World, 1969.

Francis, Peter, *Volcanoes.* Harmondsworth, Middlesex: Pinguin Books Ltd., 1978.

Furneaux, Rupert, *Krakatoa.* Printice-Hall, 1964.

Galanopoulos, A. G., et Edward Bacon, *Atlantis: The Truth behind the legend.* Bobbs-Merrill, 1969.

Geikie, Sir Archibald, *The Founders of Geology.* Dover Publications, 1962.

Gillispie, Charles Coulston, *Dictionary of Scientific Biography,* Vol. 1. Charles Scribner's Sons, 1981.

Grant, Michael:
The Art and Life of Pompeii and Herculaneum. Newsweek Books, 1979.
Cities of Vesuvius: Pompeii and Herculaneum. Harmondsworth, Middlesex: Penguin Books Ltd., 1979.

Green, Jack, et Nicholas M. Short, *Volcanic Landforms and Surface Features: A Photographic Atlas and Glossary.* Springer-Verlag, 1971.

Gribbin, John, *Séismes: tremblements de terre, éruptions, dérive des continents.* Traduit de l'anglais par Antoine Berman et Jocelyne de Pass, Paris, F. Nathan, 1979.

Gunnarsson, Arni, *Volcano: Ordeal by Fire in Iceland's Westmann Islands.* Reykjavik: Iceland Review, 1973.

Hamilton, Sir William, *Observations on Mount Vesuvius, Mount Etna and Other Volcanos in a Series of Letters.*Londres, T. Cadebé, in the Strand, 1772.

Harper, J. Russel, *Paul Kane's Frontier.* University of Texas Press, 1971.

Harris, Stephen L., *Fire & Ice: The Cascade Volcanoes.* Pacific Search Press, 1980.

Hearn, Lafcadio, *Two Years in the French West Indies.* Harper & Brothers, 1890.

Heilprin, Angelo:
The Eruption of Pelée: A Summary and Discussion of the Phenomena and Their Sequels. J. B. Lippincott, 1908.
Mont Pelée and The Tragedy of Martinique. J. B. Lippincott, 1903.
The Tower of Pelée: New Studies of the Great Volcano of Martinique. J. B. Lippincott, 1904.

Herbert, Don, et Fulvio Bardossi, *Kilauea: Case History of a Volcano.* Harper & Row, 1968.

Hughes, Patrick, *American Weather Stories.* United States Department of Commerce, 1976.

Hutton, James, *Theory of the Earth, with Proofs and Illustrations.* Vol. 1. Codicote, Hertfordshire: Wheldon & Wesley, Ltd., 1972.

Jaggar, Thomas A.:

My Experiments with Volcanoes. Hawaiian Volcano Research Association, 1956.
Volcanoes Declare War. Paradise of the Pacific Ltd., 1945.
Johnstone, Christopher, *John Martin.* Londres Academy Editions, 1974.
Kaye, Glen, *Hawaii Volcanoes: The Story behind the Scenery.* KC Publications, 1976.
Krafft, Katia et Maurice, *Volcanoes: Earth's Awakening.* Hammond, 1980.
Lacroix, A., *La montagne Pelée et ses éruptions.* Paris, Masson et Cie, 1904.
Lambert, M. B., *Volcanoes.* University of Washington Press, 1980.
Lovell, John W., *Martinique, St. Vincent.* John W. Lovell, 1902.
McCullough, David, *The Path between the Seas.* Simond and Schuster, 1977.
Macdonald, Gordon A., *Volcanoes.* Prentice-Hall, 1972.
Macdonald, Gordon A., et Agatin T. Abbott, *Volcanoes in the Sea: The Geology of Hawaii.* University Press of Hawaii, 1977.
Macdonald, Gordon A., et Douglass H. Hubbard, *Volcanoes of the National Parks in Hawaii.* Tongg Publishing Co., 1974.
Man against Volcano: The Eruption of Heimaey. Vestmann Islands, Iceland. United States Department of the Interior Geological Survey, 1977.
Mather, Kittley F., *The Earth beneath Us.* Random House, 1964.
Mavor, James W., Jr., *Voyage to Atlantis.* G. P. Putnam's Sons, 1969.
Miller J. Martin, *The Martinique Horror and St. Vincent Calamity.* National Publishing Co., sans date.
Palmieri, Luigi, *The Eruption of Vesuvius in 1872.* Londres: Asher & Co., 1873.
Perret, Frank A.:
The Eruption of Mt. Pelée: 1929-1932. Carnegie Institution of Washington, 1935.
The Vesuvius Eruption of 1906: Study of a Volcanic Cycle. Carnegie Institution of Washington, 1924.
Volcanological Observations. Carnegie Institution of Washington, 1950.
Phillips, John, *Vesuvius.* Oxford: Clarendon Press, 1869.
Playfair, John, *Illustration of the Huttonian Theory of the Earth.* Edimbourg: Cadell and Davies, 1802.
Pline le jeune, *Lettres et Panégyrique de Trajan.* Texte établi et traduit par Marcel Durry, Paris, Les Belles-Lettres, 1947.
Press, Frank, et Raymond Siever, *Earth.* W. H. Freeman, 1978.
Raffles, Sophia, *Memoir of Sir T. Stamford Raffles.* Londres: John Murray, 1830.
Reader's Digest, *Scenic Wonders of America.* Reader's Digest Assoc., 1973.
Rittmann, A., *Les Volcans et leur activité,* adaptation de H. Tazieff de la 2e éd. originale, Paris, 1963.
Rodwell, G. F., *Etna: A History of the Mountain and of Its Eruptions.* Londres: C. Kegan Paul & Co., 1878.
Schneer, Cecil J., *Toward a History of Geology.* M.I.T. Press, 1969.
Scrope, George P.:
The Geology and Extinct Volcanos of Central France. Londres: John Murray, 1858.
Volcanos: The Character of Their Phenomena. Londres: Longmans, Green, Reader, and Dyer, 1872.
Seymour, Jacqueline, *The Wonders of Nature.* Crescent Books, 1978.
Sheets, Payson D., et Donald K. Grayson, *Volcanic Activity and Human Ecology.* Academic Press, 1979.
Shelton, John S., *Geology Illustrated.* W. H. Freeman, 1966.
Stone, Scott C. S., *Volcano!* Island Heritage, 1977.
Thomas, Gordon, et Max Morgan Witt, *Le Volcan arrive, l'éruption de la Montagne Pelée, 8 mai 1902.* Traduit de l'anglais par Henriette Joël, Paris, R. Laffont, 1970.
Trevelyan, Raleigh, *The Shadow of Vesuvius: Pompeii A.D. 79.* Londres: Michael Joseph Ltd., 1976.
Van Bemmelen, R. W., *The Geology of Indonesia.* Vol. 1A, *General Geology of Indonesia and Adjacent Archipelagoes.* La Haye: Martinus Nijhoff, 1970.
Van Rose, Susanna, et Ian Mercer, *Volcanoes.* Londres: Her Majesty's Stationery Office for the Institute of Geological Sciences, 1977.
Verbeek, R. D. M., *Krakatau.* Bruxelles: Institut National de Géographie, s.d.
Vitaliano, Dorothy B., *Legends of the Earth: Their Geologic Origins.* Indiana University Press, 1973.
Von Zittel, Karl, *History of Geology and Palaeontology.* Codicote, Hertfordshire: Wheldon & Wesley, Ltd., 1962.
Ward-Perkins, John, et Amanda Claridge, *Pompeii A.D. 79.* Museum of Fine Arts, 1978.
White, George W., *James Hutton's System of the Earth, 1785; Theory of the Earth, 1788; Observations on Granite, 1794; Together with Playfair's Biography of Hutton.* Hafner Press, 1973.
Williams, Chuck, *Mount St. Helens: A Changing Landscape.* Graphic Arts Center Publishing Co., 1980.
Williams, Howel, et Alexander R. McBirney, *Volcanology.* Freeman, Cooper & Co., 1979.
Yoder, Hatten S., Jr., *Generation of Basaltic Magma.* National Academy of Sciences, 1976.

Revues

Andrews, William P., "Vesuvius in Fury." *Century Magazine.* Août 1906.
Asimov, Isaac, "Kamchatka: Blazing Jewels in a Fiery Ring." *Geo,* septembre 1979.
Bullard, Fred M., "Studies on Parícutin Volcano, Michoacan, Mexico." *Bulletin of the Geological Society of America,* mai 1947.
Cook, R. J., et coll., Impact on Agriculture of the Mount St. Helens Eruptions." *Science,* 2 janvier 1981.
Crandell, Dwight, et Donal Mullineaux, "Mount St. Helens Volcano: Recent and Future Behavior." *Science,* 7 février 1975.
De Beer, Sir Gavin, "The Volcanoes of Auvergne." *Annals of Science,* 1962.
Decker, Robert et Barbara, "The Eruptions of Mount St. Helens." *Scientific American,* mars-août 1981.
"The Destruction of St Pierre." *Harper's Weekly,* 7 juin 1902.
Douglas, Marjory Stoneman, "He Talks with Volcanoes." *The Saturday Evening Post,* 25 décembre 1937.
Dzurisin, Daniel, "Influence of Fortnightly Earth Tides at Kilauea Volcano, Hawaii." *Geophysical Research Letters,* novembre 1980.
Eartquake Information Bulletin, juillet-août 1980.
Eaton, J. P., et D. J. Murata, "How Volcanoes Grow." *Science,* 7 octobre 1960.
"Eruption of Mt St. Helens: Seismology." *Nature,* 19 juin 1980.
Eyles, V. A., "Sir James Hall, Bt. (1761-1832)." *Endeavor,* octobre 1961.
Finch, Ruy H., et Gordon A. Mcdonald, "Bombing to Divert Lava Flows." *The Volcano Letter,* octobre-décembre 1949.
Findley, Rowe, "Mount St Helens: Mountain with a Death Wish." *National Geographic,* janvier 1981.
Francis, Peter, "The Blast That Moved a Mountain." *Geographical,* août 1980.
Gannon, Robert, "Volcanoes: Geologists Watch, Probe - and Wait." *Popular Science,* novembre 1978.
Heilprin, Angelo, "Mont Pelée in its Might." *McClure's Magazine,* mai-octobre 1902.
Hill, Robert, T.:
"Report by Robert T. Hill on the Volcanic Disturbances in the West Indies." *National Geographic,* juillet 1902.
"A Study of Pelée." *The Century Magazine,* septembre 1902.
Hoblitt, Richard P., et coll., "Mount St. Helens Eruptive Bevavior during the Past 1,500 Years." *Geology,* novembre 1980.
Hovey, Edmund Otis:
"The Eruptions of La Soufrière, St. Vincent, in May, 1902." *National Geographic,* décembre 1902.
"Martinique and St. Vincent; a Preliminary Report upon the Eruption of 1902." *Bulletin of the American Museum of Natural History,* 11 octobre 1902.
"A Wonderful Change in Pelée." *The Century Magazine,* septembre 1903.
Hoyt, Joseph B., "The Cold Summer of 1816." *Annals of the Association of American Geographers,* juin 1958.
Jaggar, T. A., Jr.:
"The Bombing Operation at Mauna Loa." *The Volcano Letter,* janvier 1936.
"The Eruption of Pelée." *Popular Science Monthly,* janvier 1904.
"Field Notes of a Geologist in Martinique and St. Vincent." *Popular Science Monthly,* août 1902.
"Initial Stages of the Spine on Pelée." *American Journal of Science,* 1904.
"Protection of Harbors from Lava Flow." *American Journal of Science,* 1945.
Kennan, George, "The Tragedy of Pelée." *The Outlook,* juin-août 1902.
Kennedy, Robert A., "Ash From Mt. St. Helens." *Nature,* 16 octobre 1980.
Kieffer, Susan Werner, "Blast Dynamics at Mount St. Helens on 18 May 1980." *Nature,* 18 juin 1981.
Kilburn, Christopher, "Shaken Not Stirred." *The (London) Guardian,* 23 juillet 1981.
Kiver, Eugene P., "Washington's Geothermal Ice Gaves." *Pacific Search,* décembre-janvier 1975-1976.
The Last Days of St. Pierre." *The Century Magazine,* août 1902.
McCornick, M., "Monitoring Mt. St. Helens." *Nature,* 12 mars 1981.
Macdonald, Gordon A.:
"Barriers to Protect Hilo from Lava Flows." *Pacific Science,* juillet 1958.
"The 1959 and 1960 Eruptions of Kilauea Volcano, Hawaii, and the Construction of Walls to Restrict the Spread of the Lava Flows." *Bulletin Volcanologique,* 1962.
Macdonald, Gordon A., et Jerry P. Eaton, "The 1955 Eruption of Kilauea Volcano." *The Volcano Letter,* juillet-décembre 1955.
MacGregor, A. G., "Eruptive Mechanisms: Mt. Pelée, the Soufrière of St. Vincent and the Valley of Ten Thousand Smokes." *Bulletin Volcanologique,* 1952.
McKee, S. S., " Most Fatal and Frightful Disaster of Our Times." *Leslie's Weekly,* 12 juin 1902.
McTaggart, K. C., "The Mobility of Nuées Ardentes." *American Journal of Science,* mai 1960.
Maiuri, Amadeo, "Last Moments of the Pompeians." *National Geographic,* novembre 1961.
Marinatos, Spyridon, "Thera: Key to the Riddle of Minos." *National Geographic,* mai 1972.
Matteucci, R. V., "My Life on the Vesuvian Lid." *Cosmopolitan,* octobre 1905.
"Mount St. Helens: Special Report." *The Oregonian,* 27 octobre 1980.
Parsons, Willard H., "Kilauea Volcano." *The Explorer,* hiver 1974.
Peck, Dallas L., et coll., "The Lava Lakes of Kilauea." *Scientific American,* octobre 1979.
Perret, Frank a., "The Day's Work of a Volcanologist." *World's Work,* novembre 1907.
Petroeschevsky, W. A., "A Contribution to the Knowledge of the Gunung Tambora (Sumbawa)." *Koninklijk Nederlandsch Aardrijkskundig Genootschap,* novembre 1949.
Sadler, Cindi, "Stanford Alumni Document Largest Known Landslide." *The Stanford Observer,* février 1981.
Sigurdsson, Haraldur et Stephen Sparks, "An Active Submarine Volcano." *Natural History,* octobre 1979.
Sigurgeirsson, Thorbjorn, "The Battle of Heimaey." *Welcome to Iceland,* 1974.
Stocking, Hobart E., "The Greatest Explosion of All Time." *Natural History,* mai 1943.
Stommel, Henry et Elizabeth, "The Year without a Summer." *Scientific American,* juin 1979.
Strother, French, "Frank A. Peret, Volcanologist." *The World's Work,* avril 1915.
"A Sunday Holocaust: Mount St. Helens Diary."

The Columbian, mai 1980.
Thomas, Lately, "Prelude to Doomsday." *American Heritage,* août 1961.
Thorarinsson, S., et coll., "The Eruption on Heimaey, Iceland." *Nature,* 9 février 1973.
Tilling, Robert I., "What Does HVO Do?" *Orchid Isle Magazine,* 22-28 décembre 1974.
Verbeek, R. D. M., "The Krakatoa Eruption." *Nature,* 1er mai 1884.
Voorhies, Michael R., "Dwarfing the St. Helens Eruption: Ancient Ashfall Creates a Pompeii of Prehistoric Animals." *National Geographic,* janvier 1981.
Waesche, Hugh H., et Dallas L. Peck, "Volcanoes Tell Secrets in Hawaii." *Natural History,* mars 1966.
"Wenn die Erde Uberkocht." *Stern Magazine,* 27 décembre 1972.
Wentworth, C. K., et coll., "Feasibility of a Lavadiverting Barrier at Hilo, Hawaii." *Pacific Science,* juillet 1961.
Williams, Howel, "Volcanoes." *Scientific American,* novembre 1951.

Autres publications

Anderson, Tempest, et John S. Flett:
"Premiminary Report on the Recent Eruption of the Soufrière in St. Vincent, and of a Visit to Mont Pelée, in Martinique." Smithsonian Institution Annual Report, 1902.
"Report on the Eruptions of the Soufrière, in St. Vincent, in 1902." *Philosophical Transactions of the Royal Society of London,* Series A, Vol. 200, 1903.
"Catalogue of the Active Volcanoes of the World, Including Solfatara Fields, Parties I-XXII, 1951-1975." International Association of Volcanology and Chemistry of the Earth's Interior, 1975.
Cummans, John, "Mudflows Resulting from the May 18, 1980, Eruption of Mount St. Helens, Washington." Geological Survey Circular 850-B, 1981.
Decker, Robert W., "State of the Art in Volcano Forecasting." *Geophysical Predictions.* Geophysics Study Committee and Research Board, National Academy of Sciences, 1978.
Doumas, C., réd., "Thera and the Aegean World II." Papers and Proceedings of the Second International Scientific Congress, Santorini, Grèce, août 1978.
"Geology, 1888-1938, Fiftieth Anniversary Volume." Geological Society of America, juin 1941.
Girod, Michel, "Le Massif Volcanique de l'Atakor (Hoggar, Sahara Algérien)." Centre de Recherche sur les zones arides, Série: *Géologie,* No 12, 1971.
Gonzalez, Jenaro, "The Birth of Parícutin." Annual Report of the Smithsonian Institution, 1946.
Hall, Sir James:
"Accounts of a Series of Experiments Modifying the Action of Heat." *Transactions of the Royal Society of Edinburgh,* Vol. 6, 1812.
"Experiments in Whenstone and Lava." *Transactions of the Royal Society of Edinburgh,* Vol. 5, 1805.
"Indonesia, Comparable with the Plinian Outburst of the Volcano of Thera (Santorini) in Minoan Time." Paper presented at the Ist International Scientific Congress on the Volcano of Thera, septembre 1969.
Klein, Fred W., "Patterns of Historic Eruptions at Hawaiian Volcanoes." Paper submitted to the *Journal of Volcanology and Geothermal Research,* septembre 1980.
Lipman, Peter W., et Donal R. Mullineaux, "The 1980 Eruptions of Mount St. Helens, Washington." Geological Survey Professional Paper 1250, 1980.
Lockwood, J. P., et F. A. Torgerson, "Diversion of Lava Flows by Aerial Bombing; Lessons from Mauna Loa Volcano, Hawaii." U.S. Geological Survey, sans date.
Lockwood, John P., et coll., "Hawaiian Volcano Observatory — An Expanding Research Effort." U.S. Geological Survey sans date.
"Monitoring Active Volcanoes." USGS Yearbook, 1977.
"Mount St. Helens Land Management Plan." U.S. Department of Agriculture Draft Environmental Impact Statement, 1981.
Olsen, Robert A., et Mildred M. Wallace, "Geologic Hazards and Public Problems." Office of Emergency Preparedness Conference paper, mai 1969.
Shulters, Michael V., et Daphne G. Glifton, "Mount St. Helens: Volcanic-Ash Fall in the Bull Run Watershed, Oregon, mars-juin 1980." Geological survey Circular 850-A, 1980.
"The Surveillance and Prediction of Volcanic Activity; A Review of Methods and Techniques." UNESCO, Paris, 1971.
Symons, G. J., "The Eruption of Krakatoa, and Subsequent Phenomena." Report of the Krakatoa Committee of the Royal Society of London, 1888.

SOURCES DES ILLUSTRATIONS

De gauche à droite, les sources des illustrations de cet ouvrage sont séparées par des points-virgules, de haut en bas par des tirets.

Couverture: Nicoloso Brothers, Nicolosi, Italie. 6, 7: National Park Service. 8, 9: © Kieffer-Nature, Chamalières, France. 10, 11: Stern, Hambourg. 12, 13: Dr. Sigurdur Thorarinsson, Université d'Islande, Reykjavik. 14, 15: James Mason de Black Star. 16, 17: Vittoriano Rastelli, Rome. 18: Library of Congress. 20: Carte de Bill Hezlep — dessin de Richard Schlecht. 21: Library of Congress. 23: U.S. Geological Survey. 24: Tempest Anderson Collection, autorisation du Yorkshire Museum, York, Angleterre. 26, 27: Autorisation du Muséum national d'Histoire Naturelle/ Laboratoire de Minéralogie, Paris. 28: Library of Congress, 29: Autorisation de la Royal Commonwealth Society, Londres — U.S. Geological Survey, 30: U.S. Geological Survey, 31: Autorisation de Muséum national d'Histoire Naturelle/Laboratoire de Minéralogie, Paris — Circus World Museum, Baraboo, Wisconsin. 33: Library of Congress; The Bettmann Archive, 36: Harlingue-Viollet, Paris — dessin de Richard Schlecht. 37: Autorisation du Muséum National d'Histoire Naturelle/Laboratoire de Minéralogie, Paris. 38, 39: W. Steinmetz de The Image Bank. 40, 41: © Berthoule-Nature, Chamalières, France; Marcia Keegan de The Image Bank. 42: Reproduit avec l'accord du directeur de l'Institut de géologie: NERC Copyright Reservé Londres. 43: Reproduit avec l'accord du directeur de l'Institut de géologie: NERC Copyright Reservé, Londres — Ed Cooper. 44, 45: David Hiser. 46: Extrait de *Theory of the Earth — The Lost Drawings* de James Hutton, Scottish Academic Press Ltd., Édimbourg, 1978, autorisation de Sir John Clerk of Penicuik, Bart, Scotland. 48: The Granger Collection, New York. 51: Francis Debaisieux, Levallois, France. 52: Krafft-Explorer, Paris. 53: Photo Bulloz, autorisation des Archives Nationales, Paris. 54: Ed Cooper (2) — Krafft-Explorer, Paris (2) — Robert I. Tilling, autorisation de l'U.S. Geological Survey. 55: Krafft-Explorer, Paris; Robert Tilling, autorisation de l'U.S. Geological Survey — Sidney Horenstein (2) — David Silbert. 56: Derek Bayes, autorisation d'un particulier, Londres. 57: Autorisation du Conseil d'administration de la Boston Library. 59: Extrait de *Theory of the Earth — The Lost Drawings* de James Hutton, Scottish Academic Press Ltd., Edinbourg, 1978, autorisation de Sir John Clerk of Penicuik, Bart, Scotland. 60: Dessin de Richard Schlecht. 61: Extrait de *Besteigung Des Vulkanes Tambora auf der Ansel Sumbawa und Schilderung der Eruption Desselben im Jahre 1815,* de Heinrich Zollinger, Winthurthur, 1885. 62-71: Dessin de Lloyd K. Townsend. 72: Robert I. Tilling, autorisation de l'U.S. Geological Survey. 75: Library of Congress. 76-79: U.S. Geological Survey. 81: Fred M. Bullard — dessin de Richard Schlecht. 82: Library of Congress. 85: Sidney Horenstein. 86, 87: Carte de Bill Hezlep. 88: Stella Snead de Bruce Coleman, Inc. 90, 91: Paul Chesley. 92, 93: dessin de Richard Schlecht; John Buitenkant; Heather Angel, Londres (2) — Sandro Prato de Bruce Coleman, Ltd., Londres. 94, 95: Paul Chesley. 96: Janice L. Miller, autorisation de la Pacific Gas and Electric Company. 97: Dessin de Richard Schlecht. 98: George Rodger pour *Life.* 101: Dessin de Richard Schlecht. 102: Library of Congress. 104: University of Manchester: Tabley Follection, England. 106: Joseph Natanson, autorisation de l'Osservatorio Vesuviano, Naples. 107: Dessin de Richard Schlecht. 109: Mondadori, Milan — Scala, Florence; Aldo Durrazzi, autorisation du Museo Archeologico Nazionale, Naples (2). 110: I.G.D.A., Milan. 111: Leonard von Matt de Photo Researchers. 112, 113: Library of Congress. 114: Peinture de Achille Beltrame, autorisation de Domenica del Corrière, Milan — Library of Congress. 115: Professeur Giuseppe Pugliano, Istituto Di Coltivazioni Arboree, Università degli Studi, Portici, Naples. 116: Robert I. Tilling, autorisation de U.S. Geological Survey. 118: Autorisation du Geophysical Laboratory of the Carnegie Institution, Washington. 120: Dessin de Bill Hezlep. 121: Dessin de Bill Hezlep et John Britt. 122: Institut royal de linguistique et d'anthropologie de Leyde, dessin de Richard Schlecht. 124, 125: Arthur Zich. 126: N. R. Farbman pour *Life,* 129: U.S. Geological Survey. 130, 131: Robert I. Tilling, autorisation de U.S. Geological Survey. 132: Camera Hawaii. 133: Robert Wenkam. 134, 135: © Mats Wibe Lund, Reykjavik. 136, 137: © Pete Turner, Sigurgeir Jonasson, Westman Islands, Islande. 138, 139: © Mats Wibe Lund, Reykjavik sauf à droite, Sigurgeir Jonasson, Westman Islands, Islande. 140: Vince Streano. 142: Dessin de Richard Schlecht — autorisation de Royal Ontario Museum, Toronto, Canada. 143: Eugene P. Kiver. 146: © Al Hayward. 147: Dessin de Bill Hezlep et John Britt. 148: U.S. Geological Survey — Steve Small. 149: Roger Werth. 150: Gary Rosenquist/Earth Images (4); dessin de Richard Schlecht (4). 152, 153: Michael Lawton/Cirama. 154: Dessin de Bill Hezlep et John Britt; dessin de Richard Schlecht. 155: © 1980 Lu Moore; © 1980 Mil Moore. 156: Dessin de Richard Schlecht. 157: Bill Thompson/Earth Images — Bill Thompson © 1980 Earth Images; Kurt E. Smith, Visions Photo Group. 158: Tim Harmon de Eyelights Photography. 159: Ralph Perry de Black Star — Tim Thompson. 160: Tim Thompson. 162, 163: Ralph Perry. 164: Roger Werth. 165: Gary Braasch © 1980. 166, 167: Ralph Perry; Russell Johnson de Silverlight Studio. 168, 169: Gary Braasch © 1981; John Marshall.

INDEX

Les chiffres en italique signalent une photo ou un dessin se rapportant au sujet mentionné

I

J

K

L

M

N

O

P

R

S

T

U

V

W

Y

Z

Composition photographique par Photocompo Center, Bruxelles, Belgique.
Imprimé et relié en Italie par Arnoldo Mondadori, Vérone.
Dépôt légal : novembre 1982.